KB144722

9급 운전직 공무원
최신 기출 완전 정복!!

알 짜배기

자동차구조원리
기출문제 총정리

차량기술사
오세인 지음

BM (주)도서출판 성안당

■ 도서 A/S 안내

성안당에서 발행하는 모든 도서는 저자와 출판사, 그리고 독자가 함께 만들어 나갑니다.

좋은 책을 펴내기 위해 많은 노력을 기울이고 있습니다. 혹시라도 내용상의 오류나 오탈자 등이 발견되면 **"좋은 책은 나라의 보배"**로서 우리 모두가 함께 만들어 간다는 마음으로 연락주시기 바랍니다. 수정 보완하여 더 나은 책이 되도록 최선을 다하겠습니다.

성안당은 늘 독자 여러분들의 소중한 의견을 기다리고 있습니다. 좋은 의견을 보내주시는 분께는 성안당 쇼핑몰의 포인트(3,000포인트)를 적립해 드립니다.

잘못 만들어진 책이나 부록 등이 파손된 경우에는 교환해 드립니다.

본서 기획자 e-mail : coh@cyber.co.kr(최옥현)

홈페이지 : http://www.cyber.co.kr

전화 : 031) 950-6300

9급 운전직 공무원은 2014년 기존 10급 기능직 공무원 폐지와 함께 9급 일반직으로 전환된 이후, 현재 필기시험 및 면접을 통한 공개경쟁채용으로 시험이 실시되고 있다. 하지만 타 공무원 시험에 비해 부족한 정보와 미흡한 교육 서비스 등으로 운전직 공무원을 준비하는 수험생들의 불만과 고충이 많은 것이 현실이다.

본 교재는 수험생들의 이러한 고충을 덜어주고자 저자가 직접 전국의 고사장을 누비며 수험생 눈높이에 맞추어 직접 시험을 보고 복원하였다. 이렇게 복원한 기출문제를 통해 보다 효율적으로 실전 시험에 대비할 수 있도록 하였다.

또한 9급 일반직으로 전환된 이후 최근 7년간 시행된 기출문제를 문제별로 이해하기 쉽게 상세한 해설과 함께 구성하였다. 자세한 해설을 통해 학습 내용이 시험에 어떻게 나오는지 출제 문제 유형을 바로 파악하고 이해도를 향상시킬 수 있도록 하였다. 이렇듯 운전직 공무원 수험 대비 양질의 기출문제집을 통해 체계적인 학습과 최적화된 학습 시스템을 제공하고자 한다.

끝으로 운전직 공무원을 준비하는 수험생 여러분의 합격을 진심으로 기원하며, 또한 본 교재를 발간하기까지 많은 도움을 주신 도서출판 성안당 임직원 여러분들의 노고에 깊은 감사의 마음을 전한다.

저 자 씀

직렬 소개

1 운전직 공무원이란?

공문서의 대외 수발을 맡거나, 문서 사송, 업무용 차량 운전과 관리, 특수학교 통학차 운행, 소관차량의 관리와 정비 업무, 각종 차량 운행 및 정비 등 차량의 운전과 관리 업무를 담당하는 공무원입니다.

전국 각 시청, 도청, 구청, 군청, 교육청 등에서 필요인원을 수시로 뽑는 운전직 공무원. 10급으로밖에 응시할 수 없었던 기능직 공무원의 근무 여건 개선과 승진 기회 부여, 급여 변경 등을 통해 일선에서 실무를 담당하고 있는 많은 기능직 공무원들의 사기를 진작시켜 지금보다 보람을 갖고 일할 수 있도록 하기 위해 9급 일반직 공무원과 계급 구조를 일치시켜 9급 기능직 공무원으로 도전이 가능해졌습니다.

10급이 폐지되고 9급으로 전환되면서 가장 인기 있는 직렬 중 하나이며, 근무 시 공무원의 40여 가지 각종 수당이 지원됩니다.

2 전망

운전직 공무원은 대형면허증 소지하고 일정 요건만 갖추면 누구나 응시가 가능하며 지방직 공무원, 교육청 공무원으로서 일정하게 매년 채용의 기회가 있습니다. 또 앞으로는 도청, 시청, 군청, 구청에서 차량 운행이나 차량 관리 인원 수요가 계속 증가할 거라 예상하고 있습니다.

3 주요 업무

학교나 시청, 구청, 군청, 교육청에서 근무하며 국가에서 운영하는 대형버스를 운전하는 등 관공서 업무용 차량 운전 및 차량 관리 정비를 하고, 구청 보건소 차량 등 기관의 차량을 운행하거나 공문서 수발 업무와 차량 관리 및 운행, 관리 업무, 특수학교 통학버스 운행, 문서 사송, 각종 차량 운행 등의 운전에 관한 전반적인 업무를 담당하게 됩니다.

시험응시안내

1 시험방법

가. 제1 · 2차 시험(병합실시) : 선택형 필기시험(매과목 100점 만점, 과목당 4지 택일형 20문항)

※ 시험시간 : 40분 또는 60분(지역별로 상이)

나. 제3차 시험 : 서류전형, 인성검사 및 면접시험

※ 제1 · 2차 시험 합격자만 제3차 시험에 응시할 수 있음
※ 서류전형은 필기시험 합격자에 한해 응시자격, 가산점 등을 서면으로 심사

2 응시자격

가. 응시결격사유 등(당해 면접시험 최종일 기준)

• 「지방공무원법」 제31조의 결격사유에 해당하거나 제66조(정년)에 해당하는 자 또는 「부패방지 및 국민권익위원회의 설치와 운영에 관한 법률」 제82조(비위면직자의 취업제한) 및 「지방공무원 임용령」 제65조 등 관계 법령에 의하여 응시자격을 정지당한 자는 응시할 수 없습니다.

「지방공무원법」 제31조(결격사유)
다음 각 호의 어느 하나에 해당하는 사람은 공무원이 될 수 없다.
1. 피성년후견인 또는 피한정후견인
2. 파산선고를 받고 복권되지 아니한 사람
3. 금고 이상의 형을 선고받고 그 집행이 끝나거나 집행을 받지 아니하기로 확정된 후 5년이 지나지 아니한 사람
4. 금고 이상의 형을 선고받고 그 집행유예기간이 끝난 날부터 2년이 지나지 아니한 사람
5. 금고 이상의 형의 선고유예를 선고받고 그 선고유예기간 중에 있는 사람
6. 법원의 판결 또는 다른 법률에 따라 자격이 상실되거나 정지된 사람
6의2. 공무원으로 재직기간 중 직무와 관련하여 「형법」 제355조 및 제356조에 규정된 죄를 범한 사람으로서 300만원 이상의 벌금형을 선고받고 그 형이 확정된 후 2년이 지나지 아니한 사람
6의3. 「형법」 제303조 또는 「성폭력범죄의 처벌 등에 관한 특례법」 제10조에 규정된 죄를 범한 사람으로서 300만원 이상의 벌금형을 선고받고 그 형이 확정된 후 2년이 지나지 아니한 사람
7. 징계로 파면처분을 받은 날부터 5년이 지나지 아니한 사람
8. 징계로 해임처분을 받은 날부터 3년이 지나지 아니한 사람

「지방공무원법」 제66조(정년)
① 공무원의 정년은 다른 법률에 특별한 규정이 있는 경우를 제외하고는 60세로 한다.
② 제1항에 따른 정년을 적용할 때 공무원은 그 정년에 이른 날이 1월에서 6월 사이에 있으면 6월 30일에, 7월에서 12월 사이에 있으면 12월 31일에 각각 당연히 퇴직한다.

「지방공무원임용령」 제65조(부정행위자 등에 대한 조치)
① 임용시험에서 다음 각 호의 어느 하나에 해당하는 행위를 한 사람에 대해서는 그 시험을 정지 또는 무효로 하거나 합격결정을 취소하고, 그 처분이 있은 날부터 5년간 이 영에 따른 시험과 그 밖에 공무원 임용을 위한 시험의 응시자격을 정지한다.
1. 다른 수험생의 답안지를 보거나 본인의 답안지를 보여주는 행위
2. 대리시험을 의뢰하거나 대리로 시험에 응시하는 행위
3. 통신기기, 그 밖의 신호 등을 이용하여 해당 시험 내용에 관하여 다른 사람과 의사소통을 하는 행위
4. 부정한 자료를 가지고 있거나 이용하는 행위
5. 병역, 가점, 영어능력시험의 성적에 관한 사항 등 시험에 관한 증명서류에 거짓 사실을 적거나 그 서류를 위조·변조하여 시험결과에 부당한 영향을 주는 행위
5의2. 체력시험에 영향을 미칠 목적으로 행정안전부장관이 정하여 고시하는 금지약물을 복용하거나 금지방법을 사용하는 행위
6. 그 밖에 부정한 수단으로 본인 또는 다른 사람의 시험결과에 영향을 미치는 행위

「부패방지 및 국민권익위원회의 설치와 운영에 관한 법률」 제82조(비위면직자등의 취업제한)
① 비위면직자 등은 다음 각 호의 어느 하나에 해당하는 자를 말한다.
1. 공직자가 재직 중 직무와 관련된 부패행위로 당연퇴직, 파면 또는 해임된 자
2. 공직자였던 자가 재직 중 직무와 관련된 부패행위로 벌금 300만원 이상의 형의 선고를 받은 자
② 비위면직자 등은 당연퇴직, 파면, 해임된 경우에는 퇴직일, 벌금 300만원 이상의 형의 선고를 받은 경우에는 그 집행이 종료(종료된 것으로 보는 경우를 포함한다)되거나 집행을 받지 아니하기로 확정된 날부터 5년 동안 다음 각 호의 취업제한 기관에 취업할 수 없다.
1. 공공기관
2. 대통령령으로 정하는 부패행위 관련 기관
3. 퇴직 전 5년간 소속하였던 부서 또는 기관의 업무와 밀접한 관련이 있는 영리사기업체 등
4. 영리사기업체 등의 공동이익과 상호협력 등을 위하여 설립된 법인·단체

나. 지역제한 : 지방공무원 임용시험에 응시하고자 하는 자는 아래의 ①번과 ②번의 요건 중 하나를 충족하여야 합니다.

① 시험 당해연도 1월 1일 이전부터 최종 시험일(면접시험)까지 계속하여 해당 응시지역에 본인의 주민등록상 주소지를 갖고 있는 자로서 동 기간 중 주민등록의 말소 및 거주불명으로 등록된 사실이 없어야 합니다.

② 시험 당해연도 1월 1일 이전까지 해당 응시지역에 본인의 주민등록상 주소지를 두고 있었던 기간을 모두 합산하여 총 3년 이상인 자

※행정구역의 통·폐합 등으로 주민등록상 시·도의 변경이 있는 경우 현재 행정구역을 기준으로 하며, 과거 거주 사실의 합산은 연속하지 않더라도 총 거주한 기간을 월(月) 단위로 계산하여 36개월 이상이면 충족합니다.
※거주지 요건의 확인은 "개인별주민등록표"를 기준으로 합니다.
※재외국민(해외영주권자)의 거주지 요건 확인은 주민등록 또는 국내거소신고 사실증명으로 거주한 사실을 증명합니다.

다. 응시연령 및 자격요건

- 학력, 성별 제한 없음(만18세 이상)
- 원서접수 시에 제1종 대형면허를 취득하지 못하였어도 최종시험 시행예정일(면접시험 최종예정일) 현재를 기준으로 취득할 수 있을 경우 응시 가능
- 또한 각 시행 기관별로 별도의 응시자격(예) 서울시 : 1종 대형 + 대형버스 1년 이상 경력) 등이 요구될 수 있으므로 해당 응시기관의 채용공고문을 반드시 확인 필요

라. 기타 유의사항

시행 기관별로 시험과목이 변경되고, 별도의 응시자격이 요구될 수 있으므로 해당 응시기관의 상세 공고문을 반드시 확인하시기 바랍니다.

❸ 시험과목

지역별로 시험과목 상이 : 해당 응시기관의 채용공고에서 반드시 확인 필요

- 사회, 자동차구조원리 및 도로교통법규(2과목)
- 국어, 한국사, 사회, 자동차구조원리 및 도로교통법규(3과목)

※제1·2차 시험(병합실시)

01. 4행정 사이클 6실린더 기관에서 6실린더가 한번씩 폭발하려면 크랭크축은 몇 회전하는가?

① 1회전　　　　　　　　❷ 2회전

③ 4회전　　　　　　　　④ 6회전

> **해설** 4행정의 경우에는 실린더 수와 관계없이 2회전에 모든 실린더가 폭발한다. 즉, 4사이클 6실린더 기관이 각 실린더마다 1회의 폭발을 하면 1사이클을 완료한 것이므로, 이때 캠축은 1회전, 크랭크축은 2회전한다.

02. 어느 4사이클 기관이 3,600rpm으로 회전하고 있을 때 제1번 실린더의 배기 밸브는 1초에 몇 번 열리는가?

❶ 30번　　　　　　　　② 300번

③ 3,600번　　　　　　　④ 7,200번

> **해설** rpm이란 1분간 엔진 회전수이며, 4사이클 기관은 크랭크축 2회전으로 각 흡·배기 밸브가 1번씩 개폐한다.
>
> 따라서 $\dfrac{3,600}{2 \times 60} = 30$
>
> ∴ 배기 밸브는 1초에 30번 열린다.

03. 연소실 체적이 48cc, 실린더의 배기량이 384cc인 기관의 압축비는?

① 1 : 1　　　　　　　　② 6 : 1

③ 8 : 1　　　　　　　　❹ 9 : 1

> **해설** $\varepsilon = 1 + \dfrac{Vs}{Vc} = 1 + \dfrac{384}{48} = 9$　∴ 압축비 = 9 : 1

04. 실린더의 안지름이 60mm, 행정이 60mm인 4실린더 기관의 총배기량은 얼마인가?

① 750.2cc　　　　　　　❷ 678.2cc

③ 339.2cc　　　　　　　④ 169.2cc

> **해설** $V = \dfrac{\pi}{4} \times D^2 \times L \times N$
>
> 총배기량 = 0.785 × 6² × 6 × 4 = 678.2
>
> ∴ 총배기량 = 678.2cc

05. 간극체적이 70cm³이고, 압축비가 9인 기관의 배기량은?

❶ 560cm³　　　　　　　② 610cm³

③ 650cm³　　　　　　　④ 670cm³

> **해설** 배기량 = (압축비 − 1) × 간극체적
>
> = (9 − 1) × 70 = 560
>
> ∴ 배기량 = 560cm³

06. 4행정 4실린더 기관에서 실린더 안지름은 80mm, 행정은 80mm, 압축비는 10 : 1이다. 이 기관의 전체 연소실 체적은 약 몇 cc인가?

① 45cc　　　　　　　　② 102cc

❸ 179cc　　　　　　　　④ 1,786cc

> **해설** 연소실 체적 = $\dfrac{\text{배기량}}{\text{압축비} - 1}$
>
> 여기서 공식이 위와 같으므로 배기량 먼저 구하면,
> 배기량 = 0.785 × 8² × 8 = 401.92
> 따라서 기관 전체의 연소실 체적은
>
> $\left(\dfrac{401.92}{9}\right) \times 4 = 178.62\text{cc}$
>
> ∴ 전체 연소실 체적 = 179cc

07. 지시마력(IHP)이 120PS이고 기계효율이 80%인 기관에서 제동마력(BHP)은 얼마인가?

① 150PS　　　　　　　② 120PS

❸ 96PS　　　　　　　④ 24PS

> **해설** BHP = IHP × ηm = 120 × 0.8 = 96PS
>
> ∴ 제동마력(BHP) = 96PS

08. 4사이클 4기통 기관의 행정×지름이 80mm×80mm인 기관에 실제로 흡입된 공기량이 1,192cc였다. 이때 이 기관의 용적효율은?

① 44%　　　　　　　　② 54%

③ 64%　　　　　　　　❹ 74%

> **해설** 체적효율 = $\dfrac{\text{실제 흡입된 공기량}}{\text{실린더 총 배기량}} \times 100$
>
> $= \left\{ \dfrac{1,192}{(0.785 \times 8^2 \times 8 \times 4)} \right\} \times 100 = 74\%$
>
> ∴ 체적(용적)효율 = 74%

09. 기관의 회전속도가 4,500rpm 연소 지연 시간이 1/500sec라고 하면 연소 지연 시간 동안의 크랭크축 회전각도는?

① 30°　　　　　　　　② 45°

❸ 54°　　　　　　　　④ 65°

> **해설** lt = 6RT = $6 \times 4,500 \times \dfrac{1}{500} = 54°$
>
> lt : 연소 지연 시간 동안의 크랭크축의 회전각도
> R : RPM
> T : 연소 지연 시간
> ∴ 연소 지연 시간의 크랭크축 회전각도 = 54°

10. 신품 방열기 용량이 20ℓ이고 코어 막힘이 40%이면 실제의 물 주입량은 얼마인가?

① 10ℓ   ☑ 12ℓ

③ 16ℓ   ④ 20ℓ

해설   코어 막힘률 $= \dfrac{\text{신품용량} - \text{사용품용량}}{\text{신품용량}} \times 100$

$0.4 = \dfrac{(20-x)}{20} = 12$

∴ 실제 주수량 $= 12ℓ$

11. 이소옥탄 60%, 노멀헵탄 40% 인 가솔린에서 옥탄가는 얼마인가?

① 40%   ☑ 60%

③ 80%   ④ 100%

해설   옥탄가 $= \dfrac{\text{이소옥탄}}{\text{이소옥탄} + \text{노멀헵탄}} \times 100$

$= \left\{ \dfrac{60}{(60+40)} \right\} \times 100 = 60$

∴ 옥탄가 $= 60\%$

12. 어떤 디젤 연료 6ℓ 중에 세탄이 70%이며, α-메틸나프탈린이 30% 섞여 있다. 이때 이 디젤 연료의 세탄가는 얼마인가?

① 40%   ② 50%

③ 60%   ☑ 70%

해설   세탄가 $= \dfrac{\text{세탄}}{\text{세탄} + \alpha - \text{메틸나프탈린}} \times 100(\%)$

$= \left\{ \dfrac{4.2}{(4.2+1.8)} \right\} \times 100$

$= 70$

∴ 세탄가 $= 70\%$

13. 디젤 기관에서 각 실린더의 분사량을 측정하였더니 최대 분사량이 33cc이고 최소 분사량이 28cc, 각 실린더의 평균 분사량이 30cc였다. 분사량 (+)불균율은?

① 6%   ☑ 10%

③ 15%   ④ 20%

해설   (+)불균율 $= \dfrac{\text{최대 분사량} - \text{평균 분사량}}{\text{평균 분사량}} \times 100(\%)$

$= \left\{ \dfrac{(33-30)}{30} \right\} \times 100 = 10$

∴ (+)불균율 $= 10\%$

14. 구동 피니언 잇수가 9개, 링 기어의 잇수가 63개일 경우 종감속비는 얼마인가?

① 5 : 1   ② 6 : 1

☑ 7 : 1   ④ 8 : 1

해설   종감속비 $= \dfrac{\text{링 기어 잇수}}{\text{구동 피니언 잇수}} = \dfrac{63}{9}$

∴ 종감속비 $= 7 : 1$

15. 기관의 회전수가 2,400rpm, 변속비는 1.5, 종감속비가 4.0일 때 링 기어는 몇 회전하는가?

① 1,000rpm   ② 800rpm

③ 600rpm   ☑ 400rpm

해설   링 기어의 회전수 $= \dfrac{\text{엔진 회전수}}{\text{총 감속비}} = \dfrac{\text{추진축 회전수}}{\text{종감속비}}$

링 기어 회전수 $= \dfrac{2,400}{1.5 \times 4}$

∴ 링 기어 회전수 $= 400\text{rpm}$

16. 변속 기어의 감속비 3.0, 종감속비 4.0인 자동차가 기관을 2,400rpm으로 회전시키고 제1속기어로 주행하고 있을 때 차륜의 회전수는?

☑ 200rpm   ② 400rpm

③ 600rpm   ④ 800rpm

해설   차륜 회전수 $= \dfrac{\text{기관 회전수}}{\text{총감속비}} = \dfrac{2,400}{(3 \times 4)}$

∴ 차륜 회전수 $= 200\text{rpm}$

17. 변속기의 변속비가 1.5, 링 기어의 잇수가 36, 구동 피니언의 잇수가 6인 자동차를 오른쪽 바퀴만 들어서 회전하도록 하였을 때 오른쪽 바퀴의 회전수는? (단, 추진축의 회전수는 2,100rpm)

① 350rpm   ② 450rpm

③ 600rpm   ☑ 700rpm

해설   1) 링 기어 회전수 $= \dfrac{\text{추진축 회전수}}{\text{종감속비}} = \dfrac{2,100}{6}$

2) 양쪽 바퀴 회전수의 합 : 350×2 = 700

3) 오른쪽 바퀴만 들어서 회전하도록 하였기 때문에 700rpm 모두 회전한다.

∴ 오른쪽 바퀴의 회전수 $= 700\text{rpm}$

18. 축거가 4m, 바깥쪽 앞바퀴의 최대 조향각이 30°, 바퀴 접지면 중심과 킹핀과의 거리가 50mm이다. 이 자동차의 최소 회전반경은? (단, sin30 = 0.5)

① 3.05m ② 8.05m

③ 10.05m ④ 12.05m

해설 $R = \dfrac{L}{\sin\alpha} + r = \dfrac{4}{0.5} + 0.05 = 8.05m$

여기서, R : 최소 회전반경(m)

L : 축거(m)

$\sin\alpha$: 바깥쪽 바퀴의 조향각(°)

r : 바퀴 접지면 중심과 킹핀과의 거리(m)

∴ 최소 회전반경 = 8.05m

19. 조향 기어비가 15 : 1인 조향 기어에서 피트먼 암을 20° 회전시키기 위한 핸들의 회전각도는?

① 20° ② 30°

③ 300° ④ 370°

해설 조향 기어비 = $\dfrac{\text{조향 핸들이 움직인 각도}}{\text{피트먼 암이 움직인 각도}}$

∴ 핸들의 회전각도 = 15 × 20 = 300°

20. 타이어의 제원 표시가 195/60 R 14 85 H일 때, 이 타이어의 단면높이는?

① 11.7mm ② 117mm

③ 307mm ④ 30.7cm

해설 타이어 치수 표기

편평비 = $\dfrac{H(\text{단면높이})}{W(\text{단면폭})} \times 100$

따라서, 단면높이는 195 × 0.6 = 117

∴ 타이어 단면높이 = 117mm

01. 자동차용 디젤 엔진의 압축비는 얼마 정도인가?

① 6~7 : 1   ② 8~10 : 1

③ 10~12 : 1   ✔ 15~20 : 1

해설 가솔린 엔진과 디젤 엔진의 압축비
　　㉠ 가솔린 엔진의 압축비 7~11 : 1
　　㉡ 디젤 엔진의 압축비 15~22 : 1

02. 다기통 엔진의 크랭크 각도가 90° 인 엔진은 다음 중 어느 것인가?

① 2 실린더 엔진   ② V-6 실린더

✔ 직렬 8 실린더 엔진   ④ V-12 실린더 엔진

해설 크랭크축 위상차 = $\dfrac{720°}{실린더 수}$

　　㉠ 2 실린더 엔진 : 180° 또는 360°
　　㉡ 3 실린더 엔진 : 240°
　　㉢ 4 실린더 엔진 : 180°
　　㉣ 6 실린더 엔진 : 120°
　　㉤ 8 실린더 엔진 : 90°
　　㉥ 12 실린더 엔진 : 60°

03. 압축비가 동일할 때 이론 열효율이 가장 높은 사이클은 다음 중 어느 것인가?

✔ 오토 사이클   ② 디젤 사이클

③ 사바테 사이클   ④ 브레이턴 사이클

해설 ㉠ 공급 열량과 압축비가 일정할 때 열효율 : 오토 사이클>사바테 사이클>디젤 사이클
　　㉡ 공급 열량과 압력이 일정 할 때 열효율 : 디젤 사이클>사바테 사이클>오토 사이클

04. 2사이클 기관과 4사이클 기관의 비교이다. 2사이클 기관의 장점은?

✔ 무게가 가볍고 제작비가 염가이다.

② 저속 운전에 적합하다.

③ 흡 · 배기작용이 뚜렷하다.

④ 연료소비량이 적다.

해설 2행정 사이클 기관의 장점
　　㉠ 4 행정 사이클 엔진에 비해 1.6 ~ 1.7 배의 출력이 크다.
　　㉡ 회전력의 변동이 적다.
　　㉢ 실린더 수가 적어도 회전이 원활하다.
　　㉣ 밸브 장치가 간단하여 소음이 적다.
　　㉤ 마력당 중량이 적고 제작비가 염가이다.

05. 다음은 2사이클 기관에 대한 장점이다. 맞지 <u>않는</u> 것은 어느 것인가?

① 구조가 간단하다.

✔ 연료소비율이 높다.

③ 고속 회전이 용이하다.

④ 같은 치수의 기관이면 출력이 크다.

06. 블로다운(blow down) 현상이란?

① 밸브와 밸브 시트 사이에서 가스가 누출되는 현상

✔ 배기행정 초기에 배기 밸브가 열려 연소가스 자체의 압력에 의하여 배출되는 현상

③ 피스톤이 상사점에서 흡 · 배기 밸브가 동시에 열려 배기 잔류가스를 배출시키는 현상

④ 압축행정 시 피스톤과 실린더 사이에서 혼합가스가 누출되는 현상

해설 용어의 해설
　　㉠ 블로백 : 혼합가스가 밸브와 밸브 시트 사이로 누출되는 현상
　　㉡ 블로바이 : 압축행정 시 혼합가스가 피스톤과 실린더 사이로 누출되는 현상
　　㉢ 밸브 오버랩 : 피스톤이 상사점에 있을 때 흡입 및 배기 밸브가 동시에 열려 있는 현상

07. 실린더 내의 폭발압력으로부터 직접 측정하는 마력은?

① 연료마력   ✔ 지시마력

③ 제동마력   ④ 정격마력

해설 ㉠ 지시마력(도시마력) : 실린더 내에서 발생하는 출력을 폭발압력으로부터 직접 측정하는 마력
　　㉡ 제동마력(축마력, 정미마력) : 동력계를 이용하여 기관의 출력을 크랭크축에서 측정하는 마력
　　㉢ 연료마력 : 기관의 성능 시험 시 사용하여 소비되는 연료의 열에너지를 마력으로 환산한 것
　　㉣ 정격마력 : 엔진의 정격출력을 마력의 단위로 나타낸 것

08. 자동차 가솔린 기관의 3대 요건이다. 해당되지 <u>않는</u> 것은?

① 규정의 압축압력

✔ 높은 압축비

③ 정확한 시기에 정확한 점화

④ 적당한 혼합비

09. LPG 기관과 비교할 때 LPI 기관의 장점으로 틀린 것은?

① 겨울철 냉간 시동성이 향상된다.

❷ 봄베에서 송출되는 가스압력을 증가시킬 필요가 없다.

③ 역화 발생이 현저히 감소된다.

④ 주기적인 타르 배출이 불필요하다.

10. 디젤 기관의 연소실에서 간접분사식에 비해 직접분사식의 특징으로 틀린 것은?

① 열손실이 적어 열효율이 높다.

❷ 비교적 세탄가가 낮은 연료를 필요로 한다.

③ 피스톤이나 실린더벽으로의 열전달이 적다.

④ 압축 시 방열이 적다.

11. 전자제어 가솔린 기관의 EGR 장치에 대한 설명으로 틀린 것은?

❶ EGR은 NOx의 배출량을 감소시키기 위해 전 운전 영역에서 작동된다.

② EGR을 사용 시 혼합기의 착화성이 불량해지고 기관의 출력은 감소한다.

③ EGR량이 증가하면 연소의 안정도가 저하되며 연비도 악화된다.

④ NOx를 감소시키기 위해 연소 최고 온도를 낮추는 기능을 한다.

12. 다음 중 열효율이 가장 좋은 기관은?

① 가솔린 기관   ② 증기 기관

❸ 디젤 기관   ④ 가스 기관

해설 제동 열효율

㉠ 증기 기관 : 6~29%

㉡ 가스 기관 : 20~22%

㉢ 가솔린 기관 : 25~32%

㉣ 가스 터빈 : 25~28%

㉤ 디젤 기관 : 32~38%

13. 커먼레일 디젤 분사 장치의 장점으로 틀린 것은?

① 기관의 작동 상태에 따른 분사시기의 변화폭을 크게 할 수 있다.

② 분사압력의 변화폭을 크게 할 수 있다.

③ 기관의 성능을 향상시킬 수 있다.

❹ 원심력을 이용해 조속기를 제어할 수 있다.

14. 밸브 스프링에서 공진 현상을 방지하는 방법이 <u>아닌</u> 것은?

① 원뿔형 스프링을 사용한다.

② 부등 피치 스프링을 사용한다.

❸ 스프링의 고유 진동을 같게 하거나 정수비로 한다.

④ 2중 스프링을 사용한다.

15. 전자제어 가솔린 분사장치의 연료 펌프에서 연료 라인에 고압이 작용하는 경우 연료 누출 혹은 호스의 파손을 방지하는 밸브는?

❶ 릴리프 밸브   ② 체크밸브

③ 분사 밸브   ④ 팽창 밸브

16. 브레이크에서 배력장치의 기밀 유지가 불량할 때 점검해야 할 부분은?

① 패드 및 라이닝 마모 상태

② 페달의 자유 간격

③ 라이닝 리턴 스프링 장력

❹ 체크밸브 및 진공 호스

17. 전자제어 가솔린 기관에서 연료 펌프 내 체크밸브의 기능에 대한 설명으로 맞는 것은?

① 연료계통의 압력이 일정 이상으로 상승하는 것을 방지하기 위하여 연료를 리턴 시킨다.

② 연료의 압송이 정지될 때 체크밸브가 열려 연료 라인 내에 연료압력을 상승시킨다.

❸ 연료의 압송이 정지될 때 체크밸브가 닫혀 연료 라인 내에 잔압을 유지시켜 고온 시 베이퍼 록 현상을 방지하고 재시동성을 향상시킨다.

④ 연료의 공급될 때 체크밸브가 닫혀 연료압력을 상승시켜 베이퍼 록 현상을 방지한다.

해설 체크밸브(첵밸브)의 기능은 연료 펌프에서 연료의 압송이 정지될 때 닫혀 연료라인 내에 잔압을 유지시켜 고온에서 베이퍼 록 현상을 방지하고 재시동성을 향상시킨다.

18. 크랭크축이 회전 중 받는 힘이 <u>아닌</u> 것은?

① 전단(shearing)

② 비틀림(torsion)

③ 휨(bending)

❹ 관통(penetration)

19. 전압송식 급유 방법의 장점이 **아닌** 것은?

    ✔ 배유관 고장이나 기름 통로가 막혀도 급유를 할 수 있다.

    ② 크랭크케이스 내에 윤활유의 양을 적게 해도 된다.

    ③ 베어링 면의 유압이 높으므로 항상 급유가 가능하다.

    ④ 각 주유부의 급유를 일정하게 할 수 있다.

20. 전자제어 엔진에서 냉간 시 점화시기 제어 및 연료분사량 제어를 하는 센서는?

    ① 흡기온 센서   ② 대기압 센서

    ✔ 수온 센서   ④ 공기량 센서

21. 에어컨의 구성부품 중 고압의 기체냉매를 냉각시켜 액화시키는 작용을 하는 것은?

    ① 압축기   ✔ 응축기

    ③ 팽창 밸브   ④ 증발기

22. 전자제어 연료 분사 장치에서 고지에서의 연료량 제어 방법으로 맞는 것은?

    ① 대기압 센서 신호로서 기본 분사량을 증량시킨다.

    ② 대기압 센서 신호로서 기본 분사량을 감량시킨다.

    ③ 대기압 센서 신호로서 연료 보정량을 증량시킨다.

    ✔ 대기압 센서 신호로서 연료 보정량을 감량시킨다.

    해설 고지대에서는 산소가 희박하기 때문에 대기압 센서의 신호를 받아 연료 보정량을 감량시킨다.

        ※대기압 센서(역할 : 고도에 따른 연료분사량 + 점화시기 보정)

        대기의 압력에 비례하는 아날로그 전압으로 변화시켜 ECU에 보내어 자동차의 고도를 계산한 후 연료분사량과 점화시기를 조절

23. 윤활장치에서 유압이 높아지는 이유로 맞는 것은?

    ✔ 릴리프 밸브 스프링의 장력이 클 때

    ② 엔진오일과 가솔린의 희석

    ③ 베어링의 마멸

    ④ 오일펌프의 마멸

    해설 유압이 높아지는 원인

        ㉠ 유압 조정 밸브(릴리프 밸브) 스프링의 장력이 강할 때

        ㉡ 윤활계통의 일부가 막혔을 때

        ㉢ 윤활유의 점도가 높을 때

24. 전자제어 기관에서 피드백(feed back) 제어를 하는 때는 언제인가?

    ① 시동 시   ② 가속 시

    ③ 출력증량 시   ✔ 공전 시

25. 블로바이 가스 PCV 밸브에 의해서만 제어되는 경우는?

    ① 급가속 시   ② 고부하 시

    ✔ 경 · 중부하 시   ④ 중 · 고부하 시

26. 일산화탄소(CO)의 배출은 공연비의 변화에 의해 어떻게 변하는가?

    ① 공연비의 영향을 받지 않는다.

    ✔ 공연비의 증가에 따라 감소한다.

    ③ 공연비의 증가에 따라 증가한다.

    ④ 공연비와 연료량에 따라 증가한다.

    해설 공연비란 연료의 질량으로 나눈 실린더 내의 공기 질량 이며, CO는 공연비의 증가에 따라 감소한다.

27. 자동차 기관에서 고속 시 실화하는 원인이 되는 것은 어느 것인가?

    ✔ 밸브 스프링의 장력이 약하다.

    ② 흡기다기관의 고정 볼트가 헐겁다.

    ③ 실린더 내의 카본이 축적되었다.

    ④ 2차 스로틀 밸브의 밀폐가 불량하다.

    해설 밸브 스프링의 장력이 약하면 압축가스의 블로바이로 인해 실화의 원인이 된다.

28. 가솔린 기관에서 운전조건에 따른 일산화탄소(CO)의 배출량이 가장 많을 때는?

    ✔ 공전 상태   ② 가속 상태

    ③ 정속 상태   ④ 감속 상태

    해설 CO의 배출량은 공전 상태(아이들링)에서 가장 많이 배출된다.

29. 디젤 기관 연소실 중 열효율이 높고, 기동이 쉬운 장점이 있으나 노크를 일으키기 쉬운 디젤(단실식) 연소실은?

    ① 예연소실식   ✔ 직접분사실식

    ③ 와류실식   ④ 공기실식

    해설 직접분사실식의 장단점

      (1) 장점

        ㉠ 열효율이 높고, 연료소비율이 적다(＝연비 좋은).

        ㉡ 연소실 체적에 대한 표면적비가 적어 냉각 손실이 작다.

        ㉢ 기동이 쉽다.

      (2) 단점

        ㉠ 분사압력이 높아 분사 펌프, 노즐의 수명이 짧다.

        ㉡ 다공식 노즐을 사용하므로 가격이 비싸다.

        ㉢ 사용 연료의 변화에 민감하며, 노크 발생이 크다.

30. 디젤 엔진에서 연료장치의 공기빼기 순서는?

① 공급 펌프 – 파이프 – 분사 펌프

② 연료 여과기 – 분사 펌프 – 공급 펌프

☑ 공급 펌프 – 연료 여과기 – 분사 펌프

④ 분사 펌프 – 연료 여과기 – 공급 펌프

31. 전류의 3대 작용이 아닌 것은?

① 발열작용　　　　② 화학작용

☑ 물리작용　　　　④ 자기작용

[해설] 전류의 3대작용

　　㉠ 발열작용 : 전구, 예열 플러그 등에서 이용

　　㉡ 화학작용 : 축전지 및 전기 도금에서 이용

　　㉢ 자기작용 : 발전기와 전동기에서 이용

32. 축전지에서 극판 수를 많게 하면 어떻게 되는가?

① 전압이 낮아진다.

② 전압이 높아진다.

③ 전해액 비중이 올라간다.

☑ 용량이 커진다.

[해설] 축전지에서 극판 수를 많게 하면 용량(이용 전류)이 커진다.

33. 전류에 대한 설명이다. 틀린 것은?

☑ 전류는 전압 · 저항과 무관하다.

② 전류는 전압 크기에 비례한다.

③ V = IR(V 전압, I 전류, R 저항)이다.

④ 전류는 저항 크기에 반비례한다.

[해설] 전류는 전압에 비례하고 저항에 반비례한다.

34. 다이오드는 P타입과 N타입의 반도체를 맞대어 결합한 것이다. 장점이 아닌 것은?

① 내부의 전력 손실이 적다.

② 소형이고 가볍다.

③ 예열 시간을 요구하지 않고 곧바로 작동한다.

☑ 200℃ 이상의 고온에서도 사용이 가능하다.

[해설] 반도체의 특징

　　㉠ 내부의 전력 손실이 적다.

　　㉡ 소형이고 가볍다.

　　㉢ 예열 시간을 요구하지 않고 곧바로 작동한다.

　　㉣ 내부 전압강하가 적다.

　　㉤ 수명이 길다

　　㉥ 고온(150℃ 이상 되면 파손되기 쉬움) · 고전압에 약하다.

35. 축전지의 셀을 직렬로 연결하면?

① 비중이 증가된다.

② 사용 전류가 증가된다.

☑ 전압이 증가된다.

④ 전압 및 이용 전류가 증가된다.

[해설] 축전지를 충전할 때 충전기 하나로 여러 개의 축전지를 충전하려면 직렬로 연결하는 것이 병렬로 연결하는 것보다 좋은 이유는 일정 전류로 충전되기 때문에 안전하다.

[참고] 배터리 직렬연결

　• 직렬연결이란 전압과 용량이 동일한 배터리 2개 이상을 (+)단자와 연결 대상 배터리 (−)단자에, (−)단자는 (+)단자로 연결하는 방식이다.

　• 직렬연결 시 배터리 용량은 1개와 같으며, 전압이 2배로 증가한다.

　　㉠ 직렬연결 : 축전지의 직렬연결이란 같은 전압, 같은 용량의 축전지 2개 이상을 (+)단자 기둥과 다른 축전지의 (−)단자 기둥에 서로 연결하는 방식이며, 전압은 연결한 개수만큼 증가, 용량은 1개일 때와 같다.

　　㉡ 병렬연결 : 축전지의 병렬연결은 같은 전압, 같은 용량의 축전지 2개 이상을 (+)단자 기둥을 다른 축전지의 (+)단자 기둥에, (−)단자 기둥은 (−)단자 기둥에 접속하는 방식으로, 용량은 연결한 개수만큼 증가하지만 전압은 1개일 때와 같다.

　　=〉 직렬 + : − / 병렬 + : +, − : −

36. 전류의 자기작용을 응용한 것은?

☑ 발전기　　　　② 전구

③ 축전기　　　　④ 예열 플러그

37. 축전기의 정전 용량에 대한 설명 중 틀린 것은?

① 가해지는 전압에 비례한다.

② 상대하는 금속판의 면적에 비례한다.

③ 금속판 사이의 절연체 절연도에 비례한다.

☑ 금속판 사이의 거리에 비례한다.

[해설] 축전기의 정전 용량

　　㉠ 금속판 사이 절연체의 절연도에 정비례한다.

　　㉡ 가해지는 전압에 정비례한다.

　　㉢ 상대하는 금속판의 면적에 정비례한다.

　　㉣ 상대하는 금속판 사이의 거리에는 반비례한다.

[참고] 콘덴서란 전기를 축적하는 기능을 가지고 있다. 그러나 일반적으로는 전기를 축적하는 기능 이외에 직류전류를 차단하고 교류전류를 통과시키려는 목적에도 사용(축전기 용량 : $0.2 \sim 0.3 \mu F$)

38. 납산 축전지의 온도가 낮아졌을 때 발생되는 현상이 아닌 것은?

① 전압이 떨어진다.

② 용량이 적어진다.

❸ 전해액의 비중이 내려간다.

④ 동결하기 쉽다.

해설 배터리 온도가 낮아졌을 때 나타나는 현상

  ㉠ 전압이 떨어진다.

  ㉡ 용량이 작아진다.

  ㉢ 전해액의 비중이 올라간다.

  ㉣ 동결하기 쉽다.

참고 자기 방전의 크기

  ㉠ 전해액 비중에 비례

  ㉡ 전해액 온도에 비례

  ㉢ 전해액 내 불순물에 비례

  ※ 충전관계

   • 전해액 비중 : 전해액 온도(반비례)

   • 전해액 비중 : 기전력(비례)

   • 전해액 온도 : 기전력(비례)

    → 전해액의 온도가 저하하면 전해액의 저항이 증가해 기전력은 작아진다.

   • 전해액 온도 : 용량(비례)

    → 방전 종지 전압 하에서 방전을 하여도 온도가 높으면 용량은 증대된다.

39. 고압축비, 고속 회전 기관에 사용되며 냉각 효과가 좋은 점화플러그는?

❶ 냉형

② 열형

③ 초열형

④ 중간형

해설 냉형은 고압축비 · 고속 회전 기관과 같은 열부하가 큰 기관에서 사용되며, 냉각 효과가 좋다.

40. 다음 중 기동 전동기의 필요 회전력에 대한 수식으로 맞는 것은?

① 엔진의 회전저항 $\times \dfrac{\text{링 기어 잇수}}{\text{피니언의 잇수}}$

② 캠축 회전력 $\times \dfrac{\text{링 기어 잇수}}{\text{피니언의 잇수}}$

❸ 엔진의 회전저항 $\times \dfrac{\text{피니언의 잇수}}{\text{링 기어의 잇수}}$

④ 크랭크축 회전력 $\times \dfrac{\text{링 기어 잇수}}{\text{피니언의 잇수}}$

해설 $\dfrac{\text{크랭크축 회전각}}{\text{(엔진의 회전저항)}} = \dfrac{\text{기동 전동기 피니언의 잇수}}{\text{플라이휠의 링 기어의 잇수}}$

41. 다음 중 교류 발전기의 구성요소와 거리가 먼 것은?

① 자계를 발생시키는 로터

② 전압을 유도하는 스테이터

③ 정류기

❹ 컷 아웃 릴레이

해설 전압을 발생시키는 스테이터(stator), 자계(자속)를 발생시키는 로터(rotor), 정류작용을 하는 정류기(실리콘 다이오드)로 구성되어 있다.

참고

항목 / 구분	직류(DC) 발전기	교류(AC) 발전기
발생 전압	교류	교류
정류기	브러시와 정류자	실리콘 다이오드
자속 발생	계자 철심, 코일	로터
조정기	전압, 전류, 컷 아웃 릴레이	전압 조정기
역류 방지	컷 아웃 릴레이	다이오드
전류 발생	전기자	스테이터
여자방식	자여자(계자)	타여자(로터)

42. 자동차 냉방장치의 응축기(condenser)가 하는 역할로 맞는 것은?

① 액체 상태의 냉매를 기화시키는 것이다.

② 액상의 냉매를 일시 저장한다.

❸ 고온 고압의 기체냉매를 액체냉매로 변환시킨다.

④ 냉매를 항상 건조하게 유지시킨다.

43. 전조등 종류 중 반사경 · 렌즈 · 필라멘트가 일체인 방식은?

❶ 실드빔형

② 세미실드빔형

③ 분할형

④ 통합형

44. 클러치의 구비조건이 아닌 것은?

① 회전 부분의 평형이 좋을 것

❷ 회전관성이 클 것

③ 회전력의 단속이 확실할 것

④ 과열되지 않을 것

45. 토크컨버터란?

① 클러치와 변속기 역할을 하는 것

② 변속기 역할을 하는 것

❸ 클러치 역할을 하는 것

④ 차동장치 역할을 하는 것

46. 다음 중 수동 변속기에서 이중 물림을 방지하기 위한 장치는?

① 파킹 볼 장치　　　　✔ 인터록 장치

③ 오버드라이브 장치　　④ 록킹 볼 장치

47. 오버드라이브 장치는 어디에 설치되어 있는가?

① 변속기와 클러치 사이

✔ 변속기와 추진축 사이

③ 유성 기어와 클러치 사이

④ 유성 기어와 리어클러치 사이

48. 브레이크를 밟았을 때 하이드로 백 내의 작동이다. 틀린 것은?

✔ 공기 밸브는 닫힌다.

② 진공 밸브는 닫힌다.

③ 동력 피스톤이 하이드롤릭 실린더 쪽으로 움직인다.

④ 동력 피스톤 앞쪽은 진공 상태이다.

49. 전자제어 현가장치(ECS) 장착 자동차에서 차고 센서가 감지하는 것은?

① 지면과 액슬

② 프레임과 지면

③ 차체와 지면

✔ 로어 암과 차체

> 해설　차고 센서는 자동차의 높이 변화에 따른 차체(body)와 차축(axle shaft)의 위치를 감지하여 ECU로 입력시키는 기능을 한다.

50. 오버드라이버 장치에서 오버드라이브가 되려면 무엇을 고정시켜야 되는가?

① 유성 캐리어　　　　✔ 선 기어

③ 링 기어　　　　　　④ 주축

51. 제어 밸브와 동력 실린더가 일체로 결합된 것으로 대형 트럭이나 버스 등에서 사용되는 동력 조향 장치는?

✔ 조합형　　　　　　② 분리형

③ 혼성형　　　　　　④ 독립형

> 해설　동력 조향 장치의 분류
> ㉠ 일체형(integral type) : 조향 기어, 동력 실린더, 제어 밸브 모두 기어 박스 내에 설치
> ㉡ 링키지 조합형 : 동력 실린더와 제어 밸브가 일체로 설치
> ㉢ 링키지 분리형 : 조향 기어, 동력 실린더, 제어 밸브 모두 분리되어 설치

52. 동력 전달각의 변화를 가능케 하는 이음은?

① 슬립 이음　　　　　② 볼 이음

③ 축 이음　　　　　　✔ 자재 이음

53. 유압식 브레이크 장치에서 잔압의 필요성이 <u>아닌</u> 것은?

① 베이퍼 록 방지

② 작동 늦음 방지

✔ 타이어 록 방지

④ 휠 실린더 오일 누출방지

> 해설　유압 브레이크 회로 내에서 잔압의 역할
> ㉠ 브레이크 작동의 늦음을 방지한다.
> ㉡ 유압회로 내에 공기가 유입되는 것을 방지한다.
> ㉢ 베이퍼 록을 방지한다.
> ㉣ 휠 실린더에서의 오일 누출을 방지한다.

54. 하이드로플래닝 현상을 방지하기 위한 방법으로 가장 거리가 <u>먼</u> 것은?

✔ 러그형 패턴의 타이어를 사용한다.

② 트레드의 마모가 적은 타이어를 사용한다.

③ 타이어의 공기압력을 높인다.

④ 주행속도를 낮춘다.

> 해설　하이드로플래닝 현상 방지 방법
> ㉠ 리브형 패턴의 타이어를 사용한다.
> ㉡ 트레드의 마모가 적은 타이어를 사용한다.
> ㉢ 타이어의 공기압력을 높인다.
> ㉣ 주행속도를 낮춘다.

55. 자동차 및 자동차부품의 성능과 기준에 관한 규칙상 긴급자동차의 경광등 광도 및 싸이렌음의 기준으로 맞는 것은?

① 경광등(1등광 광도) : 125cd 이상 2,500cd 이하, 싸이렌 음 : 전방 30m 위치에서 90dB 이상 120dB 이하

✔ 경광등(1등광 광도) : 135cd 이상 2,500cd 이하, 싸이렌 음 : 전방 20m 위치에서 90dB 이상 120dB 이하

③ 경광등(1등광 광도) : 140cd 이상 3,000cd 이하, 싸이렌 음 : 전방 40m 위치에서 95dB 이상 125dB 이하

④ 경광등(1등광 광도) : 145cd 이상 3,000cd 이하, 싸이렌 음 : 전방 50m 위치에서 100dB 이상 125dB 이하

> 해설　「자동차 및 자동차부품의 성능과 기준에 관한 규칙」 제58조 제1호 및 제2호
> ① 경광등 : 1등당 광도 135cd 이상 2천 5백cd 이하일 것
> ② 싸이렌 음의 크기 : 자동차의 전방 20미터의 위치에서 90dB 이상 120dB 이하일 것

차 례

2014

과년도
기출문제

※ 어떠한 경우든 무단 전재 및 복제는 범법 행위이므로 승인 없이 무단
으로 배포할 경우 저작권법에 의해 형사상 특히 민사상의 책임을 동
시에 지게 됩니다. 본 책에 수록된 기출문제를 전재 또는 인용하고자
할 경우에는 반드시 저작권자 또는 성안당 출판사의 허락 또는 승인
을 받아야 합니다.

알짜배기 자동차 구조원리 기출문제 총정리

알짜배기 자동차 구조원리 기출문제 총정리
www.cyber.co.kr

1. 2행정 사이클 기관은 크랭크축 몇 회전에 1사이클을 완료하는가?

① 1회전   ② 2회전

③ 3회전   ④ 4회전

해설 2행정 사이클 기관은 크랭크축 1회전에 피스톤 상승과 하강 2개의 행정으로 1사이클을 완성하는 기관이다.

2. 디스크형 제동장치의 특징이 아닌 것은?

① 자기 배력 작용이 일어나 제동력이 우수하다.

② 디스크가 대기 중에 노출되어 방열성이 우수하다.

③ 패드 마모가 드럼식보다 빠르다.

④ 좌우 바퀴 제동력이 안정되어 편제동 현상이 적다.

해설 디스크형 제동장치

(1) 장점
  ㉠ 마찰 면이 공기 중에 노출되어 있어 방열성이 좋다(페이드 현상이 일어나지 않음).
  ㉡ 자기 작동이 일어나지 않아 작동 시 제동력 변화가 적어 안정적이다.
  ㉢ 물이나 녹이 패드에 있어도 제동력 회복이 빠르다.
  ㉣ 구조가 간단하고 정비하기 쉽다.
  ㉤ 회전 평형이 좋다.
(2) 단점
  ㉠ 마찰 면적이 작고 자기 작동이 일어나지 않아 조작력이 커야 한다.
  ㉡ 패드의 강도가 커야 한다.
  ㉢ 자기 작동 작용을 하지 않기 때문에 페달을 밟는 힘이 커야 한다.

3. 조향 핸들이 쏠리는 원인이 아닌 것은?

① 타이어 공기압력 불균일

② 쇽업소버 작동 상태 불량

③ 조향 기어박스 오일 부족

④ 허브 베어링 마멸 과다

해설 조향 핸들이 한쪽 방향으로 쏠리는 원인
- ㉠ 브레이크 라이닝 간격 조정 불량
- ㉡ 휠의 불평형
- ㉢ 한쪽 쇽업소버 불량
- ㉣ 타이어 공기압력 불균일
- ㉤ 앞바퀴 얼라인먼트의 조정 불량
- ㉥ 한쪽 휠 실린더의 작동 불량
- ㉦ 한쪽 허브 베어링 마모

4. 냉각방식에서 수냉식과 비교했을 때 공랭식의 장점이 아닌 것은?

① 구조가 간단하다.

② 마력당 중량이 가볍다.

③ 정상 작동온도에 도달하는 시간이 짧다.

④ 기관이 균일하게 냉각이 가능하다.

해설 (1) 공랭식의 장점
- ㉠ 간단하고 값싼 구조이다.
- ㉡ 단위 출력당 질량(kg/kW)이 가볍다.
- ㉢ 빙결 방지제가 들어 있는 냉각수가 필요 없다.
- ㉣ 냉각수 냉각기(액체 방열기)가 필요 없다.
- ㉤ 누설 부위가 없다(냉각수에 의한).
- ㉥ 물 펌프가 필요 없다.
- ㉦ 운전 안전성이 높다(㉢, ㉣, ㉤, ㉥, ㉧, ㉨ 때문에).
- ㉧ 정비의 필요성이 낮다.
- ㉨ 정상작동온도에 도달하는 시간이 짧다.
- ㉩ 냉각매질의 비등점에 의해 기관의 작동온도가 제한되지 않는다.

(2) 공랭식의 단점
- ㉠ 냉각이 불균일하므로 기관 각 부분의 작동온도의 편차가 크다.
- ㉡ 피스톤 간극이 커야 하고 따라서 피스톤 소음이 크다.
- ㉢ 송풍기 구동동력이 비교적 많이 소비된다(기관 출력의 약 3~4%).
- ㉣ 송풍기가 설치되고 또 기관의 냉각수 자켓(jacket)이 생략되므로 소음이 크다.
- ㉤ 공기의 비열이 낮기 때문에 냉각핀으로부터 공기로의 열전달 능력이 불량하다.
- ㉥ 실내 난방이 크게 지연되고, 불균일하다.
- ㉦ 제어가 곤란하다.

5. EGR 밸브로 개선되는 유해배기가스는?

① CO

② NOx

③ H_2O

④ HC

해설 EGR(배기가스 재순환 장치)
배기가스의 일부를 연소실로 재순환시켜 NOx(질소산화물) 발생을 억제시키는 장치이다.

6. 윤활유의 윤활작용 외 다양하고 중요한 역할이 아닌 것은?

① 냉각작용

② 밀봉작용

③ 방수작용

④ 청정작용

해설 윤활유의 6대 기능

    ㉠ 감마작용 : 마찰 및 마멸 감소

    ㉡ 밀봉작용 : 틈새를 메꾸어 줌

    ㉢ 냉각작용 : 기관의 열을 흡수하여 오일팬에서 방열

    ㉣ 세척작용 : 카본, 금속 분말 등을 제거

    ㉤ 방청작용 : 작동 부위의 부식 방지

    ㉥ 응력분산작용 : 충격하중 작용 시 유막 파괴를 방지

7. 다음 중 배기가스 색깔로 잘못 연결된 것은?

① 무색 : 정상

② 백색 : 엔진오일 연소실 유입

③ 흑색 : 유연휘발유 연소

④ 황색 또는 자색 : 희박

해설 배기가스 색에 의한 엔진 상태

    ㉠ 무색 또는 담청색 : 정상(완전연소)

    ㉡ 흑색 : 진한 혼합비(농후한 혼합기)

    ㉢ 연한 황색(엷은 자색) : 엷은 혼합비(희박한 혼합기)

    ㉣ 백색 : 윤활유 연소(엔진오일 연소실 유입)

    ㉤ 회색 : 농후한 혼합이고, 윤활유 연소

8. 엔진오일 색깔에 따른 그 이유가 바르지 못한 것은?

① 노란색 : 디젤 유입

② 검은색 : 심하게 오염

③ 붉은색 : 착색제가 붉은색인 경우 가솔린 유입

④ 우유색 : 냉각수 혼입

해설 기관 상태에 따른 오일의 색깔

    ㉠ 붉은색 : 유연가솔린 유입

    ㉡ 노란색 : 무연가솔린 유입

    ㉢ 검은색 : 심한 오염(오일 슬러지 생성)

    ㉣ 우유색 : 냉각수 혼입

    ㉤ 회색 : 4에틸납 연소생성물의 혼입

9. 축전지가 충전은 되지만 즉시 방전되는 원인이 아닌 것은?

① 축전지 내부에 침전물이 과대하게 축적

② 축전지가 방전 종지 전압이 된 상태에서 충전

③ 축전지 내부 격리판의 파손으로 극판이 단락

④ 과방전으로 음극판이 휘었다.

해설 축전지가 충전은 되지만 즉시 방전되는 원인

㉠ 축전지 내부에 침전물이 과대하게 축적

㉡ 축전지가 방전 종지 전압이 된 상태에서 충전 : 방전 끝 전압

㉢ 축전지 내부 격리판의 파손으로 극판이 단락

㉣ 전해액에 불순물이 혼입

※ 과방전으로 음극판이 휨 : 이 경우는 축전지 수명이 단축되는 원인

10. 다음 중 베이퍼 록의 원인이 아닌 것은?

① 오일 불량 및 비점이 낮은 오일 사용

② 드럼과 라이닝의 끌림에 의한 과열

③ 실린더, 브레이크 슈 리턴 스프링 쇠손

④ 내리막에서 갑작스러운 브레이크 사용

해설 베이퍼 록의 원인

㉠ 긴 내리막에서 과도한 브레이크 사용

㉡ 비점이 낮은 브레이크 오일 사용

㉢ 드럼과 라이닝의 끌림에 의한 과열

㉣ 브레이크 슈 리턴 스프링의 쇠손에 의한 잔압 저하

㉤ 브레이크 라인에 잔압이 낮을 때

㉥ 불량한 브레이크 오일 사용

1. 클러치 구비조건에 대한 설명 중 잘못된 것은?

① 동력 전달이 확실하고 신속할 것   ② 방열이 잘되어 과열되지 않을 것
③ 회전 부분의 평형이 좋을 것   ④ 회전 관성이 클 것

해설 클러치의 구비조건
ⓐ 회전 부분의 평형이 좋을 것
ⓑ 동력의 차단이 신속하고 확실할 것
ⓒ 회전 관성이 적을 것
ⓓ 방열이 양호하여 과열되지 않을 것
ⓔ 구조가 간단하고 고장이 적을 것
ⓕ 접속된 후에는 미끄러지지 않을 것
ⓖ 동력의 전달을 시작할 경우에는 미끄러지면서 서서히 전달될 것

2. MF 축전지에 대한 설명 중 잘못된 것은?

① 양극은 납과 저안티몬 합금으로 구성된다.
② 음극은 납과 칼슘 합금으로 구성된다.
③ 반영구적이다.
④ 무정비 무보수 축전지이다.

해설 MF 축전지(Maintenance Free Battery, 무정비 무보수 축전지)
(1) 기능 : 자기 방전이나 전해액의 감소를 적게 한 것
(2) 특징
ⓐ 증류수를 보충할 필요가 없다.
ⓑ 자기 방전이 적다.
ⓒ 장기간 보존할 수 있다.
ⓓ 양(+)극판 : 납과 저안티몬 합금
ⓔ 음(−)극판 : 납과 칼슘 합금

3. 제조원가가 싸고 차 내부 공간을 크게 만들 수 있는 구동방식은?

① 앞기관 앞바퀴 구동식(FF)
② 뒤기관 뒤바퀴 구동식(RR)
③ 차실바닥 밑기관 구동식
④ 앞기관 총륜구동식(4WD)

해설 엔진 위치와 구동방식에 의한 분류 및 특성

(1) 앞엔진 앞바퀴 구동차(FF)
   ㉠ 동력 손실이 적음
   ㉡ 실내공간이 넓음
   ㉢ 직진 안전성이 좋은 언더스티어링 경향
   ㉣ 미끄러지기 쉬운 노면의 주파성 좋음
(2) 앞엔진 뒷바퀴 구동차(FR)
   ㉠ 엔진과 구동계통이 나뉘어 있어 적절한 중량배분으로 조정성과 안정성 우수
   ㉡ 실내공간이 좁아지는 단점
   ㉢ 비, 눈길에서 취약
(3) 뒤엔진 뒷바퀴 구동차(RR)
   ㉠ 실내공간을 가장 넓게 확보
   ㉡ 구동력을 크게 하여 오버스티어링 경향
   ㉢ 일부 중·대형 승용차 및 버스에 이용
(4) 앞엔진 총륜구동차(4WD)
   ㉠ 구동력이 강하고 등판능력이 우수
   ㉡ 주로 지프차, 군용 차량에 널리 사용

4. 기관의 실린더 내경 75mm, 행정 75mm, 압축비가 8 : 1인 4실린더 기관의 총연소실 체적은?

① 239.38cc
② 159.76cc
③ 189.24cc
④ 318.54cc

해설 압축비 공식

$$\varepsilon = \frac{V}{V_c} = \frac{V_c + V_s}{V_c} = 1 + \frac{V_s}{V_c}$$

여기서, V_s : 행정체적(배기량)
V_c : 연소실 체적

$$V_c = \frac{V_s}{(\varepsilon - 1)} = \frac{0.785 \times 7.5^2 \times 7.5 \times 4}{(8 - 1)} = 189.24\text{cc}$$

V_s : 총배기량

∴ 총연소실 체적= 189.24cc

5. 윤거(윤간거리)의 의미?

① 자동차의 바퀴 대각선 길이
② 앞뒤차축의 중심에서 중심까지의 수평거리
③ 자동차의 너비(아웃사이드미러는 제외)
④ 좌우 타이어의 접촉면의 중심에서 중심까지의 거리

해설 윤거(tread)
   좌우 타이어가 지면을 접촉하는 지점에서 좌우 두 개의 타이어 중심선 사이의 거리

6. 4사이클 4기통 엔진에서 1번 실린더가 폭발행정을 할 때 4번 실린더는 무슨 행정을 하는가? (점화순서는 1-2-4-3)

① 흡입행정

② 압축행정

③ 폭발행정

④ 배기행정

해설 점화순서에 의하여 실린더 행정구하기

7. 피스톤의 왕복운동을 크랭크축에 전달하여 회전운동으로 바꿔 주는 연결 막대는?

① 피스톤

② 피스톤 핀

③ 크랭크축

④ 커넥팅로드

해설 커넥팅로드의 기능

피스톤과 크랭크축을 연결하는 막대로, 커넥팅로드의 길이는 커넥팅로드 소단부의 중심선과 대단부의 중심선 사이의 거리로 피스톤 행정의 1.5~2.3배 정도이다.

8. AC 발전기 전기자에서 생성되는 전류는 어느 것인가?

① 교류

② 직류

③ 전압

④ 저항

해설 교류(AC) 발전기의 구성

㉠ 스테이터(DC 발전기 '전기자 코일'에 해당) : 고정자＝교류 발생

㉡ 로터(DC 발전기 '계자 철심'에 해당) : 회전자＝전자석이 됨

㉢ 실리콘 다이오드(DC 발전기 '정류자와 브러시'에 해당) : 교류를 직류로 정류

9. 독립현가식 장치에서 토션바라고도 하며, 고속선회 시 차체의 롤링을 방지하는 것은?

① 스테빌라이저   ② 차동 기어

③ 유니버설 조인트   ④ 최종 감속장치

해설 스테빌라이저
(1) 기능 : 독립현가방식에 사용하는 일정의 토션바 스프링으로 고속으로 선회 시 발생되는 기울기를 방지
(2) 특징
    ㉠ 차의 평형 유지
    ㉡ 차의 좌우 진동(롤링) 억제
    ㉢ 선회 시 차의 전복 방지

10. 드라이브 라인에서 유니버설 조인트(자재 이음)의 역할은?

① 각도 변화에 대응하여 피동축에 원활한 회전력을 전달한다.
② 추진축의 길이 변화를 가능하게 하기 위하여 사용된다.
③ 회전속도를 감속하여 회전력을 증대시킨다.
④ 동력을 구동바퀴에 전달하는 역할을 한다.

해설 자재 이음(유니버설 조인트)
각도 변화에 대응하여 피동축에 원활한 회전력을 전달하는 역할(＝자동차 주행 중 발생하는 추진축의 각도 변화를 흡수)

11 밸브 개폐 장치와 관련이 없는 것은?

① 로커 암   ② 밸브 리프터(태핏)

③ 푸시로드   ④ 물 펌프

해설 밸브 기구는 캠축, 밸브 리프터(태핏), 푸시로드, 로커 암축 어셈블리, 밸브 등으로 구성되어 있다. 물 펌프(워터펌프)는 기관 냉각장치의 구성요소이다.

1. 부특성 서미스터를 이용한 것으로서 온도가 높으면 저항값이 낮아지고, 온도가 낮으면 저항값이 높아지는 장치는?

① 수온 센서

② 수온 조절기

③ 흡기온도 센서

④ 공기량 센서

해설 서미스터

　㉠ 온도 변화에 대하여 저항값이 크게 변화되는 반도체의 성질을 이용

　㉡ 부특성 서미스터 : 온도가 상승하면 저항값이 감소

　㉢ 정특성 서미스터 : 온도가 상승하면 저항값이 증가

　▶ 부특성 서미스터를 이용한 센서

　　• 냉각수 온도 센서(C.T.S, W.T.S) : 부특성 서미스터로 냉각수 온도를 검출하여 컴퓨터(ECU)로 전송

　　• 흡기온도 센서(ATS) : 부특성 서미스터로 흡입공기온도를 검출하여 컴퓨터(ECU)로 전송

　　※ 위에 2개 센서가 대표적이며, 이외에 연료 잔량 경고등 센서, 온도 메터용 수온 센서, EGR 가스 온도 센서, 배기온도 센서, 증발기 출구 온도 센서, 유온 센서 등에 다양하게 사용된다.

2. 전자제어 자동 변속기의 TCU(컴퓨터)에 입력정보 센서가 아닌 것은?

① 수온 센서

② 스로틀 포지션 센서

③ 펄스 제너레이터

④ 압력조절 솔레노이드 밸브(PCSV)

해설 자동 변속기의 전자제어장치 입력 구성도

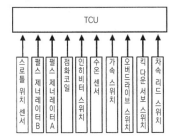

3. 종감속비가 6인 자동차에서 추진축의 회전수가 900rpm이고 엔진이 4,500rpm으로 회전하고 있다. 이때 변속비는?

① 4 : 1

② 5 : 1

③ 6 : 1

④ 7 : 1

해설 링 기어 회전수 $= \dfrac{\text{기관 회전수}}{\text{총감속비}} = \dfrac{\text{추진축 회전수}}{\text{종감속비}}$

   ⊙ 링 기어 회전수 $= \dfrac{900}{6} = 150$

   ⓒ 변속비 $150 = \dfrac{4,500}{6x}$

   ∴ $x = 5$

4. 변속비가 4.3, 종감속비가 2.5일 때 총감속비는?

① 1.72

② 6.8

③ 1.8

④ 10.75

해설 총감속비 = 변속비 × 종감속비
　　　　 = 4.3 × 2.7 = 10.75

5. 다음 중 축전지에 대한 설명 중 맞는 것은?

① 전해액의 온도가 높으면 비중이 높아진다.

② 축전지가 방전되면 기전력은 높아진다.

③ 전해액의 온도가 높으면 기전력은 낮아진다.

④ 극판이 크고 수가 많으면 용량이 크다.

해설 축전지의 특성

   ⊙ 전해액 비중과 온도(반비례) : 전해액 온도가 높으면 비중이 낮아지고, 온도가 낮으면 비중은 높아진다.

   ⓒ 전해액의 비중은 방전량에 비례하여 저하된다.

   ⓒ 전해액 온도와 기전력(비례) : 전해액의 온도가 높으면 기전력도 높아진다.

   ⓔ 전해액 비중과 기전력(비례) : 전해액의 비중이 높으면 기전력도 높아진다.

   ⓜ 축전지가 방전되면 기전력도 낮아진다.

6. 전기가 단선되는 이유가 아닌 것은?

① 용량이 큰 퓨즈 사용

② 회로의 합선에 의해 과도한 전류가 흘렀을 때

③ 퓨즈가 접촉 불량할 때

④ 퓨즈가 부식되었을 때

해설 전기가 단선되는 이유

전기 단선의 이유에는 ②, ③, ④항 외에 외부의 타격 및 충격, 노후 또는 내용연수 초과, 경년 열화에 의한 단선, 기타 자체 결함에 의한 단선 등이 있다.

7. 다음 중 자동차 에어컨디션의 설명으로 틀린 것은?

① 응축기는 고온 고압의 기체 냉매를 고온 고압의 액체 냉매로 만든다.

② 압축기는 저온 저압의 기체 냉매를 고온 고압의 기체 냉매로 만든다.

③ 리시버 드라이어(건조기)는 액체 냉매를 리시버 드라이어에 공급한다.

④ 증발기는 냉각팬의 작동으로 증발기 핀을 통과하는 공기 중의 열을 흡수한다.

해설 자동차 에어컨 시스템의 순환 경로

압축기(컴프레서) → 응축기(콘덴서) → 건조기(리시버 드라이어) → 팽창 밸브 → 증발기(에바 포레이터)

▶ 리시버 드라이어(건조기)의 기능
ⓐ 액체 냉매의 저장 기능
ⓑ 수분 제거 기능
ⓒ 기포 분리 기능

8. 조도에 대한 설명으로 틀린 것은?

① 등화의 밝기를 나타내는 척도이다.

② 조도의 단위는 룩스(lux)이다.

③ 조도는 광도에 비례한다.

④ 조도는 광원의 거리의 2승에 비례한다.

해설 조도 : 피조면의 밝기(빛을 받는 면의 밝기)[단위 : lux(룩스), 기호 : lx]

$$lx(조도) = \frac{cd}{r^2} \quad (여기서, \ r = 거리(m), \ cd = 광도)$$

※ 즉, 공식에서와 같이 조도는 광도에 비례하고, 광원으로부터의 거리의 제곱에 반비례한다.

9. 전동기가 회전함과 동시에 마그네틱 스위치가 선단에 부착된 피니언을 밀어서 피니언이 플라이휠 링 기어와 맞물려 엔진을 회전시키도록 제작된 것은?

① 오버러닝 클러치
② 마찰 클러치
③ 유체 클러치
④ 전자 클러치

> **해설** 시동 전동기(starter motor)
> 전동기가 회전을 시작함과 동시에 마그네틱 스위치가 선단에 부착된 피니언을 밀어서 피니언이 플라이휠의 링 기어와 맞물려 엔진을 회전시키도록 설계되어 있다. 시동 모타라고도 불린다. 엔진이 시동되면 반대로 엔진이 기동 전동기를 회전시키게 되어 과회전으로 파손될 위험이 있으므로, 전동기와 피니언 사이에 힘이 한 방향으로만 전달되는 오버러닝 클러치를 넣어 이를 방지하고 있다.

10. 교류 발전기에서 교류를 직류로 바꾸는 장치는?

① 인버터
② 컨버터
③ 실리콘 다이오드
④ 컷 아웃 릴레이

> **해설** 각 부품의 역할
> ㉠ 인버터 : 직류전력을 교류전력으로 변환하는 장치(역변환 장치)
> ㉡ 컨버터 : 정류기로서 교류를 직류로 바꾸는 장치
> ㉢ 실리콘 다이오드 : 교류 전기를 직류 전기로 변환시키는 정류작용을 하는 반도체 소자이며, 자동차 교류(AC)발전기에서는 스테이터에 유도된 교류를 직류로 전환하고, 축전지에서 발전기로 전류가 역류하는 것을 방지하는 역할을 함
> ㉣ 컷 아웃 릴레이 : 역류 방지기로서 발전기의 출력이 없거나 작을 때 축전지의 전류가 발전기로 역류하는 것을 방지함

11. 디젤 기관에서 노킹이 발생하지 않는 범위 내에서 압축비를 올리면 나타나는 현상은?

① 출력이 증가하고, 연료소비율이 적다.
② 연료비가 많다.
③ 질소산화물과 탄화수소의 발생농도가 낮다.
④ 후기 연소기간이 길어져 열효율이 저하되고, 배기의 온도가 상승한다.

> **해설** 디젤 기관에서 압축비를 증가시키면 평균 유효압력이 증가하여 열효율이 향상됨과 동시에 연료소비율이 감소하게 된다. 그러나 압축비 증가와 더불어 기계 손실도 증대되고 노킹 발생의 우려가 있어 압축비가 제한된다.

12. 다음 중 클러치에 대한 설명으로 틀린 것은?

① 클러치가 미끄러지는 원인은 페달 자유 간극의 과대이다.

② 마찰 클러치는 케이블식과 유압식이 있는데, 주로 케이블식을 사용한다.

③ 클러치 디스크 런아웃이 클 때 클러치 단속이 불량해진다.

④ 다이어프램식 클러치는 구조가 간단하고 다루기가 쉽다.

해설 클러치가 미끄러지는 원인(동력 전달 불량)

    ㉠ 클러치 페달 자유 유격 과소

    ㉡ 라이닝(페이싱)의 마모

    ㉢ 라이닝에 오일 부착

    ㉣ 클러치 스프링의 장력 감소

    ㉤ 플라이휠 및 압력판의 변형 또는 손상

    ㉥ 클러치 라이닝의 마찰계수 감소

13. 파워스티어링에 대한 설명으로 맞는 것은?

① 비접촉 광학식 센서를 주로 사용하여 운전자의 조향휠 조작력을 검출하는 조향 토크 센서이다.

② 제어 밸브의 열림 정도를 직접 조절하는 방식이며, 동력 실린더에 유압은 제어 밸브의 열림 정도로 결정된다.

③ 오일펌프 내부에 있는 플로우 컨트롤 밸브는 고속 회전 시 조향 기어 박스로 가는 오일의 양을 많게 한다.

④ 동력 조향 유압계통에 고장이 발생한 경우 핸들을 수동으로 조작할 수 있도록 하는 부품은 릴리프 밸브이다.

해설 조향 토크 센서(steering torque sensor)

조향 각 센서, 조향 모터와 함께 EPS(Electric Power Steer, 전동식 동력 조향 장치) 시스템의 핵심부품으로 조향축에 걸리는 토크를 측정하여 EPS 제어기에 전달하는 역할을 한다. 여기서 토크(torque)란 어떤 것을 어떤 점 주위에 회전시키는 효과를 나타내는 양으로서 회전 모멘트 또는 비틀림 모멘트라고도 부른다.

즉, 조향 토크 센서는 운전자의 조향 휠 조작력을 검출하는 센서이다. 또한 토크 측정방식은 크게 접촉식과 비접촉식으로 구분되는데, 접촉식은 자동차 조향축에 장착하는 데 부적합하기 때문에 자동차 조향 토크 센서로는 주로 비접촉식 토크 센서를 사용한다.

14. 다음 중 광도가 50cd이고, 거리가 10m일 때 조도는 몇 lx인가?

① 500lx

② 0.5lx

③ 5lx

④ 250lx

해설 조도

$$lx(조도)=\frac{cd}{r^2} \quad (여기서, \ r=거리(m), \ cd=광도)$$

$$조도=\frac{광도}{거리^2}=\frac{cd}{r^2}=\frac{50}{10^2}=0.5lx$$

15. 하이브리드 시스템 형식 중 기관을 가동하여 얻은 전기를 축전지에 저장하고, 차체는 순수하게 전동기의 힘으로 구동하는 방식은?

① 직렬형

② 병렬형

③ 직병렬형

④ 엑티브 에코 드라이브 시스템

해설 하이브리드 시스템의 형식

(1) 직렬형(series type) 하이브리드 : 엔진은 발전 전용이고, 주행은 모터만을 사용하는 방식

(2) 병렬형(parallel type) 하이브리드 : 엔진과 모터를 병용하여 주행하는 방식

　㉠ 발진 때나 저속으로 달릴 때는 모터로 주행

　㉡ 어느 일정 속도만 되면 금속 벨트 방식의 무단 변속기를 써서 효율이 가장 좋은 조건에서는 엔진 주행

(3) 직병렬형(series-parallel type) 하이브리드 : 직병렬 하이브리드 시스템은 양 시스템의 특징을 결합한 형식

　㉠ 발진 때나 저속으로 달릴 때 : 모터만으로 달리는 직렬형 적용

　㉡ 어느 일정 속도 이상으로 달릴 때 : 엔진과 모터를 병용해서 주행하는 병렬형 기능을 발휘

서울시 기출문제 (2014. 06. 28. 시행)

1. 자동 변속기 장착 자동차에서 자동 변속기 오일량은 오일 레벨 게이지로 점검하여 F와 L 사이에 있어야 하는데 엔진과 변속기는 어떤 상태에서 하는가?

① 엔진 공회전 상태에서 변속기 선택 레버를 D 위치에 두고 점검한다.

② 엔진 공회전 상태에서 변속기 선택 레버를 N 위치에 두고 점검한다.

③ 엔진 정지 상태에서 변속기 선택 레버를 D 위치에 두고 점검한다.

④ 엔진 정지 상태에서 변속기 선택 레버를 N 위치에 두고 점검한다.

⑤ 엔진 시동과는 관계없이 변속기 선택 레버를 N 위치에 두고 점검한다.

> **해설** 자동 변속기의 오일점검 순서
> ㉠ 평탄한 장소에 주차, 오일 레벨 게이지를 깨끗이 한다.
> ㉡ 변속 레버를 P 상태에 놓고, 주차 브레이크를 작동하고 시동을 ON시킨다.
> ㉢ 오일 온도가 작동온도(약 70~80℃)까지 되도록 엔진을 공회전시킨다.
> ㉣ 변속기 선택 레버를 P, R, N, D, 2, 1 순으로 각각 2회씩 이동하여 유압회로에 오일을 가득 채운다.
> ㉤ 변속기 선택 레버를 N 위치에 두고 오일 레벨 게이지상 'HOT' 범위 내에 있으면 정상, 부족 시에는 'HOT' 범위가 되도록 오일을 보충하거나 또는 변속기 오일라인을 점검한다.

2. 배기가스 재순환 장치(EGR)는 배기가스 중 어떤 가스를 저감시키기 위한 것인가?

① NOx

② CO

③ HC

④ CO_2

⑤ N_2

> **해설** EGR(배기가스 재순환 장치)
> 배기가스의 일부를 연소실로 재순환시켜 질소산화물(NOx) 발생을 억제시키는 장치이다.

3. 디젤 기관의 노크 방지책을 바르게 설명한 것은?

① 압축압력을 낮춘다.

② 흡기온도를 낮춘다.

③ 세탄가가 낮은 연료를 사용한다.

④ 착화 지연 기간을 짧게 한다.

⑤ 실린더 벽의 온도를 낮춘다.

해설 디젤 노크 방지법

　　ⓐ 착화성이 좋은 연료(세탄가가 높은 연료)를 사용하여 착화 지연 기간을 짧게 한다.

　　ⓑ 압축비, 압축압력, 압축온도를 높인다.

　　ⓒ 흡입공기의 온도, 연소실 벽의 온도, 엔진의 온도를 높인다.

　　ⓓ 흡입공기에 와류가 일어나도록 한다.

　　ⓔ 회전속도를 빠르게 한다.

　　ⓕ 분사시기를 알맞게 조정한다.

　　ⓖ 분사 개시에 분사량을 적게 하여 급격한 압력상승을 억제한다.

4. 조향장치가 갖추어야 할 조건으로 옳지 않은 것은?

① 조향 조작이 주행 중 발생되는 충격에 영향을 받지 않을 것

② 조작하기 쉽고 방향 변환이 원활하게 이루어질 것

③ 고속 주행에서도 조향 핸들이 안정될 것

④ 조향 핸들의 회전과 바퀴 선회 차가 클 것

⑤ 주행 중 섀시 및 보디에 무리한 힘이 작용되지 않을 것

해설 조향장치의 구비조건

　　ⓐ 조향 조작이 주행 진동이나 충격에 영향을 받지 않을 것

　　ⓑ 조작이 쉽고 원활할 것

　　ⓒ 회전반경이 작을 것

　　ⓓ 선회 시 섀시 및 보디에 영향이 작을 것

　　ⓔ 고속 주행 시 조향 휠이 안정될 것

　　ⓕ 조향 휠과 바퀴의 선회 차가 크지 않을 것

　　ⓖ 수명이 길고 정비가 용이할 것

5. 윤활유가 갖추어야 할 조건으로 옳은 것은?

① 점도가 높을 것　　　　　　② 인화점이 낮을 것

③ 발화점이 낮을 것　　　　　　④ 청정력이 작을 것

⑤ 기포 발생이 작을 것

해설 윤활유의 구비조건

　　ⓐ 인화점 및 발화점이 높을 것

　　ⓑ 비중이 적당할 것

　　ⓒ 응고점이 낮을 것

　　ⓓ 기포의 발생에 대한 저항력이 있을 것

　　ⓔ 카본 생성이 적을 것

　　ⓕ 열과 산에 대하여 안정성이 있을 것

　　ⓖ 청정력이 클 것

　　ⓗ 점도가 적당할 것

6. 통상 자동차 출발 전 운전석 앞 계기판에서 경고등으로 확인할 수 있는 사항은?

① 엔진오일의 점도
② 냉각수 비중
③ 연료의 비중
④ 타이어 마모 상태
⑤ 주차 브레이크 잠김 상태

해설 자동차 운전석에 있는 계기등은 브레이크 경고등, 배터리 충전 경고등, 엔진오일 유압 경고등, 연료잔량 경고등, 반(도어)닫힘 경고등, 배기온 경고등, 핸드(주차) 브레이크 경고등이 있다.

7. 주행 중인 자동차의 배출가스 색이 백색이었다면 그 이유로 옳은 것은?

① 정상 연소되고 있다.
② 노킹이 발생되고 있다.
③ 기관 오일이 연소되고 있다.
④ 혼합비가 농후하다.
⑤ 혼합비가 희박하다.

해설 배기가스 색에 의한 엔진 상태
　㉠ 무색 또는 담청색 : 정상(완전연소)
　㉡ 검은색 : 진한 혼합비(농후한 혼합기)
　㉢ 연한 황색(엷은 자색) : 엷은 혼합비(희박한 혼합기)
　㉣ 백색 : 윤활유 연소(엔진오일 연소실 유입)
　㉤ 회색 : 농후한 혼합이고, 윤활유 연소

8. 동력 전달 장치 중 추진축의 각도 변화를 주기 위한 이음방식으로 옳은 것은?

① 자재 이음
② 슬립 이음
③ 스플라인 이음
④ 섀클 이음
⑤ 링크 이음

해설 ㉠ 자재 이음(유니버설 조인트) : 각도 변화에 대응하여 피동축에 원활한 회전력을 전달하는 역할
　㉡ 슬립 이음 : 축에 길이 변화에 대응(변속기 주축 뒤끝에 위치)

9. 클러치의 구비조건으로 옳지 않은 것은?

① 동력 전달이 확실하고 신속할 것
② 방열이 잘 되어 과열되지 않을 것
③ 회전 부분의 평형이 좋을 것
④ 회전 관성이 클 것
⑤ 동력 차단이 확실하게 될 것

해설 클러치의 구비조건
　㉠ 회전 부분의 평형이 좋을 것
　㉡ 동력의 차단이 신속하고 확실할 것
　㉢ 회전 관성이 작을 것
　㉣ 방열이 양호하여 과열되지 않을 것
　㉤ 구조가 간단하고 고장이 적을 것
　㉥ 접속된 후에는 미끄러지지 않을 것
　㉦ 동력의 전달을 시작할 경우에는 미끄러지면서 서서히 전달될 것

10. 브레이크 오일의 구비조건으로 옳지 않은 것은?

① 비점이 높아 베이퍼 록을 일으키지 말 것

② 윤활성능이 있을 것

③ 빙점이 높고 인화점이 낮을 것

④ 알맞은 점도를 가지고 있을 것

⑤ 온도에 대한 점도 변화가 작을 것

해설 브레이크 오일의 구비조건

ⓐ 화학적으로 안정될 것

ⓑ 금속을 부식시키지 말 것

ⓒ 윤활성이 있을 것

ⓓ 적당한 점도와 점도지수가 클 것(온도에 대한 점도 변화가 적을 것)

ⓔ 빙점(응고점)이 낮고, 비점(비등점)이 높을 것

ⓕ 인화점 및 착화점이 높을 것

ⓖ 고무제품에 팽창을 일으키지 말 것

1. 피스톤 링의 기능이 아닌 것은?

① 방청작용
② 기밀작용
③ 방열작용
④ 오일제거 기능

해설 피스톤 링의 3대 기능
ⓐ 기밀유지 작용(밀봉작용)
ⓑ 열전도 작용
ⓒ 오일 제어작용

2. 라디에이터(방열기)의 구비조건으로 틀린 것은?

① 단위 면적당 발열량이 클 것
② 공기저항이 커야 한다.
③ 냉각수의 저항이 적어야 한다.
④ 가볍고, 소형이어야 한다.

해설 라디에이터(방열기)의 구비조건
ⓐ 단위 면적당 방열이 클 것
ⓑ 공기저항이 작을 것
ⓒ 냉각수의 흐름에 저항이 적을 것
ⓓ 가볍고 작으며 강도가 클 것

3. 다음 중 조향바퀴에 복원력과 안정성을 주는 것은?

① 캠버
② 토인
③ 킹핀
④ 캐스터

해설 앞바퀴(전차륜) 정렬의 요소
(1) 캠버
ⓐ 정의 : 앞바퀴를 앞에서 보았을 때 수선에 대해 이룬 각
ⓑ 필요성 : 조작력 감소, 앞차축 휨의 방지, 바퀴의 탈락 방지
(2) 토인
ⓐ 정의 : 앞바퀴를 위에서 보았을 때 앞바퀴의 앞쪽이 뒤쪽보다 안으로 오므라진 것
ⓑ 필요성 : 바퀴의 벌어짐 방지, 토아웃 방지, 타이어의 마멸 방지
(3) 캐스터
ⓐ 정의 : 앞바퀴를 옆에서 보았을 때 킹핀의 수선에 대해 이룬 각
ⓑ 필요성 : 직진성, 복원성 부여
(4) 킹핀 경사각
ⓐ 정의 : 앞바퀴를 앞에서 보았을 때 킹핀이 수선에 대해 이룬 각
ⓑ 필요성 : 조작력 감소, 복원성, 시미 방지

(5) 선회 시 토아웃
　　㉠ 정의 : 조향 이론인 애커먼 장토식의 원리 이용, 선회 시(핸들을 돌렸을 때) 동심원을
　　　　그리며 내륜의 조향각이 외륜의 조향각보다 큰 상태
　　㉡ 두는 이유 : 자동차가 선회할 경우에는 토아웃(안쪽 바퀴의 조향각이 바깥쪽 바퀴의 조
　　　　향각보다 큼)되어야 원활한 회전이 이루어짐

4. **1-3-4-2일 때 1번이 압축행정일 때 2번 행정은?**

① 흡입행정　　　　　　　　② 압축행정
③ 폭발행정　　　　　　　　④ 압축행정

해설 점화순서에 의하여 실린더 행정구하기

점화순서
1-3-4-2

5. **밸브 오버랩을 하는 이유는?**

① 노킹 방지　　　　　　　　② 연료 절약
③ 효율 증대　　　　　　　　④ 마모 방지

해설 밸브 오버랩(valve overlap)
　(1) 정의 : 피스톤이 상사점에 있을 때 흡입 및 배기 밸브가 동시에 열려 있는 현상
　(2) 두는 이유
　　㉠ 관성을 이용, 흡입효율 증대
　　㉡ 잔류 배기가스 배출
　　㉢ 흡·배기효율 향상

6. **자동차 안전기준에 대한 설명으로 잘못된 것은?**

① 자동차의 길이는 15m를 초과하여서는 안 된다.
② 자동차의 높이는 4m를 초과하여서는 안 된다.
③ 자동차의 윤중은 5톤을 초과하여서는 안 된다.
④ 자동차의 최소 회전반경은 바깥쪽 앞바퀴의 중심선을 따라 측정할 때에 12m를
　초과하여서는 안 된다.

해설 자동차 제원이 다음의 기준을 초과하여서는 안 된다.

　　ⓐ 길이 : 13m(연결자동차의 경우에는 16.7m)

　　ⓑ 너비 : 2.5m(후사경, 환기장치 또는 밖으로 열리는 창 ⇒ 승용차 : 25cm, 기타 자동차 : 30cm)

　　ⓒ 높이 : 4m

　　ⓓ 윤중 : 5ton

　　ⓔ 최소 회전반경 : 바깥쪽 앞바퀴 자국의 중심선을 따라 측정할 때에 12m

7. 부동액 첨가제의 종류가 아닌 것은?

① 냉각제

② 방부제

③ 방청제

④ 안정제

해설 부동액 첨가제에 관하여

부동액은 연수＋에틸렌글리콜(또는 메탄올, 글리세린, 주로 에틸렌글리콜을 사용)＋첨가제(인산염 또는 규산염)으로 구성

※ 부동액의 기본 기능을 위한 동결 방지제 외에도 아래와 같은 첨가제가 첨가된다.

　　ⓐ 냉각 시스템의 열교환율이 유지되도록 청결을 위한 방청제와 부식 방지제(방부제)

　　ⓑ 냉각수 순환을 방해하는 고온에서의 기포 발생을 억제하는 거품 방지제

　　ⓒ 냉각수와 접촉되는 고무나 플라스틱 등 비금속 부품의 영향을 주지 않는 부품 안정성 향상제

　　ⓓ 우수한 열전달과 엔진의 운전온도가 높아짐에 따른 냉각수 성능저하 방지를 위한 고온 안정성 향상제

　　ⓔ 미세한 냉각수 누출을 방지하는 밀봉기능제(스탑리크, stop leak)

　　ⓕ 냉각수의 산도가 산성화되는 것을 방지하는 알칼리 성분(인히비터) 등 많은 종류의 첨가제를 사용

8. 다음 중 베이퍼 록 현상의 원인이 아닌 것은?

① 연료 라인에 압력이 없을 때

② 대기온도가 높을 때

③ 드럼과 라이닝이 과열되었을 경우

④ 라이닝에 기름 또는 습기가 부착되었을 경우

해설 베이퍼 록 현상의 주원인

　　ⓐ 긴 내리막길에서 과도한 브레이크 작용에 의한 과열

　　ⓑ 회로 내 잔압의 저하

　　ⓒ 라이닝과 드럼의 끌림에 의한 마찰기구의 과열

　　ⓓ 브레이크 오일 불량 및 비점이 낮은 오일 사용

9. 다음 중 앞바퀴 정렬에 해당하지 않는 것은?

① 트레드

② 토인

③ 캠버

④ 캐스터

해설 앞바퀴(전차륜) 정렬의 요소

㉠ 캠버

㉡ 토인

㉢ 캐스터

㉣ 킹핀 경사각

㉤ 선회 시 토아웃

10. 윤중이란?

① 모든 바퀴가 받는 하중을 합친 중량

② 1개 차축에 연결된 바퀴의 중량

③ 앞바퀴 2개가 받는 하중을 합친 중량

④ 1개의 바퀴가 수직으로 지면을 누르는 중량을 말한다.

해설 "윤중"의 정의

자동차가 수평 상태에 있을 때에 1개의 바퀴가 수직으로 지면을 누르는 중량을 말한다.

※ 「자동차 및 자동차부품의 성능과 기준에 관한 규칙」 제1장 제2조 제4호 참조

1. 단행정 기관의 장단점에 대한 설명이다. 틀린 것은?

① 피스톤의 평균속도를 높이지 않고 회전속도를 높일 수 있다.

② 단위 체적당 출력을 크게 할 수 있다.

③ 흡ㆍ배기 밸브의 지름을 크게 하여 효율을 증대시킬 수 있다.

④ 행정이 안지름보다 큰 엔진이다.

해설 단행정 기관(over square engine, L/D<1)
   (1) 정의
      ㉠ 피스톤 행정이 실린더 내경보다 작은 엔진이다.
      ㉡ 회전력은 작으나 회전속도가 빠르다.
      ㉢ 일반적으로 소형승용차, 고속용 차량에 많이 사용된다.
   (2) 장점
      ㉠ 피스톤 평균속도를 높이지 않고, 회전속도를 높일 수 있다.
      ㉡ 단위 체적당 출력을 크게 할 수 있다.
      ㉢ 밸브 지름을 크게 할 수 있어서 체적효율을 높일 수 있다.
      ㉣ 엔진의 높이를 낮게 할 수 있다.
      ㉤ 커넥팅로드의 길이가 짧아 강성이 증대된다.
   (3) 단점
      ㉠ 피스톤의 과열이 심하고 전압력이 커서 베어링을 크게 해야 한다.
      ㉡ 엔진의 길이가 비교적 길게 된다.
      ㉢ 회전수가 커지면 관성이 증대되어 진동이 커진다.
      ㉣ 피스톤 측압이 커진다.

2. 다음 그림에서 총합성저항은 얼마인가?

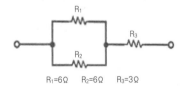

$R_1 = 6\Omega$ $R_2 = 6\Omega$ $R_3 = 3\Omega$

① 3Ω   ② 6Ω

③ 9Ω   ④ 18Ω

해설 직병렬 연결이므로 병렬합성저항을 먼저 구하면, $\dfrac{1}{R} = \dfrac{1}{6} + \dfrac{1}{6} = \dfrac{2}{6}$ 따라서 $R = \dfrac{6}{2} = 3\,\Omega$

∴ 합성저항(R)은 3Ω+3Ω=6Ω

3. 다음 중 조향장치의 순서로 맞는 것은?

① 조향 핸들 → 조향축 → 조향 기어 → 피트먼 암 → 섹터 축 → 타이로드 → 바퀴
② 조향 핸들 → 조향축 → 조향 기어 → 섹터 축 → 피트먼 암 → 타이로드 → 바퀴
③ 조향 핸들 → 조향축 → 피트먼 암 → 조향 기어 → 섹터 축 → 타이로드 → 바퀴
④ 조향 핸들 → 조향축 → 조향 기어 → 타이로드 → 섹터 축 → 피트먼 암 → 바퀴

해설 조향장치의 동력 전달 순서

조향 핸들 → 조향축 → 조향 기어 → 섹터 축 → 피트먼 암 → 타이로드 → 바퀴

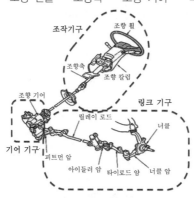

[독립 차축 방식 조향장치의 구성]

4. 자동차 연료분사량에 영향을 가장 많이 미치는 요소는?

① 공기 유량 센서　　　　　　　② 크랭크 각 센서
③ 냉각수 온도　　　　　　　　　④ 자동차 속도

해설 흡입공기량 센서(AFS : Air Flow Sensor)

흡입공기량을 측정하는 센서로, 실린더에 흡입되는 흐름률을 감지하며, 그 감지된 공기 흐름률을 전압비로 변환시켜 ECU에 공기 흡입량 신호로 보내 연료의 기본 분사량을 결정한다.

5. 클러치가 미끄러질 때의 원인으로 맞는 것은?

① 자유 유격이 적을 때　　　　　② 릴리스 베어링 소손 및 파손
③ 클러치판이 흔들리거나 비틀림　④ 디스크 런아웃 과대

해설 클러치가 미끄러지는 원인(동력 전달 불량)

　ⓐ 클러치 페달 자유 유격 과소
　ⓑ 라이닝(페이싱)의 마모
　ⓒ 라이닝에 오일 부착
　ⓓ 클러치 스프링의 장력 감소
　ⓔ 플라이휠 및 압력판의 변형 또는 손상
　ⓕ 클러치 라이닝의 마찰계수 감소

6. 차축과 차체 사이에 스프링을 두고 연결하여 차체의 상하진동을 완화, 승차감을 좋게 하며, 구동바퀴로부터의 구동력과 제동력을 차체에 전달하는 것은?

① 조향장치   ② 현가장치

③ 제동장치   ④ 동력 전달 장치

해설 현가장치
> (1) 기능
>> ㉠ 주행 중 노면에서 받은 충격이나 진동 완화
>> ㉡ 승차감과 주행 안전성 향상
>> ㉢ 자동차 부품의 내구성 증대
>> ㉣ 차축과 프레임(차대) 연결
>
> (2) 구성요소
>> ㉠ 스프링
>> ㉡ 쇽업소버
>> ㉢ 스테빌라이저

7. 다음 중 아날로그 신호를 사용하는 것은?

① 속도계   ② 에어컨 스위치

③ 산소 센서   ④ 변속기 입출력 센서

해설 센서의 출력 신호
> (1) 아날로그 신호 출력
>> ㉠ 흡입공기량 센서(AFS) : 핫필름 방식   ㉡ 크랭크 각 센서(CAS) : 전자 유도 방식
>> ㉢ MAP 센서   ㉣ 스로틀 위치 센서(TPS)
>> ㉤ 모터 위치 센서(MPS)   ㉥ 냉각수온 센서(WTS)
>> ㉦ 산소(O_2) 센서   ㉧ 노크 센서
>
> (2) 디지털 신호 출력
>> ㉠ 흡입공기량 센서(AFS) : 칼만 와류 방식
>> ㉡ 크랭크 각 센서(CAS) : 광전 효과 방식
>> ㉢ No.1 TDC 센서
>> ㉣ 차속 센서
>> ㉤ 크랭크 위치 센서(CPS)
>> ㉥ 공전 조절 서보(ISC S/W)
>> ㉦ 에어컨 스위치(A/C S/W)
>> ㉧ 변속기 입·출력 센서

8. 다음 중 자동차의 구동력 제어와 바퀴 회전수를 제어하는 장치는?

① 종감속 기어   ② 유니버설 조인트

③ 변속기 기어 장치   ④ 차동 기어(디퍼런셜)

해설 차동 기어 장치
> (1) 기능 : 선회 시 좌우 구동륜의 회전수에 차이를 두어 원활한 회전이 되도록 한 장치
> (2) 원리 : 랙과 피니언의 원리

9. 다음 중 유압식 브레이크의 특징으로 틀린 것은?

① 제동력이 모든 바퀴에 균일하게 전달된다.

② 마찰 손실이 적다.

③ 조작력이 작아도 된다.

④ 주로 마찰력을 크게 요구하는 대형 자동차에 사용된다.

해설 압축공기를 이용한 공기 브레이크는 버스나 트럭 등의 대형 자동차에 많이 사용된다. 이유는 차체 중량과 무관하게 큰 마찰력과 안정된 제동력을 얻을 수 있기 때문이다.

10. 2행정 사이클 기관과 4행정 사이클 기관의 특징이 아닌 것은?

① 2행정 사이클은 4행정 사이클에 비해 토크가 크므로 고속 기관에 적합하다.

② 2행정 사이클 기관은 밸브 기구 등의 구조가 덜 복잡하고 이로 인해 보다 경제적이다.

③ 2행정 사이클 기관은 주로 대형 유조선이나 대형 컨테이너선에 사용된다.

④ 4행정 사이클 기관은 기동이 쉽고, 행정이 확실하다.

해설 2행정 기관과 4행정 기관의 특징(장단점)

(1) 2행정 기관
  1) 장점
    ㉠ 4행정 사이클 기관의 1.6~1.7배의 출력이 발생한다.
    ㉡ 회전력의 변동이 적다.
    ㉢ 실린더 수가 적어도 회전이 원활하다.
    ㉣ 밸브 장치가 간단하다.
    ㉤ 마력당 중량이 가볍고 값이 싸다.
  2) 단점
    ㉠ 유효행정이 짧아 흡·배기가 불완전하다.
    ㉡ 윤활유 및 연료소비량이 많다.
    ㉢ 저속이 어렵고, 역화(back fire)가 발생한다.
    ㉣ 피스톤과 링의 소손이 빠르다.
    ㉤ NOx의 배출은 적으나 HC의 배출이 많다.
(2) 4행정 기관
  1) 장점
    ㉠ 각 행정이 완전히 구분되어 있다.
    ㉡ 열적부하가 적다.
    ㉢ 회전속도 범위가 넓다.
    ㉣ 체적효율이 높다.
    ㉤ 연료소비량이 적다.
    ㉥ 기동이 쉽다.
  2) 단점
    ㉠ 밸브 기구가 복잡하다.
    ㉡ 충격이나 기계적 소음이 크다.
    ㉢ 실린더 수가 적을 경우 사용이 곤란하다.
    ㉣ 마력당 중량이 무겁다.
    ㉤ HC의 배출은 적으나 NOx의 배출이 많다.
  ※ 즉, 2행정 기관은 토크가 높으나 고속 기관에는 적합하지 않으며, 4행정 기관은 고속 기관에 적합하나 대형 기관에는 적합하지 않다.

11. 다음 중 DOHC 엔진의 특징은 무엇인가?

① 연소실의 효율이 높다.

② SOHC 엔진보다 소음이 적다.

③ 흡·배기효율이 좋고, 밸브 면적을 크게 할 수 있다.

④ 저RPM 상태에서 SOHC보다 더 큰 힘이 생긴다.

> **해설** DOHC 엔진의 특징
> ㉠ 밸브 면적이 커서 흡·배기효율이 향상된다.
> ㉡ 허용 최고 회전수가 향상된다.
> ㉢ 연소효율이 향상된다.
> ㉣ 응답성이 향상된다.
> ㉤ 구조가 복잡하고, 가격이 다소 비싸다.

12. 다음 중 자동 변속기에 대한 설명으로 틀린 것은?

① 출발, 가속 및 감속이 원활하다.

② 자동차를 밀어서 시동걸 수 있다.

③ 기관에서 동력 전달 장치나 바퀴 기타 부분으로 전달되는 진동이나 충격을 흡수한다.

④ 과부하가 걸려도 직접 기관에 가해지지 않아 기관을 보호하고 각 부분의 수명을 길게 한다.

> **해설** 자동 변속기의 특징
> ㉠ 기어 변속이 필요 없어 운전이 쉽고 피로가 경감된다.
> ㉡ 각 부 진동과 충격을 유체가 흡수하므로 내구성이 증대된다.
> ㉢ 운전 중 충격에 의하여 엔진이 정지되는 일이 없다.
> ㉣ 구조가 복잡하고 가격이 비싸다.
> ㉤ 연료소비가 증가한다(수동식에 비해 약 10~20% 증가).
> ㉥ 밀거나 끌어서 시동할 수 없다.

13. 하이브리드 자동차의 연결방식은 시리즈 방식과 패럴렐 방식으로 나뉜다. 다음 중 잘못 설명한 것은?

① 시리즈 방식은 엔진의 비중이 줄어들어 배기가스 절감에 유리하다.

② 시리즈 방식은 전기자동차의 기술을 적용할 수 있다.

③ 패럴렐 방식은 발전기가 필요 없다.

④ 패럴렐 방식의 시스템 전체 효율은 시리즈 방식에 비해 떨어진다.

해설 하이브리드 직렬형과 병렬형의 장단점

(1) 직렬형(series type)

1) 장점

㉠ 엔진의 작동 영역을 주행 상황과 분리해서 지정 가능하며 이로써 엔진의 작동효율
이 향상된다.

㉡ 전기자동차 기술의 적용이 가능하다.

㉢ 엔진의 작동 비중이 줄어 배기가스 저감에 유리하다.

㉣ 구조가 병렬형에 비해 간단하며, 특별한 변속장치를 필요로 하지 않는다.

㉤ 연료전지 차량 기술개발에 적용이 용이하다.

2) 단점

㉠ 엔진에서 모터로의 에너지 변환 손실이 크다(기계 → 전기에너지 변환 손실).

㉡ 출력 대비 자동차 중량비가 높아 가속성능이 다소 불량하다.

㉢ 고효율의 전동기가 요구된다.

(2) 병렬형(parallel type)

1) 장점

㉠ 기존 내연기관 차량의 동력 전달계의 별도 변경 없이 활용 가능하다.

㉡ 저성능 전동기와 소용량 배터리로도 구현 가능하다.

㉢ 시스템 전체 효율이 직렬형에 비해 우수하다.

㉣ 모터는 동력 보조로만 이용하므로 에너지 변환 손실이 매우 적다.

2) 단점

㉠ 유단 변속기구 사용인 경우 엔진 작동 영역이 주행 상황에 연동된다.

㉡ 구조 및 제어 알고리즘이 복잡하다.

14. 4행정 기관의 엔진 회전수가 3,600rpm일 때 초당 폭발횟수는?

① 30회   ② 60회

③ 90회   ④ 120회

해설 초당 폭발횟수 구하기

㉠ 2행정/4행정은 한 사이클이 완료되는 데 필요한 회전으로, 즉 행정은 한번의 Stroke를 의
미한다. 4행정이면 피스톤이 '내려갔다(흡입), 올라갔다(압축), 내려갔다(폭발), 올라갔다(배기),'
이렇게 각각의 행정을 나타낸다. 또한 rpm에서의 회전수는 단순히 크랭크축이 한 바퀴 도
는 개념이다.

㉡ RPM(Revolution Per Minute)은 1분당 회전수를 의미한다. 4행정 기관의 경우 초당 폭발
횟수는

3,600(1분당 회전수)÷2(사이클 회전수)÷60(1분)=30회

∴ 초당 폭발횟수는 30회

전남 기출문제 (2014. 08. 30. 시행)

1. 다음 단속기 캠각이 작을 때의 설명으로 맞지 않는 것은?

① 접점 간극이 크다.

② 1차 전류흐름 기간이 짧다.

③ 점화코일이 과열한다.

④ 고속에서 실화의 원인이 된다.

해설 캠각이 클 때, 작을 때 영향

구분	캠각이 클 때	캠각이 작을 때
접점 간극	작다.	크다.
점화시기	늦다.	빠르다.
1차 전류	충분	불충분
2차 전압	높다.	낮다.
고속	실화 없음	실화 발생
점화코일	발열	발열 없음
접점	소손 발생	소손 없음

2. 스위치가 시동 위치에 있는데 엔진이 회전하지 않을 때 가장 문제 있는 부품은?

① 시동 전동기
② 점화코일
③ 인젝터
④ 하우징

해설 점화스위치를 시동 위치로 돌렸으나 엔진이 회전하지 않을 때

여러 원인이 있을 수 있으나 가장 먼저 시동 전동기의 상태를 확인해 봐야 한다. 이 경우 시동 전동기의 자체 결함이거나 시동 전동기 배선회로의 결함이 주요 원인으로 발생된다. 이럴 경우 일단 시동 전동기 뒤의 터미널 체결 상태와 기타 배선 단선·단락 유무 등을 확인해 봐야 할 것이다.

3. 다음 타이어의 최고속도 표시 중 H는?

① 180
② 190
③ 210
④ 230

해설 타이어 속도 기호 표시

속도 기호	속도(km/h)	속도 기호	속도(km/h)	속도 기호	속도(km/h)
A4	20	G	90	Q	160
A6	30	J	100	R	170
A8	40	K	110	S	180
B	50	L	120	T	190
C	60	M	130	U	200
E	70	N	140	H	210
F	80	P	150	V	210 이상

$$편평비 = \frac{H(단면높이)}{W(단면폭)} \times 100$$

▶ 타이어 치수 표기

   例 185/65 R14 85 H

   ㉠ 185 : 타이어 단면폭(mm)

   ㉡ 65 : 편평비(%)

   ㉢ R : 레이디얼 타이어(타이어의 구조)

   ㉣ 14 : 타이어 내경 또는 림 직경(inch)

   ㉤ 85 : 하중지수(허용최대하중)

   ㉥ H : 속도기호(허용최고속도)

4. 희박한 혼합기를 효율적으로 연소시키기 위해 일부 짙은 혼합기를 동시에 흡입시키는 방식은?

① 성층급기법   ② 서멀리액터

③ 삼원 촉매 장치   ④ EGR 밸브

해설 배기가스 정화장치의 방식

   ㉠ 성층급기연소 방식 : 희박한 혼합기를 효율적으로 연소시키기 위해 일부 농후한 혼합기를 동시에 공급시키는 방식

   ㉡ 서멀리액터 방식 : 기관 각부의 개량과 동시에 실린더에서 배출된 직후의 배기가스를 단열재로 싸서 서멀리액터에 유도하고 고온 상태를 유지하면서 공기를 넣어 CO, HC를 재연소시키는 방식

   ㉢ 삼원 촉매 방식 : 엔진 작동 간 발생하는 배기가스 중 유해한 3가지 성분(CO, HC, NOx)을 감소시키는 장치이다. 배기관 중간에 부착되어 있으며, 촉매로서는 백금과 로듐이 사용된다.

   ㉣ EGR 밸브 방식 : EGR(배기가스 재순환 장치)은 배기가스의 일부를 연소실로 재순환시켜 NOx(질소산화물) 발생을 억제시키는 장치이다.

5. 다음 토인을 두는 목적이 아닌 것은?

① 캠버에 의한 바퀴 벌어짐 방지

② 앞바퀴의 심한 진동 방지

③ 조향 링키지 마모에 의한 바퀴 벌어짐 방지

④ 바퀴의 미끄러짐과 타이어 마멸 방지

해설 토인

(1) 정의 : 앞바퀴를 위에서 보았을 때 앞바퀴의 앞쪽이 뒤쪽보다 안으로 오므라진 것

(2) 목적

㉠ 캠버에 의한 바퀴의 벌어짐 방지

㉡ 조향 링키지 마모에 의한 바퀴의 벌어짐(토아웃) 방지

㉢ 바퀴의 미끄러짐과 타이어의 마멸 방지

6. SAE 신분류에 의할 때 가장 등급이 높은 것은?

① CF　　　　　　　　　　② SJ

③ MS　　　　　　　　　　④ DG

해설 SAE 신분류(운전조건에 따라 분류)

아래 표와 같이 알파벳 순서가 뒤로 갈수록 고성능이고, 우수한(가혹한 조건) 오일이다.

구분	가솔린 기관	디젤 기관
좋은 조건	SA	CA
보통 조건	SB	CB, CC
가혹한 조건	SC, SD	CD

7. 4행정 기관의 행정순서로 알맞은 것은?

① 흡입-동력-압축-배기

② 동력-흡입-압축-배기

③ 흡입-압축-동력-배기

④ 압축-흡입-동력-배기

해설 4행정 사이클 기관

(1) 4행정 사이클 기관의 작동

4행정 사이클 기관은 크랭크축 2회전에 피스톤은 흡입, 압축, 폭발, 배기의 4행정으로
1사이클을 완성하는 기관이다. 이때 캠축은 1회전하고, 흡·배기 밸브는 1번씩 개폐한다.

(2) 4행정 사이클 기관의 행정

㉠ 흡기행정 : 혼합가스 또는 공기만을 실린더로 받아들이는 행정

㉡ 압축행정 : 실린더에 유입된 가스 또는 공기의 체적을 변화시켜 압축시키는 행정

㉢ 동력(폭발)행정 : 압축된 가스를 연소시키는 행정

㉣ 배기행정 : 연소된 가스를 밖으로 내보내는 행정

8. 다음 중 디스크 브레이크의 장점이 아닌 것은?

① 이물질이 묻어도 쉽게 털어낼 수 있다.

② 방열작용이 좋다.

③ 자기 배력 작용이 있다.

④ 점검과 조정이 용이하다.

해설 디스크 브레이크의 특징

㉠ 방열이 잘되므로 베이퍼 록이나 페이드 현상의 발생이 적다.

㉡ 회전 평형이 좋다.

㉢ 물에 젖어도 회복이 빠르다.

㉣ 한쪽만 브레이크 되는 일이 없다(편제동이 없음).

㉤ 고속에서 반복 사용하여도 제동력이 안정된다.

㉥ 패드와 디스크 사이의 간극 조정이 필요 없다.

㉦ 마찰면이 작아 조작력이 커야 한다.

㉧ 자기 작동이 발생되지 않는다.

9. 다음 중 클러치가 미끄러지는 원인은?

① 클러치 스프링의 약화 및 손상　② 릴리스 베어링의 소손 및 파손

③ 오일라인에 공기 침입　④ 디스크 런아웃 과대

해설 클러치가 미끄러지는 원인(동력 전달 불량)

㉠ 클러치 페달 자유 유격 과소

㉡ 라이닝(페이싱)의 마모

㉢ 라이닝에 오일 부착

㉣ 클러치 스프링의 장력 감소

㉤ 플라이휠 및 압력판의 변형 또는 손상

10. 전자제어 연료 분사 장치의 장점이 아닌 것은?

① 연비 향상　② 고온에서 시동성 향상

③ 배출가스 감소　④ 신속 응답

해설 전자제어 연료 분사 장치의 특성

㉠ 기화기식 기관에 비하여 고출력을 얻을 수 있다.

㉡ 부하 변동에 따른 필요한 연료만을 공급할 수 있어 연료소비량이 적고 각 실린더마다 일정한 연료가 공급된다.

㉢ 급격한 부하 변동에 따른 연료공급이 신속하게 이루어진다.

㉣ 완전연소에 가까운 혼합비를 구성할 수 있어서 연소가스 중의 배기가스를 감소시킨다.

㉤ 한랭 시 엔진이 냉각된 상태에서 온도에 따른 적절한 연료를 공급할 수 있어서 시동성능이 우수하다.

㉥ 흡기 매니폴드의 공기 밀도로 분사량을 제어공급하므로 고지에서도 적당한 혼합비를 형성하므로 출력의 변화가 적다.

1. 다음 중 냉방장치의 작동순서를 바르게 나열한 것은?

① 압축－응축－증발－팽창

② 압축－응축－팽창－증발

③ 팽창－압축－응축－증발

④ 팽창－압축－증발－응축

해설 자동차 냉방장치 작동 경로

압축기(컴프레서) → 응축기(콘덴서) → 건조기(리시버 드라이어) → 팽창 밸브 → 증발기(에바포레이터)

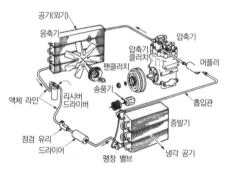

2. 그림과 같은 회로의 합성저항(Ω)은?

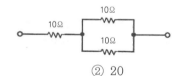

① 15

② 20

③ 25

④ 30

해설 직병렬 연결이므로 병렬합성저항을 먼저 구하면,

$$\frac{1}{R} = \frac{1}{10} + \frac{1}{10} = \frac{2}{10}$$

따라서 $R = \frac{10}{2} = 5\,\Omega$

∴ 합성저항(R)은 10Ω＋5Ω＝15Ω

3. 연소실 체적이 80cc이고, 가솔린 기관의 압축비가 9 : 1일 때 행정체적은?

① 540cc   ② 580cc

③ 640cc   ④ 720cc

해설 압축비 공식

$$\varepsilon = \frac{V}{V_c} = \frac{V_c + V_s}{V_c} = 1 + \frac{V_s}{V_c}$$

     여기서, V_s : 행정체적(배기량)

            V_c : 연소실체적

     따라서, ㉠ $V_s = V_c \times (\varepsilon - 1)$

            ㉡ $80 \times (9 - 1) = 640cc$

     ∴ 행정체적= 640cc

4. 다음 중 LP가스 특징이 아닌 것은?

① 일반적으로 NOx의 배출가스는 가솔린 기관에 비해 많이 발생한다.

② 영하의 온도에서 기화된다.

③ 가솔린보다 열효율이 높다.

④ 출력 손실이 가솔린에 비해 많이 발생된다.

해설 LP가스의 특징

     ㉠ 무색, 무미, 무취

     ㉡ 일산화탄소를 포함하지 않으므로 중독성은 없으나 마취된다(다량 섭취 시).

     ㉢ 연소 시 공기량이 부족하면 불완전 연소로 일산화탄소가 발생한다.

     ㉣ 발열량 : 12,000kcal/kg

     ㉤ 체적당 열량비가 떨어져 LP가스가 가솔린보다 5~10% 정도 열효율이 떨어진다.

     ㉥ 일반적으로 NOx(질소산화물)는 가솔린 엔진에 비해 많이 배출된다.

     ㉦ 출력이 가솔린보다 다소 낮다.

     ㉧ 증발잠열로 인하여 겨울철 엔진 시동이 어려운 단점이 있지만, 영하의 온도에서도 기화한다.

5. 기존 가솔린 내연기관 대신 수소와 공기 중의 산소와 결합으로 전기를 자체 생산해 구동시키는 차세대 친환경 자동차를 무엇이라고 하는가?

① 하이브리드 자동차   ② 전기자동차

③ 압축천연가스 자동차   ④ 수소연료전지 자동차

해설 수소연료전지 자동차

     (1) 정의

         수소연료전지 자동차란 수소와 산소의 전기 화학 반응으로 만들어진 전기를 이용하여 모터를 구동시키는 자동차를 의미한다.

     (2) 특징

         ㉠ 수소연료전지 자동차는 연료전지로부터 생산된 전기로 구동되는 전기자동차의 일종으로, 모터에서부터 바퀴에 이르는 구조는 기존의 전기자동차와 같다.

         ㉡ 연속적인 전기 화학 반응에 의하여 전력을 계속 공급할 수 있는 특징을 가지고 있다.

6. 가솔린 노킹의 원인이 아닌 것은?

① 실린더 벽의 온도가 높을 때 ② 압축비가 높을 때
③ 연료의 착화온도가 높을 때 ④ 냉각수 온도가 높을 때

해설 노킹(가솔린)

(1) 정의
실린더 내의 연소에서 화염 면이 미연소가스에 점화되어 연소가 진행되는 사이에 미연소의 말단가스가 고온 고압으로 되어 자연 발화를 일으킴으로 압력의 급상승과 연소속도의 증대로 엔진에 충격을 주는 현상

(2) 노킹 발생의 주요 원인(가솔린 기관)
  ㉠ 기관에 과부하가 걸렸을 때
  ㉡ 기관이 과열되었을 때
  ㉢ 점화시기가 너무 빠를 때
  ㉣ 혼합비가 희박할 때
  ㉤ 낮은 옥탄가의 가솔린을 사용하였을 때

(3) 가솔린 기관 vs 디젤 기관 노킹 방지책

구분	가솔린	디젤
착화점	높게	낮게
착화 지연	길게	짧게
압축비	낮게	높게
흡입온도	낮게	높게
흡입압력	낮게	높게
실린더 벽 온도	낮게	높게
실린더 체적	작게	크게
회전수	높게	낮게
와류	많이	많이

7. 디젤 기관의 연소과정 4단계 중 (나) 단계의 기간은?

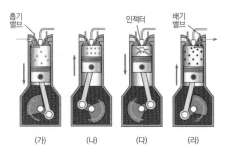

① 착화 지연 기간 ② 화염 전파 기간
③ 직접 연소 기간 ④ 후기 연소 기간

해설 디젤 연소과정(연소의 4단계)
- ㉠ 착화 지연 기간(연소 준비 기간) : 연료가 연소실 내에 분사되어 착화될 때까지의 기간, 즉 연료가 분사되어 압축열을 흡수, 불이 붙기까지의 기간
- ㉡ 화염 전파 기간(폭발 연소 기간, 정적 연소 기간) : 연료가 착화되어 폭발적으로 연소하는 기간, 즉 혼합가스에 불이 확산되는 기간
- ㉢ 직접 연소 기간(제어 연소 기간, 정압 연소 기간) : 분사된 연료가 분사와 동시에 연소되는 기간
- ㉣ 후기 연소 기간(후연소 기간) : 직접 연소 기간에 연소하지 못한 연료가 연소되는 기간

그림에서 (가)는 흡입행정, (다)는 폭발행정, (라)는 배기행정을 나타낸다. 또한 그림 (나)는 압축행정을 나타내며, 이 압축행정 기간을 연소 과정 4단계로 나타내면 착화 지연 기간(연소 준비 기간)이 된다.

8. 아래의 표시된 것 중 14가 의미하는 것은?

P195/60R 14 85 H

① 타이어 편평비(%) ② 타이어폭(cm)
③ 타이어 단면폭(cm) ④ 림 사이즈(내경)

해설 타이어 치수 표기

$$편평비 = \frac{H(단면높이)}{W(단면폭)} \times 100$$

예) P195/60R 14 85H
- P : 승용자동차(차종 : 'Passenger')
- 195 : 타이어 단면폭(mm)
- 60 : 편평비(%)
- R : 레이디얼 타이어(타이어의 구조)
- 14 : 타이어 내경 또는 림 직경(inch)
- 85 : 하중지수(허용최대하중)
- H : 속도기호(허용최고속도)

9. 다음 중 피스톤 링의 이상 현상이 아닌 것은?

① 럼블 현상 ② 스커프 현상
③ 스틱 현상 ④ 플러터 현상

해설 이상 현상 용어 정의
- ㉠ 럼블(rumble) 현상 : 기관의 압축비가 9.5 이상으로 높은 경우에는 노크 음과 다른 저주파의 둔한 뇌음을 내며 기관의 운전이 거칠어지는 현상으로, 연소실이 오염된 경우 주로 발생
- ㉡ 스커프(scuff) 현상 : 기관 실린더 벽의 유막이 끊어져 피스톤이나 실린더 벽에 상처를 일으키는 현상
- ㉢ 스틱(stick) 현상 : 피스톤이 작동 중 열에 의하여 실린더에 타 붙는 현상 ☞ 고착
- ㉣ 플러터(flutter) 현상 : 엔진의 회전수가 상승하면 링이 링 홈 내에서 상하 방향이나 반지름 방향으로 진동을 하여 블로바이에 의한 엔진 출력이 저하하는 현상(압축 링에 의해서 발생)

10. 다음 그림을 보고 변속비를 구하시오. (단, 이때 총감속비는 12)

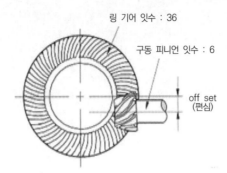

① 2   ② 4

③ 6   ④ 10

해설 종감속비

㉠ 종감속비(F_r)$=\dfrac{링\ 기어\ 잇수}{구동\ 피니언\ 잇수}$

㉡ 총감속비(T_f)$=$변속비$\times$종감속비

따라서, 종감속비$=\dfrac{36}{6}=6$

$\therefore$ 변속비$=\dfrac{총감속비}{종감속비}=\dfrac{12}{6}=2$

2015

과년도
기출문제

알짜배기 자동차 구조원리 기출문제 총정리

알짜배기 **자동차** 구조원리 기출문제 총정리

www.cyber.co.kr

1. 엔진에 사용되는 냉각수가 아닌 것은?

① 지하수   ② 증류수

③ 수돗물   ④ 빗물

해설 자동차용 냉각수

코어의 막힘을 억제하기 위해 불순물이 적은 연수를 사용한다.

㉠ 연수 : 증류수, 수돗물, 빗물(산이나 염분 등의 불순물이 적은 물)

㉡ 경수 : 우물물, 샘물, 시냇물, 지하수 등(산이나 염분 등이 많이 포함되어 있어 금속을 부식시킴)

2. 엔진오일에 대한 설명으로 옳은 것은?

① 재생 오일을 주로 사용하여 엔진의 냉각효율을 높이도록 한다.

② 엔진오일이 소모되는 주원인은 연소와 누설이다.

③ 점도가 서로 다른 오일을 혼합 사용하여 합성효율을 높이도록 한다.

④ 엔진오일이 심하게 오염되면 백색이나 회색을 띤다.

해설 엔진오일(윤활유)은 엔진이 연소될 때, 누설에 의한 소비가 가장 많다.

3. 변속기가 필요한 이유로 옳지 않은 것은?

① 전달효율을 크게 하기 위해

② 엔진과 구동축 사이에서의 회전력을 증대하기 위해

③ 엔진을 무부하 상태로 유지하기 위해

④ 후진을 시키기 위해

해설 변속기의 필요성

㉠ 회전력 증대

㉡ 기동 시 엔진 무부하 상태

㉢ 후진 시

4. 현가장치의 구성부품으로 옳은 것은?

① 타이로드(tie-rod)   ② 스테빌라이저(stabilizer)

③ 너클 암(knuckle arm)   ④ 드래그 링크(drag link)

해설 ①, ③, ④항은 조향장치의 구성부품이다.

▶ 현가장치
  (1) 기능
      ㉠ 주행 중 노면에서 받은 충격이나 진동 완화
      ㉡ 승차감과 주행 안전성 향상
      ㉢ 자동차 부품의 내구성 증대
      ㉣ 차축과 프레임(차대) 연결
  (2) 구성요소
      ㉠ 스프링
      ㉡ 쇽업소버
      ㉢ 스테빌라이저

5. 엔진의 피스톤 간극이 작으면 발생할 수 있는 현상으로 옳은 것은?

① 연소실에 엔진오일 유입

② 압축압력 저하

③ 실린더와 피스톤 사이의 고착

④ 피스톤 슬랩음 발생

해설 피스톤 간극이 클 때와 작을 때 영향
  (1) 피스톤 간극이 작을 때
      ㉠ 마찰, 마모 증가
      ㉡ 피스톤과 실린더의 소결(고착) 발생
  (2) 피스톤 간극이 클 때
      ㉠ 압축압력 저하로 출력 감소
      ㉡ 연소실 오일 침입
      ㉢ 오일 희석
      ㉣ 오일, 연료소비량 증대
      ㉤ 피스톤 슬랩 현상 발생
  ※ 소결(고착·융착, stick) : 피스톤이 작동 중 열에 의하여 실린더에 타 붙는 현상

6. 하이드로플래닝(hydroplaning, 수막 현상)을 방지하는 방법으로 옳지 않은 것은?

① 트레드 마멸이 적은 타이어를 사용한다.

② 타이어의 공기압력과 주행속도를 낮춘다.

③ 리브 패턴의 타이어를 사용한다.

④ 트레드 패턴을 카프(calf)형으로 세이빙(shaving) 가공한 것을 사용한다.

해설 하이드로플래닝 현상(수막 현상)을 방지하는 방법
  ㉠ 저속으로 주행하고, 타이어의 공기압을 높인다.
  ㉡ 트레드 패턴은 카프형으로 세이빙 가공한 것을 사용한다.
  ㉢ 트레드의 마모가 적은 타이어를 사용한다.
  ㉣ 리브 패턴의 타이어를 사용한다.

7. 자동차 센서에 대한 설명으로 옳지 않은 것은?

① 산소 센서는 배기가스 중의 산소농도를 검출한다.

② 공기 유량 센서는 흡입공기량을 검출한다.

③ MAP 센서는 배기다기관의 진공을 측정한다.

④ TPS는 가속 페달에 의해 저항 변화가 일어난다.

> **해설** MAP 센서(Manifold Absolute Pressure Sensor)
> 흡기다기관의 진공 변화에 따른 흡입공기량을 간접적으로 검출하여 ECU에 입력, 엔진 부하에 따른 연료의 분사량 및 점화시기 조절(엔진 부하에 따른 연료분사량+점화시기 보정)

8. 자동차가 선회할 때 원심력과 평형을 이루는 힘은?

① 언더스티어링(under steering)　② 오버스티어링(over steering)

③ 셋백(set back)　④ 코너링 포스(cornering force)

> **해설** 코너링 포스(cornering force, 구심력)
> 자동차가 선회할 때 원심력과 평형을 이루는 힘이다. 즉, 원심력에 대응하여 선회를 원활하게 하는 힘으로 코너링 포스 또는 구심력이라 한다.

9. 전자제어장치에서 ECU(Electronic Control Unit)가 하는 일이 아닌 것은?

① 연료분사량을 결정한다.　② 인젝터 분사 시간을 제어한다.

③ 배터리 전압을 충전한다.　④ 점화시기를 제어한다.

> **해설** 전자제어장치에서 ECU의 역할
> 전자제어장치에서 ECU는 엔진의 회전속도, 흡입되는 공기량, 냉각수의 온도, 흡입공기온도 등의 상태를 감지하여 전기 신호로 모아서 연산, 운전조건에 가장 적합한 혼합기를 공급할 수 있도록 한다. 즉, ECU는 연소분사량을 결정함과 동시에 인젝터의 니들밸브 개방 시간. 즉, 솔레노이드 코일의 통전 시간인 연료 분사 시간을 제어하며, 크랭크 각 센서 및 대기압 센서 등의 신호를 받아 점화시기를 제어하는 등의 역할을 담당한다.
> ※ 배터리 전압의 충전 역할은 ECU가 아니라, 충전장치(발전기)의 역할이다.

10. 피스톤의 상하 왕복운동이 커넥팅로드를 거쳐 크랭크축을 회전시킬 때 피스톤 헤드에 작용하는 힘과 크랭크축이 회전할 때의 저항력 때문에 실린더 벽에 피스톤이 압력을 가하는 현상은?

① 블로다운(blow down)　② 소결

③ 디플렉터(deflector)　④ 측압

> **해설** 측압[測壓]
> 물체의 측면에 가해지는 압력으로, 폭발행정 또는 압축행정을 할 때 피스톤의 측면이 실린더 벽에 접촉되어 가하는 압력이다.

1. 브레이크를 밟았을 때 나타나는 현상이 아닌 것은?

① 페이드 현상   ② 스탠딩 웨이브 현상

③ 베이퍼 록 현상   ④ 노킹 현상

해설 용어 정의

ⓐ 페이드(fade) 현상 : 비탈길을 내려가거나 할 경우 브레이크를 반복하여 사용하면 마찰열이 축적되어 라이닝의 마찰계수가 급격히 저하되고 제동력이 감소되는 현상

ⓑ 스탠딩 웨이브(standing wave) 현상 : 타이어에 공기가 부족한 상태로 고속 주행 시 발생하는 물결 모양의 변형과 진동

ⓒ 베이퍼 록(vapor lock) 현상 : 연료계통 또는 브레이크 장치 유압회로 내 액체가 증발(비등 기화)하여 송유나 압력 전달 작용이 불능하게 되는 현상

ⓓ 노킹(knocking) 현상 : 엔진 운전 중 화염파가 연소실 벽을 때리는 현상으로 엔진의 이상 연소 및 이에 동반하여 발생하는 소리

※ 브레이크를 밟을 때 간헐적 희박공연비에 근접해 일시적으로 노킹 현상을 일으킬 수 있다. ②항 스탠딩 웨이브 현상은 타이어의 이상 현상이다.

2. 다음 중 요소수를 사용함으로써 저감되는 배기가스는?

① 탄화수소   ② 일산화탄소

③ 이산화탄소   ④ 질소산화물

해설 SCR(Selective Catalytic Reduction, 선택적 환원촉매)

자동차에서 배출되는 유해한 질소산화물을 저감하는 장치로 요소수(Urea)를 촉매 전단의 고온의 배기가스에 분사하면 열분해 반응과 가수분해 반응이 일어나 암모니아가 발생하고, 발생한 암모니아가 촉매 내에서 산화질소와 반응을 일으켜 인체에 무해한 질소와 물로 환원시키는 장치이다. SCR은 초기 대형트럭이나 버스 등 대형 위주로 배기가스(NOx)를 저감하기 위한 것이 주 목적이였으나, 최근에는 디젤 엔진 SUV와 승용차에까지 활용 범위가 점차 넓어지고 있다.

3. 독립현가식 자동차는 기울기가 크기 때문에 선회할 때는 롤링을 감소하고 차체의 평형을 유지하기 위해 사용되는 장치는?

① 스테빌라이저   ② 현가 스프링

③ 쇽업소버   ④ 캐스터

해설 스테빌라이저

(1) 기능 : 선회 시 좌우 바퀴의 진동을 억제하여 차체의 기울기를 방지
(2) 특징
   ㉠ 차의 평형 유지
   ㉡ 차의 좌우 진동 억제
   ㉢ 선회 시 차의 전복 방지

4. 자동차의 냉각장치에 대한 설명으로 맞지 않는 것은?

① 냉각핀의 표면적이 클수록 공기의 접촉이 많아 냉각작용이 잘 된다.
② 부동액으로는 에탄올을 사용한다.
③ 펌프는 원심 펌프를 사용한다.
④ 라디에이터는 엔진에서 가열된 냉각수를 냉각하는 열교환 장치이다.

해설 부동액은 에틸렌글리콜, 메탄올, 글리세린을 사용하나, 통상 에틸렌글리콜을 가장 많이 사용한다.

5. 다음 중 기관 연소실의 구조와 기능에 대한 설명으로 틀린 것은?

① 화염 전파에 요하는 시간을 짧게 한다.
② 연소실이 차지하는 표면적이 최소가 되게 한다.
③ 압축행정 시 혼합기 또는 공기에 와류가 있게 한다.
④ 가열된 돌출부가 있어야 한다.

해설 기관 연소실의 구비조건

㉠ 화염 전파에 요하는 시간을 짧게 할 것
㉡ 연소실 내의 표면적은 최소로 할 것
㉢ 가열되기 쉬운 돌출부를 두지 말 것
㉣ 밸브 면적을 크게 하여 흡·배기작용을 원활하게 할 것
㉤ 압축행정 끝에서 와류를 활발히 발생시킬 것

6. 다음 중 오일압력 경고등이 켜지는 원인이 아닌 것은?

① 엔진오일 부족   ② 엔진오일 압력 부족
③ 오일압력 스위치 고장   ④ 엔진오일 과다 주입

해설 오일압력 경고등이 점등되는 원인

경고등이 점등되면 유압이 낮은 상태이며, 주요 원인은 다음과 같다.
㉠ 엔진오일 양의 감소
㉡ 엔진오일의 점도 약화(변질, 오염 희석 등)
㉢ 윤활부의 과도한 마모
㉣ 오일펌프의 불량
㉤ 오일 압력 스위치 고장
㉥ 유압 조절 밸브의 불량

7. 다음 중 연료 공급 계통의 재시동성 잔압 유지 역할을 하는 것은?

① 체크밸브 　　　　　　　　　　 ② 릴리프 밸브

③ 딜리버리 밸브 　　　　　　　　 ④ 니들밸브

해설 체크밸브
　　　㉠ 연료 라인의 잔압 유지
　　　㉡ 엔진의 재시동성 향상
　　　㉢ 베이퍼 록 방지

8. 전기 3대 작용 중 화학작용에 의해 직류기전력을 생기게 하여 전원으로 사용할 수 있는 장치는?

① 트랜지스터 　　　　　　　　　 ② 디퓨저

③ 축전지 　　　　　　　　　　　 ④ 직류 발전기

해설 전류의 3대 작용
　　　㉠ 발열작용 : 전류가 도체 속을 흐를 때 도체의 저항에 의하여 발생(등화장치, 시거라이터 등)
　　　㉡ 화학작용 : 전류가 도체 속을 흐를 때 대전작용에 의해 발생(전기도금, 축전지 등)
　　　㉢ 자기작용 : 전류가 도체 속을 흐를 때 도체 주위에 전자력이 발생(전동기(모터), 발전기 등)

9. 다음 중 자기 유도 작용과 상호 유도 작용의 원리를 이용한 장치는?

① 점화플러그 　　　　　　　　　 ② 점화코일

③ 배전기 　　　　　　　　　　　 ④ 트랜지스터

해설 점화코일
　　• 원리 : 1차 코일에서의 자기 유도 작용과 2차 코일에서의 상호 유도 작용을 이용한다.
　　　㉠ 자기 유도 작용 : 코일에 흐르는 전류를 간섭(단속)하면 코일에 유도 전압이 발생되는 작용
　　　㉡ 상호 유도 작용 : 하나의 전기회로에 자력선의 변화가 생겼을 때 그 변화를 방해하려고 다른 전기회로에 기전력이 발생되는 작용

10. 직류 전동기의 원리로서 계자 코일과 전기자 코일이 직렬로 연결된 것은?

① 직권식 　　　　　　　　　　　 ② 분권식

③ 복권식 　　　　　　　　　　　 ④ 복원식

해설 자동차용 직권 전동기의 특징
　　　㉠ 전기자 코일과 계자 코일이 직렬로 접속되어 있다.
　　　㉡ 전동기의 회전력은 전기자의 전류에 비례한다.
　　　㉢ 전기자 전류는 역기전력에 반비례하고, 역기전력은 회전속도에 비례한다.
　　　㉣ 부하를 크게 하면 회전속도가 작아진다.
　　　㉤ 직권 전동기는 부하가 클 때 전기자 전류가 커져 큰 회전력을 낼 수 있다.

1. ABS에서 ECU 신호에 의하여 각 휠 실린더에 작용하는 유압을 조절해 주는 장치로 옳은 것은?

① 모듈레이터

② 페일 세이프 밸브

③ 셀렉트 로

④ 프로포셔닝 밸브

해설 하이드롤릭 유닛(HCU : Hydraulic Control Unit, 유압 조정기 또는 모듈레이터)

모듈레이터(modulator)라고도 하며, 마스터 실린더에서 발생된 유압을 받아 ECU의 제어 신호에 의해 각 휠 실린더에 작용하는 유압을 조절한다.

▶ 셀렉트 로(select low) 제어

제동할 때 좌우 바퀴의 감속비를 비교하여 먼저 슬립하는 바퀴에 맞추어 좌우 바퀴의 유압을 동시에 제어하는 방법

2. ABS에서 고장이 발생하더라도 일반적인 브레이크는 작동이 되게 하는 기능은?

① 림프 홈 기능

② 리커브 기능

③ 리졸브 기능

④ 디스트리뷰트 기능

해설 림프 홈(Limp Home, 페일 세이프) 기능

시스템의 어딘가에 불합리함이 발생하였을 때, 만족한 주행성능은 확보할 수 없지만, 노상 고장을 회피할 수 있는 최저한도의 주행성능을 확보하는 것

3. 일반적으로 연료의 혼합비가 가장 높은 것은?

① 상온에서 시동할 때

② 경제적인 운전할 때

③ 스로틀 밸브가 완전히 열렸을 때

④ 가속할 때

해설 적정 혼합비(공연비)

구분	혼합비	상태
가연 혼합비	8~20 : 1	연소 가능한 범위
이론 혼합비	15 : 1	완전연소
경제 혼합비	16~17 : 1	연비 향상 공연비
기동 혼합비	5 : 1 정도	엔진 기동 시
가속 혼합비	8 : 1 정도	가속하는 순간 일시적으로 농후한 공연비를 공급
출력 혼합비	13 : 1 정도	엔진에서 가장 출력이 클 때의 공연비(스로틀 밸브가 완전히 열렸을 때)
공전 및 저속 혼합비	12 : 1 정도	공전 및 저속 시는 연료소비율보다 엔진 회전 상태가 중요

※ 냉간 시동 시 : 약 1~2 : 1, 온간 시동 시 : 약 5 : 1

4. 엔진의 흡·배기 밸브 간극이 클 때 발생될 수 없는 현상은?

① 흡·배기효율이 저하된다.
② 밸브 마멸이 발생될 수 있다.
③ 밸브 작동 소음이 발생될 수 있다.
④ 블로백 현상이 발생될 수 있다.

해설 밸브 간극(valve clearance)
(1) 두는 이유 : 밸브의 열팽창(선팽창)을 고려하여
(2) 영향
  1) 간극이 클 때
    ㉠ 밸브가 늦게 열리고 빨리 닫힘
    ㉡ 흡·배기효율 저하
    ㉢ 배기가 불완전하여 실린더 내의 온도 상승
    ㉣ 작동 중 소음이 심해짐
    ㉤ 스템 끝이 변형('탁탁' 쳐서 찌그러짐)
  2) 간극이 작을 때
    ㉠ 밸브가 항시 열린 상태로 밀착이 불량해짐
    ㉡ 블로백 현상이 커짐
    ㉢ 냉각 불량으로 과열, 심하면 소결

5. 단속기의 접점에 대한 설명 중 옳지 않은 것은?

① 접점 틈새가 작으면 점화플러그의 불꽃이 약해지며 점화시기가 늦어진다.

② 단속기 접점이 닫혀 있는 기간이 짧으면 1차 전류의 흐름이 적어지고 2차 전압이 올라간다.

③ 접점의 틈새가 좁으면 드웰각이 커진다.

④ 힐이 캠의 돌출 꼭지부에 있어 접점의 틈새가 최대인 것을 규정 틈새라 한다.

해설 캠각이 클 때와 작을 때 영향

구분	캠각이 클 때	캠각이 작을 때
접점 간극	작다.	크다.
점화시기	늦다.	빠르다.
1차 전류	충분	불충분
2차 전압	높다.	낮다.
고속	실화 없음	실화 발생
점화코일	발열	발열 없음
접점	소손 발생	소손 없음

㉠ 캠각이 크면 : 접점 간극이 작아지고 점화시기가 느려지며, 1차 코일에 흐르는 전류가 많아져 과열

㉡ 캠각이 작으면 : 접점 간극이 커지고 점화시기가 빨라지며, 1차 코일에 전류가 적어 2차 고전압이 낮아지고 고속에서 실화 발생

∴ ②항에서 단속기 접점이 닫혀 있는 기간이 짧으면 1차 전류의 흐름이 불충분하고, 2차 전압이 낮아진다.

6. 이상연소의 한 종류로 혼합기의 급격한 연소가 원인으로 비교적 빠른 회전속도에서 발생하는 저주파 굉음은?

① 스파크 노킹
② 런온
③ 표면착화
④ 서드

해설 엔진의 이상연소 용어 정의

㉠ 스파크 노킹(spark knocking) : 가솔린의 옥탄가가 엔진의 요구 옥탄가에 도달하지 못할 때에 주기적인 반복소리를 수반하여 발생하는 노킹이며, 가솔린의 옥탄가를 높이거나 점화시기를 늦춰주면 그 경향이 감소한다. 이 경우 점화플러그의 과열, 카본 등의 적열(赤熱)에 의한 노킹은 포함되지 않는다.

㉡ 런온(run on) : 점화스위치를 차단한 후에도 엔진의 회전이 계속되는 현상이다. 압축 시의 자연 착화 현상이며 냉각수 온도, 흡기온도, 압축비 등의 영향에 의해 발생한다.

㉢ 표면착화(surface Ignition) : 연소실 내의 카본 퇴적, 점화플러그의 오손 등 적열부에 의하여 혼합기가 점화 이전 또는 이후에 부분적인 자연 점화에 의하여 연소가 일어나는 것으로, 이 경우 최고압력이 상승하고 평균 유효압력은 감소한다.

㉣ 서드(thud) : 비교적 빠른 회전속도에서 발생하는 저주파(600~1,200Hz)의 굉음이다. 혼합기의 급격한 연소가 원인이며, 점화시기 진각으로 제어할 수 있다.

7. 현가장치에 사용하는 스프링 중 진동, 감쇠 작동이 없는 것은?

① 판 스프링

② 토션바 스프링

③ 고무 스프링

④ 공기 스프링

해설 토션바 스프링

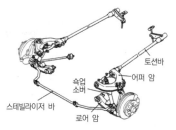

(1) 형태 : 스프링 강을 막대 형식으로 한 것

(2) 특징

　　㉠ 비틀림 탄성을 이용한다.

　　㉡ 스프링의 장력(힘)은 단면적과 길이에 의해 정해진다.

　　㉢ 좌우 구분이 되어 있으므로 설치 시 주의한다.

　　㉣ 진동의 감쇠작용이 없어 쇽업소버를 병용해야 한다.

　　㉤ 구조가 간단하다.

　　㉥ 단위 중량당 에너지 흡수율이 크다.

8. 점화코일에 대한 설명 중 옳지 않은 것은?

① 축전지의 1차 전압을 고전압으로 바꾸는 유도 코일이다.

② 1차 코일은 0.05~0.09mm에서 2차 코일은 0.4~1.0mm 정도의 코일이 사용된다.

③ 1차 코일은 방열이 좋게 하기 위하여 2차 코일 바깥쪽에 감겨진다.

④ 1차 코일은 축전지, 2차 코일은 배전기에 연결된다.

해설 점화코일(Ignition coil)

(1) 기능

　　12V의 축전지 전압을 25,000V의 높은 고전압으로 승압시켜 점화플러그에서 양질의 불꽃

　　방전을 일으키도록 한 장치로, 일종의 승압기이다.

(2) 개자로 철심형(케이스 삽입 코일형) 점화코일의 구조

　　㉠ 규소 철심 둘레에 1차 코일과 2차 코일을 겹쳐 감은 형태

　　㉡ 1차 코일은 0.5~1.0mm의 굵기로 200~300회 정도 바깥쪽에 감겨 있다(방열을 위해서).

　　㉢ 2차 코일은 0.05~0.1mm의 굵기로 20,000~ 25,000회 정도 안쪽에 감겨 있다.

　　㉣ 1차 코일과 2차 코일의 권선비는 200~300 : 1 정도로 되어 있다.

　　㉤ 1차 코일의 저항은 3.3~3.4Ω, 2차 코일의 저항은 10,000Ω 정도이다.

9. 능동현가장치의 설명이 아닌 것은?

① 유압 액추에이터는 압축된 유체의 에너지를 기계적인 운동으로 전환시킨다.

② 일정한 힘으로 각 타이어가 도로를 누르기 위해 유압을 사용한다.

③ 유압 액추에이터는 유압을 한 방향으로만 움직이도록 한다.

④ 액추에이터 센서는 타이어 힘의 변화를 감지한다.

> **해설** 능동현가장치(active suspension)
> (1) 정의
> 앞과 뒤 현가장치에 장착된 4개의 쇽업소버 및 그것과 같은 축에 설치되어 있는 공압(또는 유압) 스프링이 내부 압력을 전체 바퀴에 각각 독립해서 능동적(active)으로 전자제어함으로써, 승차감과 조향 안정성을 높인 현가장치
> (2) 구성
> 크게 감쇠력 가변 쇽업소버, 컨트롤러, 센서 및 액추에이터(actuator)로 구성
> (3) 원리
> 바퀴를 올리거나 내려서 타이어가 도로면에 항상 같은 힘을 가하도록 함으로써 최상의 승차감과 운전을 위한 차량의 레벨을 유지한다. 또한 이때 유압식 액추에이터를 이용하게 된다.
> (4) 유압 액추에이터의 특징
> ㉠ 액추에이터가 차 높이나 스프링 상수, 감쇠력을 적정화시킨다.
> ㉡ 유압 액추에이터는 각 휠에 위치하며, 스프링과 함께 차량의 무게를 지지한다.
> ㉢ 유압 액추에이터는 압축된 유체의 유압에너지를 기계적인 운동으로 전환하는 장치이다.
> ㉣ 일정한 힘으로 각 타이어가 도로의 표면을 누르기 위해 유압을 사용하며, 이때 액추에이터는 상하 양방향으로 유압을 제어한다.

10. 흡입공기량 계측방식 중에서 흡입공기량을 직접 계량하는 방식이 아닌 것은?

① 열막식   ② MAP식

③ 칼만 와류식   ④ 열선식

> **해설** 연료 분사 장치의 형식
> (1) K-기계식 체적유량 방식
> (2) L-직접 계측 방식
> ㉠ 체적 : 베인식(메저링 플레이트식), 칼만 와류식
> ㉡ 질량 : 핫와이어식, 핫필름식
> (3) D-간접 계측 방식
> MAP 센서를 이용한 진공(부압) 연산 방식

11. 후륜구동 자동차의 구동 라인에서 회전속도계로 주행시험을 한 결과 차속에 관계없이 진동과 소음을 유발하는 원인 중 옳지 않은 것은?

① 구동축에 이물질이 쌓인 경우

② 유니버설 조인트가 꽉 끼인 경우

③ 스플라인된 로크의 바깥 표면이 거친 경우

④ 구동축 또는 플랜지의 밸런스가 맞지 않는 경우

해설 ②, ③, ④항은 주행 시 소음, 진동을 유발하는 경우이다. 그러나 ①항의 단순 이물질이 구동 축 겉에 쌓인 경우는 소음, 진동과는 다소 거리가 멀다. 그러나 이물질이 안쪽 스플라인부에 묻어 계속 쌓여 축적된다면 결국 언젠가는 소음과 진동을 유발하게 될 것이다. ①항에서의 의미는 이물질이 단순히 겉에 쌓인 것으로 해석한다.

▶ 주행 중의 이상 현상
  (1) 주행 시 소음
      ㉠ 오일 부족 또는 오일의 심한 오염
      ㉡ 링 기어와 구동 피니언 이의 접촉 불량
      ㉢ 구동 피니언 기어 베어링의 이완
      ㉣ 차동 케이스 기어 베어링의 이완
  (2) 주행 중 갑자기 소음 발생
      ㉠ 사이드 베어링 파손
      ㉡ 오일의 부족 및 오일의 심한 오염
      ㉢ 구동 피니언 기어의 백래시가 클 때
      ㉣ 링 기어와 차동 케이스의 체결 볼트 이완

12. 다음 점화진각 배전기에 대한 설명으로 옳지 않은 것은?

① 진각점화장치는 엔진의 전자제어장치가 장착되지 않은 차량에 사용된다.
② 배전기 안의 PIP 스위치에서 높은 전압의 신호가 점화 모듈에 보내질 때 자계가 끊어진다.
③ PIP 스위치는 ON-OFF의 전압 펄스로서 점화장치에서 크랭크축의 위치를 알려 준다.
④ 홀 효과는 전류가 흐르는 얇은 반도체에 자계가 통과할 때 발생한다.

해설 전자점화장치(전자진각 배전기)
  (1) 구성
      ㉠ 배터리 : 저전압 전류를 1차 회로에 공급한다.
      ㉡ 점화코일 : 전자 유도 작용에 의해 저압전류를 고압전류로 바꾼다.
      ㉢ 배전기 : 점화코일에서 유기된 고압전류를 각 점화플러그에 분배한다.
      ㉣ 점화모듈 : ECU가 함께 점화시기를 제어한다.
      ㉤ 전자제어장치(컴퓨터, ECU) : 여러 센서의 입력을 기초로 점화진각을 계산하여 점화출력 신호를 만들어낸다.

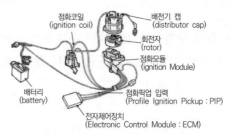

　　(2) 작동
　　　　㉠ 컴퓨터(ECU) : 점화 출력 신호를 만들어 낸다. 이것은 점화장치에 보내져 적절한 시기에 점화플러그의 스파크가 발생하도록 1차 측 회로를 개방한다.
　　　　㉡ 전자 점화진각 배전기 : 2차 코일의 고전압을 각 실린더에 분배하는 기능과 크랭크 각도를 검출하는 기능을 가지고 있다.
　　　　㉢ 프로파일 점화픽업(PIP : Profile Ignition Pickup) : 각각의 실린더가 상사점(TDC)에 가까워지면 점화모듈에 신호를 보낸다.
　　　　㉣ 점화모듈(ignition module) : 점화모듈은 PIP의 정보를 ECU와 공유하고, ECU가 함께 점화시기를 제어한다.
　　(3) 홀 효과(hall effect)란?
　　　　홀 효과는 전류가 흐르는 얇은 반도체에 자계가 통과할 때 반도체의 가장자리에서 전압이 발생하는 현상이다.

13. 단위 시간당 기관 회전수를 검출하여 1사이클당 흡입공기량을 구할 수 있게 하는 센서는?

① 크랭크 각 센서　　　　　　　　② 스로틀 위치 센서
③ 공기 유량 센서　　　　　　　　④ 산소 센서

해설 크랭크 각 센서(CAS)
　　각 실린더의 크랭크 각(피스톤 위치)을 감지하여 이를 펄스 신호로 바꾸어 ECU에 보내면 ECU는 이 신호를 기초로 하여 기관의 회전속도를 계산하고 연료 분사 시기와 점화시기를 결정한다.

14. 차고 센서에 대한 설명으로 옳지 않은 것은?

① 전자제어 현가장치를 위해서 요구되는 센서 중 하나이다.
② 자동차 앞쪽 바운싱의 높이 수준을 검출한다.
③ 뒤차고 센서는 차계와 뒤차축의 상대위치를 검출한다.
④ 차고 센서는 최소 4개 이상 설치한다.

해설 차고 센서
　　차량의 높이를 조정하기 위하여 차체와 차축의 위치를 검출한다. 설치는 자동차 앞, 뒤에 2개 또는 3개가 설치되어 있다.

15. 배출가스 제어장치에 대한 설명 중 옳은 것은?

① 증발가스 제어장치는 연료 탱크와 기화기 플로트 실에서의 연료증발가스가 대기로 방출되는 것을 막는다.
② 배기가스 재순환 장치는 배기가스 중 탄화수소의 생성을 억제하기 위한 장치이다.
③ 엔진이 천천히 워밍업 되고 초크가 천천히 열릴수록 엔진이 워밍업 되는 동안 배출되는 배기가스의 양은 최소가 된다.
④ 촉매 변환기는 HC, CO를 정화시키고 질소산화물은 정화시키지 않는다.

해설 ②항 EGR(배기가스 재순환 장치)은 배기가스의 일부를 연소실로 재순환시켜 NOx(질소산화물) 발생을 억제시키는 장치이다. ③항 엔진이 천천히 워밍업 되고 초크가 천천히 열릴수록 난기운전(warm-up)에 따른 배기가스 양은 최대가 된다. ④항 촉매 변환기는 CO, HC 및 질소산화물(NOx)를 정화시키기 위한 장치이며, 삼원 촉매 장치라고도 한다.

※ ①항 증발가스 제어장치는 연료 탱크 및 연료회로상에 발생하는 연료증발가스를 차콜 캐니스터에 포집 후 PCSV를 작동해서 연소실로 유입되어 연소시켜 증발가스가 대기로 방출되는 것을 막는 것으로 옳은 설명이다.

16. 피스톤 링에 관한 설명 중 옳지 않은 것은?

① 오일 링은 실린더 벽의 여분 오일을 긁어 내린다.

② 압축 링은 피스톤 위쪽에 끼워진다.

③ 오일 링은 피스톤의 기밀을 유지하기 위한 것이다.

④ 압축 링의 재질은 일반적으로 특수 주철이다.

해설 피스톤 링

(1) 압축 링

ㄱ 기밀 유지(밀봉작용)

ㄴ 열전도 작용(냉각작용) 및 일부 오일 제어작용

(2) 오일 링 : 오일 제어작용(오일 긁어내리기 작용)

1. **병렬형 하이브리드 자동차의 특징으로 옳지 않은 것은?**

① 기존 자동차의 구조를 이용할 수 있어 제조비용 측면에서 직렬형에 비해 유리하다.

② 동력 전달 장치의 구조와 제어가 간단하다.

③ 기관과 전동기의 힘을 합한 큰 동력성능이 필요할 때에는 전동기를 가동한다.

④ 여유 동력으로 전동기를 구동시켜 전기를 축전지에 저장하는 기능이 있다.

해설 하이브리드 직렬형과 병렬형의 장단점

(1) 직렬형(series type)

  1) 장점

    ㉠ 엔진의 작동 영역을 주행 상황과 분리해서 지정 가능하며, 이로써 엔진의 작동효율
이 향상

    ㉡ 전기자동차 기술의 적용 가능

    ㉢ 엔진의 작동 비중이 줄어 배기가스 저감에 유리

    ㉣ 구조가 병렬형에 비해 간단하며, 특별한 변속장치를 필요로 하지 않음

    ㉤ 연료전지 차량 기술개발에 적용이 용이

  2) 단점

    ㉠ 엔진에서 모터로의 에너지 변환 손실이 큼(기계 → 전기에너지 변환 손실)

    ㉡ 출력 대비 자동차 중량비가 높아 가속성능 다소 불량

    ㉢ 고효율의 전동기 요구

(2) 병렬형(parallel type)

  1) 장점

    ㉠ 기존 내연기관 차량의 동력 전달계의 별도 변경 없이 활용 가능

    ㉡ 저성능 전동기와 소용량 배터리로도 구현 가능

    ㉢ 시스템 전체 효율이 직렬형에 비해 우수

    ㉣ 모터는 동력 보조로만 이용하므로 에너지 변환 손실이 매우 적음

  2) 단점

    ㉠ 유단 변속기구 사용인 경우 엔진 작동 영역이 주행 상황에 연동

    ㉡ 구조 및 제어 알고리즘이 복잡

2. **물에 젖은 노면을 고속으로 달릴 때 타이어가 노면과 접촉하지 않고 자동차가 수상
스키를 타는 것과 같은 상태로 운전되는 현상은?**

① 롤링   ② 스탠딩 웨이브

③ 하이드로플래닝   ④ 저더

해설 용어 정의

ㄱ 롤링(rolling) : 차체가 X축을 중심으로 하여 회전운동을 하는 고유 진동, 즉 좌우 방향의 회전 진동
ㄴ 스탠딩 웨이브(standing wave) : 타이어에 공기가 부족한 상태로 고속 주행 시 발생하는 물결 모양의 변형과 진동
ㄷ 하이드로플래닝(hydroplaning, 수막 현상) : 비가 올 때 노면의 빗물에 의해 타이어가 노면에 직접 접촉되지 않고 수막만큼 공중에 떠 있는 상태
ㄹ 저더(judder) : 마찰 클러치나 브레이크에서 마찰면의 마찰력이 일정하지 않아서 진동과 소음을 발생하는 것

3. 자동차에서 발생할 수 있는 ㄱ, ㄴ 현상을 억제하기 위한 장치는?

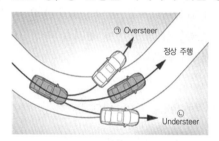

① EPS(Electronic Power Steering)
② ECS(Electronic Control Suspension)
③ VDC(Vehicle Dynamic Control)
④ SRS(Supplemental Restraint System)

해설 VDC(Vehicle Dynamic Control, 차체자세 제어장치)

(1) 정의
운전자의 의도를 벗어나 차가 위험한 상황에 이르렀을 때, 자동차가 스스로 차의 움직임을 추스르는 역할

(2) 기능
차가 언더스티어나 오버스티어의 상황에 처했을 때, 언더스티어 시에는 출력 억제 후 커브 안쪽 뒷바퀴에 제동을 가해 밀려난 앞머리를 코너 안쪽으로 돌려놓으며, 반대로 오버스티어 시에는 출력 억제 후 커브 바깥쪽 앞바퀴에 제동을 가해 밀려난 엉덩이를 코너 안쪽으로 돌려놓는 시스템

▶ 자동차 용어 약어

ㄱ 전자제어 조향장치(EPS : Electronic Control Power Steering) : 차의 속도 및 조향 상태에 따라 조향 유압을 전자제어방식으로 조절하는 장치
ㄴ 전자제어 현가장치(ECS : Electronic Control Suspension) : 노면 상태와 운전조건에 따라 차체 높이를 변화시켜 주행 안전성과 승차감을 동시에 확보하기 위한 장치
ㄷ 차체자세 제어장치(VDC : Vehicle Dynamic Control) : 운전자가 별도로 제동을 가하지 않더라도 차량 스스로 미끄럼을 감지해 각각의 바퀴 브레이크 압력과 엔진 출력을 제어하는 장치
ㄹ 보조 구속 장치(Supplemental Restraint System) : SRS air-bag의 약어, '보조 구속 장치'라는 의미로, 시트벨트를 착용한 상태에서만 그 기능을 발휘할 수 있음. 차량 전방으로부터의 충돌 시에 설정값 이상의 충격을 감지한 경우에 작동하며, 에어백이 팽창하여 프런트 시트 탑승자의 상반신을 보호하는 시스템

4. 1단 2상 3요소식 토크컨버터의 주요 구성요소는?

① 클러치, 터빈축, 임펠러   ② 터빈, 유성 기어, 클러치

③ 임펠러, 스테이터, 클러치   ④ 임펠러, 터빈, 스테이터

해설 1단 2상 3요소식 토크컨버터란?

ㄱ 1단 : 터빈의 수 → 터빈이 1조만 있다는 것

ㄴ 2상 : 전달 범위의 수(스테이터의 작용 수) → 토크컨버터와 유체 클러치(즉, 토크컨버터 작용에서 유체 커플링 작용으로 변화하는 경우는 2종류로 변화하기 때문에 2상이라 함)

ㄷ 3요소 : 펌프(임펠러), 터빈, 스테이터 → 토크컨버터를 형성하는 주요 작동부(즉, 3가지 날개차를 뜻함)

5. 요철도로나 노면이 좋지 않은 도로를 주행할 때, 노면으로부터 차체에 전달되는 충격을 감소시켜주는 장치는?

① 현가장치   ② 브레이크 장치

③ 차동장치   ④ 조향장치

해설 현가장치의 목적

ㄱ 주행 중 노면에서 받은 충격이나 진동 완화

ㄴ 승차감과 주행 안전성 향상

ㄷ 자동차 부품의 내구성 증대

ㄹ 차축과 프레임(차대) 연결

6. 4사이클 4기통 기관에서 점화순서가 1-3-4-2일 때, 1번 실린더가 흡입행정을 한다면 3번 실린더는 어떤 행정을 하는가?

① 흡입   ② 압축

③ 폭발   ④ 배기

해설 점화순서에 의하여 실린더 행정 구하기

7. 축이음의 종류 중 두 축이 어떤 각도를 가지고 회전하는 경우에 사용되며, 경사각이 30° 이하를 두고 있는 축이음 방식은?

① 플렉시블 이음   ② 십자축 이음

③ 자재 이음   ④ 슬립 이음

해설 자재 이음

두 축이 어떤 각도를 가지고 회전하는 경우에 사용되는 축이음으로, 보통 경사각은 30° 이하를 두고 있다.

8. 고전압 장치가 적용되는 친환경 자동차에서 교통사고 발생 시 안전대책으로 올바르지 않은 것은?

① 장갑, 보호안경, 안전복, 안전화를 착용한다.

② 화재 시 물을 이용하여 진압하며, ABC 소화기를 사용하지 않는다.

③ 절연피복이 벗겨진 파워케이블은 절대 접촉하지 않는다.

④ 차량이 물에 반 이상 침수된 경우에는 메인 전원차단 플러그를 뽑으려고 해서는 안 된다.

해설 고전압 장치가 적용되는 친환경 자동차(하이브리드 자동차, 전기자동차, 수소연료전지 자동차 등)의 교통사고 시 안전대책으로는 ①, ③, ④항 외에도 '고압 배터리 부근의 전해액 누설을 확인(특히 고전압 배터리 손상으로 내부 용액(전해액)이 흘러나오면 인접 지역에서 모든 화기를 치워야 함) 및 화재 시 물을 이용하여 불을 끄는 것은 위험하며, 기름 및 전기 화재용인 ABC 소화기를 이용해야 한다.' 등이 있다.

9. 자동차 휠얼라인먼트 요소에서 다음 중 그 구성이 아닌 것은?

① 사이드 각(side-angle) ② 토(toe)

③ 캠버(camber) ④ 캐스터(caster)

해설 앞바퀴(전차륜) 정렬의 요소

(1) 캠버
  ㉠ 정의 : 앞바퀴를 앞에서 보았을 때 수선에 대해 이룬 각
  ㉡ 필요성 : 조작력 감소, 앞차축 휨의 방지, 바퀴의 탈락 방지

(2) 토인
  ㉠ 정의 : 앞바퀴를 위에서 보았을 때 앞바퀴의 앞쪽이 뒤쪽보다 안으로 오므라진 것
  ㉡ 필요성 : 바퀴의 벌어짐 방지, 토아웃 방지, 타이어의 마멸 방지

(3) 캐스터
  ㉠ 정의 : 앞바퀴를 옆에서 보았을 때 킹핀의 수선에 대해 이룬 각
  ㉡ 필요성 : 직진성, 복원성 부여

(4) 킹핀 경사각
  ㉠ 정의 : 앞바퀴를 앞에서 보았을 때 킹핀이 수선에 대해 이룬 각
  ㉡ 필요성 : 조작력 감소, 복원성, 시미 방지

(5) 선회 시 토아웃
  ㉠ 정의 : 조향 이론인 애커먼 장토식의 원리 이용, 선회 시(핸들을 돌렸을 때) 동심원을 그리며 내륜의 조향각이 외륜의 조향각보다 큰 상태
  ㉡ 두는 이유 : 자동차가 선회할 경우에는 토아웃(안쪽 바퀴의 조향각이 바깥쪽 바퀴의 조향각보다 큼)되어야 원활한 회전이 이루어짐

10. 차량 주행 중 머플러 뒤 테일파이프에서 물이 떨어지는 것과 관련 있는 배기가스 성분은?

① HC

② CO

③ NOx

④ SO₂

해설 머플러에서 물이 떨어지는 이유

자동차 연료의 주성분은 탄화수소(HC)로 이루어져 있는데, 엔진에서 연료가 연소하게 되면 연료성분의 탄화수소(HC)와 공기 중의 산소(O_2)가 만나 삼원촉매의 산화과정에 의해 CO_2(이산화탄소)와 H_2O(물)가 생성되게 된다. 엔진의 열이 높기 때문에 H_2O는 수증기 상태로 머플러를 통해 배출되는데, 여름철에는 대기온도가 높아 그냥 수증기 상태로 배출되지만 겨울철에는 대기온도가 낮아 머플러에서 나올 때 수증기가 냉각되면서 육안으로 볼 수 있는 물로 변하게 된다.

1. 다음 중 추진축으로 받은 동력을 마지막으로 감속시켜 회전력을 크게 하는 동시에 회전 방향을 직각 또는 직각에 가까운 각도로 바꾸어주는 역할을 하는 것은?

① 차동 기어
② 최종 감속 기어
③ 추진축
④ 자재 이음

해설 종감속 기어 장치(최종 감속 기어 장치)
변속기에서 추진축을 통해 전달된 동력을 최종 감속한 후 직각 또는 직각에 가까운 각도로 바꾸어 액슬축(차축)에 전달하는 장치

2. 다음 용어에 대해 옳은 설명만을 고른 것은?

> ⊙ 전 길이 : 자동차의 중심선에 평행한 연직면 및 접지면에 평행하게 측정했을 때(범퍼, 후미등과 같은 부속물 포함) 자동차의 제일 앞쪽 끝에서 뒤쪽 끝까지의 최대길이를 말한다.
> ⓒ 전 너비 : 자동차의 너비를 자동차의 중심면과 직각으로 측정했을 때의 부속품을 포함한 최대너비로서 하대 및 환기장치는 닫혀진 상태이며, 백미러를 포함한다.
> ⓒ 윤거 : 좌우 타이어가 지면을 접촉하는 지점에서 좌우 복륜 간격의 중심에서 바깥쪽까지의 거리를 말한다.
> ⓒ 앞 오버행 : 자동차 앞바퀴의 중심을 지나는 수직면에서 자동차의 가장 앞부분까지의 수평거리를 말한다.

① ⊙, ⓒ
② ⓒ, ⓒ
③ ⓒ, ⓒ
④ ⊙, ⓒ

해설 제원에 관한 용어 정의
• 전장(전 길이 : overall length) : 자동차의 중심선에 평행한 연직면 및 접지면에 평행하게 측정했을 때(범퍼, 후미등과 같은 부속물 포함) 자동차의 제일 앞쪽 끝에서 뒤쪽 끝까지의 최대길이이다.
• 전폭(전 너비 : overall width) : 자동차의 너비를 자동차의 중심면과 직각으로 측정했을 때의 부속품을 포함한 최대너비로서 하대 및 환기장치는 닫혀진 상태이며, 백미러(back mirror)는 포함되지 않는다.
• 윤거(tread) : 좌우 타이어가 지면을 접촉하는 지점에서 좌우 두 개의 타이어 중심선 사이의 거리를 말하며, 윤간거리(輪間距離)라고도 한다.
• 앞 오버행 : 자동차 앞바퀴의 중심을 지나는 수직면에서 자동차의 가장 앞부분까지의 수평거리이다. 범퍼나 훅(hook), 견인장치 등의 자동차에 부착된 것은 모두 포함한다.

3. 발전기 V벨트에 연결되어 자속이 발생하며, 직류 발전기의 계자 코일과 계자 철심에 상당하는 것은?

① 로터　　　　　　　　　　　② 스테이터

③ 정류기　　　　　　　　　　④ 브래킷

해설 직류(DC) 발전기와 교류(AC) 발전기 비교

구분	직류(DC) 발전기	교류(AC) 발전기
발생 전압	교류	교류
정류기	브러시와 정류자	실리콘 다이오드
자속 발생	계자 철심, 코일	로터
조정기	전압, 전류, 컷 아웃 릴레이	전압 조정기
역류 방지	컷 아웃 릴레이	다이오드
전류 발생(전기 생성)	전기자	스테이터

4. 다음 중 ABS의 제동 효과가 가장 떨어지는 길은?

① 노면이 단단한 길　　　　　② 노면이 건조한 길

③ 노면에 모래가 많은 길　　　④ 노면이 미끄러운 길

해설 ABS는 마찰력이 높은 콘크리트, 아스팔트 등의 지형에서 최대의 효과를 발휘한다. 하지만 마찰력이 상대적으로 떨어지는 모래, 눈이 많이 쌓인 지형 등 노면이 고르지 못한 경우에서는 ABS 제동 효과가 저감되며, 심지어 ABS 없는 차량보다 제동력이 떨어질 수도 있다.

5. 디젤 기관을 가솔린 기관과 비교했을 때 틀린 것은?

① 연료소비율이 적어 경제적이다.　② 중량이 무겁다.

③ 기화기가 필요하며 고장이 많다.　④ 진동, 소음이 크다.

해설 디젤 기관의 장단점

　(1) 장점

　　㉠ 저속에서 회전력이 크고, 회전력의 변화가 적다.

　　㉡ 고장이 비교적 적다.

　　㉢ 화재의 위험성이 적다.

　　㉣ 열효율이 좋다.

　　㉤ 연료소비량이 적다.

　(2) 단점

　　㉠ 기관의 단위 출력당 중량이 무겁다.

　　㉡ 진동 및 소음이 크다.

　　㉢ 가격이 비싸다.

　　㉣ 겨울철 시동이 곤란하다.

6. 다음 타이어에 표시된 165와 14가 가르키는 것을 순서대로 바르게 설명한 것은?

165/60R 14 85 H

① 타이어폭 mm, 림의 폭 inch

② 림의 폭 mm, 타이어폭 inch

③ 림의 폭 inch, 타이어폭 mm

④ 타이어폭 inch, 림의 폭 mm

해설 타이어 치수 표기

$$편평비 = \frac{H(단면높이)}{W(단면폭)} \times 100$$

예 165/60R 14 85 H

- 165 : 타이어 단면폭(mm)
- 60 : 편평비(%)
- R : 레이디얼 타이어(타이어의 구조)
- 14 : 타이어 내경 또는 림 직경(inch)
- 85 : 하중지수(허용최대하중)
- H : 속도기호(허용최고속도)

7. 최소 회전반경(R)을 바르게 표시한 것은? (단, L : 축거, α : 바깥쪽 앞바퀴의 조향각, r : 바퀴 접지면 중심과 킹핀과의 거리)

① $R = \dfrac{\sin a}{L} + r$

② $R = \dfrac{L}{\sin a} - r$

③ $R = \dfrac{\sin a}{L} - r$

④ $R = \dfrac{L}{\sin a} + r$

해설 최소 회전반경(R)

$$최소 회전반경(R) = \frac{L}{\sin a} + r$$

여기서, R : 최소 회전반경(m)

L : 축거

$\sin a$: 바깥쪽 바퀴의 각도

r : 킹핀 중심에서 타이어 중심까지의 거리

8. 자동차의 앞바퀴를 앞에서 보면 바퀴의 윗부분이 아래쪽보다 더 벌어져 있는데, 이 벌어진 바퀴의 중심선과 수선 사이의 각을 무엇이라 하는가?

① 캐스터 ② 캠버
③ 토인 ④ 킹핀 경사각

해설 캠버(camber)

(1) 정의

앞바퀴를 앞에서 보았을 때 수선에 이룬 각을 캠버라 한다. 그리고 바퀴의 윗부분이 바깥쪽으로 기울어진 상태를 정의 캠버(positive camber), 바퀴의 중심선이 수직일 때를 0의 캠버(zero camber), 바퀴의 윗부분이 안쪽으로 기울어진 상태를 부의 캠버(negative camber)라고 한다.

(2) 필요성 : 조작력 감소, 앞차축 휨의 방지, 바퀴의 탈락 방지

9. 피스톤 링의 역할이 아닌 것은?

① 피스톤에서 방청작용을 한다. ② 실린더 벽으로 열을 전도한다.
③ 피스톤 기밀작용을 한다. ④ 오일 제어작용을 한다.

해설 피스톤 링 3대 기능

㉠ 기밀작용(밀봉작용)
㉡ 열전도 작용(냉각작용)
㉢ 오일 제어작용(오일 긁어내리기 작용)

10. 다음 중 장치별 구성요소로 잘못 짝지어진 것은?

① 동력 발생 장치 : 엔진, 토크컨버터, 연료장치
② 동력 전달 장치 : 변속기, 클러치, 차축
③ 조향장치 : 조향 기어, 조향축, 조향 핸들
④ 현가장치 : 쇽업소버, 판 스프링, 코일 스프링

해설 동력 발생 장치(engine)

자동차가 주행하는 데 필요한 동력을 발생하는 장치이다. 즉, 열에너지를 사용하여 기계적 에너지 얻는 장치로 자동차가 주행하는 데 필요한 동력을 발생하는 장치이다. 즉, 엔진을 의미한다. 또한 엔진에 관련된 부속장치로는 연료장치, 냉각장치, 윤활장치, 흡·배기장치, 시동 및 점화장치, 배출가스 정화장치 등이 있다. 토크컨버터는 자동 변속기의 부품으로 동력 전달 장치에 속한다.

1. 다음 중 디젤 노크 방지책으로 옳은 것은?

① 착화 지연을 길게 한다.

② 분사 개시 때 분사량을 많게 한다.

③ 와류 발생을 적게 한다.

④ 압축비를 크게 한다.

해설 디젤 노크 방지책

㉠ 착화성이 좋은 연료(세탄가가 높은 연료)를 사용하여 착화 지연 기간을 짧게 한다.

㉡ 압축비, 압축압력, 압축온도를 높인다.

㉢ 흡입공기의 온도, 연소실 벽의 온도, 엔진의 온도를 높인다.

㉣ 흡입공기에 와류가 일어나도록 한다.

㉤ 회전속도를 빠르게 한다.

㉥ 분사시기를 알맞게 조정한다.

㉦ 분사 개시에 분사량을 적게 하여 급격한 압력상승을 억제한다.

2. 연료 탱크와 활성탄 여과기(캐니스터) 사이에 설치되어 연료 탱크에 지나치게 많은 연료가 주유되었을 때, 자동차가 심하게 기울어지거나 전복될 경우 연료가 대기 중으로 누출되는 것을 방지하는 밸브는?

① 환기 밸브　　　　　　　　② 중력 밸브

③ 셧-오프 밸브　　　　　　　④ 재생 밸브

해설 연료 탱크 환기 시스템

㉠ 환기 밸브(vent valve) : 보상 탱크로부터 연료증기가 대기로 직접 방출되거나 또는 흡인되는 것을 방지한다. 이 밸브는 주유 중에는 닫혀있게 된다.

㉡ 중력 밸브(roll-over valve) : 연료 탱크와 활성탄 여과기 사이에 설치된다. 연료 탱크에 지나치게 많은 연료가 주유되어 있을 때, 자동차가 심하게 기울어지거나 또는 자동차가 전복될 경우에는 활성탄 여과기를 통해 연료가 대기 중으로 유출될 수 있다. 이와 같은 경우에 중력 밸브가 중력에 의해 자동적으로 닫혀 연료가 대기 중으로 누출되는 것을 방지한다.

㉢ 셧-오프 밸브(shut-off valve) : OBD Ⅱ부터는 활성탄 여과기의 대기 유입구에 셧-오프 밸브를 설치하도록 의무화하고 있다. 활성탄을 재생시키고 저장된 연료증기를 연소실로 유도하기 위해 ECU는 이 밸브를 재생 밸브와 동시에 ON/OFF 제어한다.

㉣ 재생 밸브(regeneration valve) : 활성탄 여과기와 흡기다기관 사이에 설치되며, 엔진 ECU에 의해 ON/OFF 제어된다. 이 밸브와 동시에 셧-오프 밸브가 열리면 활성탄 여과기에 흡착되어 있는 연료증기(미연 HC)는 셧-오프 밸브를 통해 유입되는 대기에 의해 활성탄으로부터 분리되고, 흡기다기관 절대압력에 의해서 재생 밸브를 거쳐 실린더로 흡인된다.

3. 차량의 앞바퀴 정렬에서 캠버각을 두는 이유로 옳지 않은 것은?

① 자동차의 하중에 의해 앞바퀴가 앞으로 벌어짐을 방지

② 오프셋 양을 줄여 핸들 조작 용이

③ 차량의 직진성, 핸들 복원성을 증대

④ 주행 중 바퀴가 빠지는 것 방지

해설 캠버(camber)

   (1) 정의

      앞바퀴를 앞에서 보았을 때 수선에 이룬 각을 캠버라 한다. 그리고 바퀴의 윗부분이 바깥쪽
      으로 기울어진 상태를 정의 캠버(positive camber), 바퀴의 중심선이 수직일 때를 0의 캠버
      (zero camber), 바퀴의 윗부분이 안쪽으로 기울어진 상태를 부의 캠버(negative camber)라
      고 한다.

   (2) 필요성

      ㉠ 핸들 조작력 감소

      ㉡ 하중에 의한 앞차축 휨 방지

      ㉢ 주행 중 바퀴의 탈락을 방지

      ※ 차량의 직진성과 핸들 복원성 부여는 캐스터의 필요성이다.

4. 자동차에 사용되는 축전지에 대한 설명으로 옳지 않은 것은?

① 축전지 셀의 음극판 수가 양극판 수보다 하나 더 많다.

② 충전 시 화학적 에너지가 전기적 에너지로 변환시켜 저장하고, 방전 시 전기적
에너지가 화학적 에너지로 바꾸어 저장된다.

③ 극판의 격리작용을 하는 격리판은 충분한 강성과 비전도성이어야 한다.

④ 축전지는 사용하지 않아도 스스로 방전을 한다. 이것을 자기 방전이라 한다.

해설 축전지의 방전과 충전

    ㉠ 방전 : 화학적 에너지를 전기적 에너지로 변환시켜 저장한다.

    ㉡ 충전 : 전기에너지를 충전기를 사용하여 화학에너지로 변환시키는 것으로 방전의 역반응이다.

5. 자동차 엔진의 압축비에 대한 설명으로 옳지 않은 것은?

① 실린더 행정체적과 연소실 체적(간극체적)의 비

② 혼합기를 연소 전에 얼마만큼 압축하는가의 정도

③ 내연기관 이론 사이클에서 압축비가 증가하면 이론열효율은 증가한다.

④ 일반적으로 가솔린의 압축비가 디젤에 비해 낮다.

해설 압축비

    피스톤이 하사점에서 상사점으로 이동하면 실린더 총체적이 연소실 체적으로 줄어들게 되며,
    이 줄어든 비율을 압축비라 한다. 즉, 실린더 체적과 연소실 체적(간극체적)의 비를 압축비라
    한다.

6. ABS(Anti Skid Brake System) 제동장치의 특징으로 옳지 않은 것은?

① 급제동 시 전륜고착으로 인한 조향능력 상실 방지

② 눈길, 미끄러운 길에서 조향능력과 제동 안정성 유지

③ 급제동 시 차륜이 고착되지 않아 제동거리가 길어짐

④ 구조가 복잡하고 가격이 비쌈

해설 ABS 제동장치의 특징

㉠ 급제동 시 전륜고착으로 인한 조향능력 상실 방지

㉡ 후륜고착인 경우 차체 미끄러짐으로 인한 차체전복 방지

㉢ 차륜고착으로 인한 제동거리 증대 방지

㉣ 눈길, 미끄러운 길에서 조향능력과 제동 안전성 유지

7. 자동차 전기장치에 사용되는 퓨즈의 설명으로 옳지 않은 것은?

① 재질은 알루미늄과 구리의 합금이다.

② 단락 및 누전에 의해 과다 전류가 흐르면 차단되어 전류흐름을 방지한다.

③ 전기회로에 직렬로 설치되어 있다.

④ 회로·합성 퓨즈가 단선되면 전류공급을 차단한다.

해설 퓨즈의 재질 구성

㉠ 납

㉡ 납＋주석＋안티몬

㉢ 납＋구리＋안티몬

8. 다음 중 피스톤의 구비조건으로 옳지 않은 것은?

① 헤드부 폭발압력에 견딜 수 있어야 한다.

② 열전도성이 높아 발열 효과가 커야 한다.

③ 마찰 손실 및 기계적 손실이 적어야 한다.

④ 관성력이 커야하므로 무거워야 한다.

해설 피스톤의 구비조건

㉠ 폭발압력을 유효하게 이용할 것

㉡ 가스 및 오일의 누출이 없을 것

㉢ 마찰로 인한 기계적 손실이 없을 것

㉣ 기계적 강도가 클 것

㉤ 무게가 가벼울 것

㉥ 열에 의한 팽창이 없을 것(＝열팽창률이 적을 것)

㉦ 열전도성이 좋을 것

9. 다음 중 방향지시등 유효 조광 면적으로 옳은 것은?

① 앞면 : 1등광 22cm² 이상　　② 앞면 : 1등광 32.5cm² 이상

③ 뒷면 : 1등광 32.5cm² 이상　　④ 뒷면 : 1등광 22cm² 이상

해설 방향지시등 유효 조광 면적(구(舊)법)

　　㉠ 앞면 : 1등광 22cm² 이상

　　㉡ 뒷면 : 1등광 37.5cm² 이상

　　※「자동차 및 자동차부품의 성능과 기준에 관한 규칙 제44조 제3호」구법 참조

　　※ 주) 현행 법 개정

　　　　[전문개정 2014. 6. 10.]

　　　　[시행일 : 2016. 1. 1.] 제44조

10. 다음 중 DLI(전자배전 점화방식, Distributor Less Ignition)의 특징으로 옳지 않은 설명은?

① 로터와 배전기 캡 전극 사이의 높은 전압 에너지 손실이 없다.

② 배전기 누전이 없다

③ 전파 장애가 없어 전자제어장치에 유리하다.

④ 고전압 출력을 작게 하면 방전 유효 에너지가 감소한다.

해설 DLI(Distributor Less Ignition, 전자배전 점화방식)의 특징

　　㉠ 배전기에 의한 누전이 없다.

　　㉡ 배전기와 로터에 의한 고전압 에너지 손실이 없다.

　　㉢ 배전기 캡에서 발생하는 고주파 방해(전파 잡음)가 없다.

　　㉣ 진각폭의 제한이 없다.

　　㉤ 2차 고전압 출력을 작게 하여도 유효방전에는 변함이 없다.

　　㉥ 내구성과 신뢰성이 크다.

　　㉦ 전파 방해가 없어 다른 전자제어장치에도 유리하다.

11. 두 개의 기어가 십자축 형태로 서로 맞물려서 회전함과 동시에, 기어축도 한쪽의 기어축을 중심으로 하고 다른 쪽의 기어축이 회전하는 형태이며, 자동차가 굴곡이나 요철 부분의 길을 통과할 때 양 바퀴의 회전수를 다르게 하여 원활한 회전을 가능하게 하는 장치는?

① 유니버설 조인트　　② 차동 기어

③ 슬립 이음　　④ 추진축

해설 차동 기어 장치

　　두 개의 기어가 서로 맞물려서 회전함과 동시에, 기어축도 한쪽의 기어축을 중심으로 하고 다른 쪽의 기어축이 회전하는 형태로, 자동차가 커브길을 선회할 때 양쪽 바퀴가 미끄러지지 않고 선회하려면 바깥쪽 바퀴가 안쪽 바퀴보다 더 많이 회전해야 하며, 요철노면을 주행할 때에도 양쪽 바퀴의 회전수가 달라져야 한다. 이러한 작용을 하는 것이 차동 기어 장치이다.

12. 다음 중 머리지지대를 설치하지 않아도 되는 자동차는?

① 승용자동차

② 차량 총중량 4.5톤 이하의 특수자동차

③ 차량 총중량 4.5톤 이하의 화물자동차

④ 피견인 자동차

해설 머리지지대를 설치해야 하는 자동차

  ㉠ 승용자동차

  ㉡ 차량 총중량 4.5톤 이하의 승합자동차

  ㉢ 차량 총중량 4.5톤 이하의 화물자동차(피견인 자동차를 제외한다)

  ㉣ 차량 총중량 4.5톤 이하의 특수자동차

  ※「자동차 및 자동차부품의 성능과 기준에 관한 규칙」 제26조 참조

13. 경음기 음의 크기 측정 시 측정 위치로 맞는 것은?

① 차체 전방 1m 위치에서 지상높이 $1.0m \pm 0.05$

② 차체 전방 1m 위치에서 지상높이 $1.2m \pm 0.05$

③ 차체 전방 2m 위치에서 지상높이 $1.0m \pm 0.05$

④ 차체 전방 2m 위치에서 지상높이 $1.2m \pm 0.05$

해설 경음기 음의 크기 측정 시 측정 위치

  경적음의 크기는 일정해야 하며, 차체 전방에서 2미터 떨어진 지상높이 1.2 ± 0.05미터가 되는 지점에서 측정해야 한다.

  ※「자동차 및 자동차부품의 성능과 기준에 관한 규칙」 제53조 제2호 참조

1. 승용차에 주로 사용하며 실내공간 확보에 유리하고 선회 시 타이어 접지력이 우수하여 조종이 안정적이고 우수한 방식은 어느 것인가?

① FF

② FR

③ RR

④ 4WD

해설 **앞엔진 앞바퀴 구동차(FF : Front engine Front drive)**

(1) 구조 : 차량 앞쪽에 엔진을 설치하고 앞바퀴로 직접 구동하는 형식

(2) 특징

ㄱ 엔진과 구동바퀴의 거리가 짧아 동력 손실이 적다.

ㄴ 실내공간이 넓다.

ㄷ 직진 안정성이 좋은 언더스티어링(under-steering : 회전하고자 하는 목표치보다 덜 회전되는 현상) 경향이 있다.

ㄹ 미끄러지기 쉬운 노면의 주파성이 좋다.

ㅁ 앞바퀴에 구동장치나 조향장치가 복합적으로 설치되므로 구조가 복잡하다.

2. 축전지에 대한 설명 중 옳지 않은 것은?

① 격리판인 음극판의 개수가 양극판 개수보다 하나 더 많다.

② 충전 시 화학에너지를 전기적 에너지로 변환시켜 저장하고, 방전 시는 전기적 에너지가 화학에너지로 변환된다.

③ 사용을 하지 않아도 스스로 방전되는 것을 자기 방전이라 한다.

④ 격리판은 충분한 강성과 비전도성이어야 한다.

해설 **축전지의 방전과 충전**

ㄱ 방전 : 화학적 에너지를 전기적 에너지로 변환시켜 저장한다.

ㄴ 충전 : 전기에너지를 충전기를 사용하여 화학에너지로 변환시키는 것으로서, 방전의 역반응이다.

3. 브레이크 드럼의 조건으로 옳지 않은 것은?

① 정적 · 동적 평형이 맞아야 할 것

② 슈의 마찰면에 내마멸성이 있을 것

③ 방열이 안 될 것

④ 강성이 있을 것

해설 브레이크 드럼의 구비조건
　㉠ 회전 평형이 잡혀있을 것
　㉡ 충분한 강성이 있을 것
　㉢ 내마멸성이 클 것
　㉣ 방열이 잘될 것
　㉤ 가벼울 것

4. 배출가스 저감장치의 저감 대상 물질로 옳지 않은 것은?

① 질소산화물　　　　　　　② 이산화탄소

③ 탄화수소　　　　　　　　④ 매연, 입자상 물질

해설 배출가스 저감장치의 저감 대상 물질
　㉠ 가솔린 엔진 : 가솔린 자동차에서 주로 배출되는 유해물질은 탄화수소(HC), 일산화탄소(CO),
　　질소산화물(NOx)로, 삼원 촉매 장치 등을 이용하여 3가지 공해물질을 동시에 제거한다.
　㉡ 디젤 엔진 : 디젤 자동차에서 배출되는 유해물질인 탄화수소(HC), 일산화탄소(CO), 질소산화
　　물(NOx)은 디젤 산화 촉매(DOC : Diesel Oxidation Catalyst)로 제거(NOx는 EGR 또는 LNT,
　　SCR 병용)하며, 또한 디젤 엔진의 고질적인 공해물질인 입자상 물질(PM)과 매연(Soot)은 디젤
　　미립자 필터(DPF : Diesel Particulate Filter)로 저감시킨다.

5. 화물차 총중량 1톤당 원동기 출력기준으로 옳은 것은? (단, 전기, 경형자동차 또는 총중량 35톤 초과는 제외)

① 5마력(PS) 이상　　　　　② 10마력(PS) 이상

③ 20마력(PS) 이상　　　　④ 40마력(PS) 이상

해설 문제오류
　「자동차안전기준에 관한 규칙(구법)」 제11조 제1항 제2호
　승합자동차 및 화물자동차의 원동기 최대출력은 차량 총중량 1톤당 출력이 10마력(PS) 이상
　일 것. 다만, 하이브리드자동차·전기자동차·경형자동차 및 차량 총중량이 35톤을 초과하는
　자동차(연결자동차의 차량 총중량이 35톤을 초과하는 경우를 포함한다)의 경우에는 그러하지
　아니하다.
　∴ 법령 삭제〈2011. 10. 6.〉 '국토해양부령 제390호'
　※ 본 문제는 과거 삭제된 법률을 토대로 출제됨. 삭제된 구법을 기준으로 한다면 정답은
　　'② 10마력(PS) 이상'임

6. 유면표시기에 오일색이 우유색으로 변하였다. 원인으로 옳은 것은?

① 교환 시기가 경과하여 심각하게 오염되었다.

② 가솔린이 유입되었다.

③ 냉각수가 유입되었다.

④ 연소생성물이 유입되었다.

해설 기관 상태에 따른 오일의 색깔

　ㄱ 붉은색 : 유연가솔린 유입

　ㄴ 노란색 : 무연가솔린 유입

　ㄷ 검은색 : 심한 오염(오일 슬러지 생성)

　ㄹ 우유색 : 냉각수 혼입

　ㅁ 회색 : 4에틸납 연소생성물의 혼입

7. 가솔린 연소 말단가스의 자연 발화 현상에 직접 기인한 이상연소 현상은?

① 조기 점화　　　　　　　　② 점화지연

③ 럼블　　　　　　　　　　④ 스파크 노킹

해설 엔진의 이상연소 현상 용어 정의

　ㄱ 조기 점화(pre－ignition) : 스파크 플러그로부터의 불꽃에 의한 점화에 앞서 혼합기가 연소실 내의 열점(스파크 플러그, 배기 밸브 등 고온 표면의 점화원)에 의해 먼저 점화되는 현상 또는 정상 점화가 이루어진 후에라도 정상 화염이 도달되기 전에 말단가스(end gas)가 실린더 내의 열점에 의하여 점화되는 현상이다.

　ㄴ 점화지연(ignition delay) : 디젤 기관에서 압축된 고온공기 속에 연료를 내뿜더라도 곧 점화하지 않고 폭발하기까지 다소 시간이 걸리는 것으로, 착화 지연이라고도 한다.

　ㄷ 럼블(rumble) : 기관의 압축비가 9.5 이상으로 높은 경우에는 노크 음과 다른 저주파의 둔한 뇌음을 내며 기관의 운전이 거칠어지는 현상으로, 연소실이 오염된 경우 주로 발생한다.

　ㄹ 스파크 노킹(spark knocking) : 연소실 내에 남아있는 압축혼합가스가 급격하거나 순간적인 연소와 함께 일어나는 미조정 폭발을 말한다.

8. 타이어 측면에 다음과 같이 표기되어 있다. 이 표기에서 편평비와 내경으로 옳게 묶은 것은?

185/70R 13 84 H

① 70, 13　　　　　　　　② 84, 13

③ 13, 84　　　　　　　　④ 185, 70

해설 타이어의 치수 표기

$$편평비 = \frac{H(단면높이)}{W(단면폭)} \times 100$$

예 185/70R 13 84 H

　• 185 : 타이어 단면폭(mm)

　• 70 : 편평비(%)

　• R : 레이디얼 타이어(타이어의 구조)

　• 13 : 타이어 내경 또는 림 직경(inch)

　• 84 : 하중지수(허용최대하중)

　• H : 속도기호(허용최고속도)

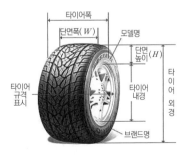

9. 전기장치 중 점화장치와 관련 없는 것은?

① 점화코일

② 점화플러그

③ 파워 트랜지스터

④ 삼원촉매

해설 삼원 촉매 장치(Three way catalyst)

백금+로듐을 사용하여 자동차에 배출되는 유해가스 CO, HC의 산화 반응과 동시에 NOx의 환원 반응도 동시에 행한다. 즉, 배기가스 내의 CO, HC, NOx를 하나의 촉매로 정화처리하는 것으로, 기관장치 중 배출가스 정화장치이다.

10. 수냉식 냉각장치에 대한 설명 중 옳지 않은 것은?

① 냉각장치에 의해 흡수되는 열량은 엔진에 공급된 총열량의 30~35% 정도이다.

② 실린더 주위 냉각핀을 설치하여 냉각효율을 증대시키는 냉각방식으로 엔진의 출력이 큰 항공기용 엔진에 사용된다.

③ 방열기는 엔진에서 가열된 냉각수를 냉각한다.

④ 수온 조절기는 냉각수 통로를 수온에 따라 개폐하여 냉각수의 온도를 적절히 유지하며, 일반적으로 65℃에서 열리기 시작하여 85℃에서 완전히 열린다.

해설 냉각장치

㉠ 공랭식 : 실린더 및 실린더 바깥둘레에 많은 냉각핀(cooling fin)을 마련하여 기관 내부의 열이 방열핀에 전해지고, 이것에 직접 접촉하는 공기에 의하여 냉각되는 방법이다.

㉡ 수냉식 : 실린더와 실린더 헤드 내부의 둘레에 설치된 물통로(water jacket)를 통하여 냉각수가 순환하여 기관을 냉각하는 방법이다. 냉각수는 물 펌프에 의하여 강제순환되며, 현재 자동차 기관은 대부분이 수냉식을 사용하고 있다.

㉢ 항공기 엔진은 물을 저장하는 통, 펌프 등이 필요 없다. 따라서 무게도 가벼운 공랭식 엔진을 주로 사용한다.

1. 자동차 용어에 대한 설명으로 옳은 것은?

① 차량 중량이라 함은 적차 상태를 말한다.

② 축거란 좌우 타이어가 지면을 접촉하는 지점에서 좌우 두 개의 타이어 중심선 사이의 거리를 말한다.

③ 최대 적재량이란 빈 차 상태(공차 상태)에서 승차정원 및 최대 적재량의 화물을 균등하게 적재한 상태를 말한다.

④ 차량 총중량이란 자동차의 최대 적재 상태에서의 중량을 말한다.

> **해설** 제원에 관한 용어 정의
> ㉠ 차량 중량(공차 중량, unloaded or empty vehicle weight) : 빈 차 상태에서의 차량무게 (빈 차 무게)를 말하며, 공차 중량(空車重量)이라고도 한다.
> ㉡ 축거(wheel base) : 축간거리라고도 하며, 전·후차축의 중심 간의 수평거리를 말한다.
> ㉢ 최대 적재량(max payload) : 자동차에 적재할 수 있도록 허용된 물품의 최대중량을 말한다.
> ㉣ 차량 총중량(gross vehicle weight) : 자동차의 최대 적재 상태에서의 중량을 말한다.

2. 자동차 결함 교통사고의 원인 중 동력 전달 장치 결함사고가 아닌 것은?

① 클러치 결함

② 추진축 결함

③ 변속기 오일 부족 및 누적

④ 페이드 현상

> **해설** ①, ②, ③항은 동력 전달 장치 계통에서의 자동차 결함으로 인한 교통사고의 원인이며, ④항 페이드 현상은 제동장치에서 제동력이 감소되는 현상이다.
> ※ 페이드(fade) 현상 : 비탈길을 내려가거나 할 경우 브레이크를 반복하여 사용하면 마찰열이 축적되어 라이닝의 마찰계수가 급격히 저하되고 제동력이 감소되는 현상이다.

3. 에어컨 구성부품 중 고압 기체 냉매를 액체 냉매 상태로 변화시키는 부품은?

① 압축기   ② 증발기

③ 응축기   ④ 팽창 밸브

> **해설** 응축기(콘덴서)
> 라디에이터 앞쪽에 설치되어 있으며, 주행속도와 냉각팬의 작동에 의해 고온 고압의 기체 냉매를 응축시켜 고온 고압의 액체 냉매로 만든다.

4. 적재함 내측 길이의 중심에서 뒤차축 중심까지의 차량 중심선 방향의 수평거리를 무엇이라고 하는가?

① 오버행   ② 하대 오프셋

③ 전장   ④ 오버행 각

해설 제원에 관한 용어 정의

    ㉠ 앞·뒤 오버행(front·rear overhang) : 앞(뒷)바퀴의 중심을 지나는 수직면에서 자동차의 가장 앞부분(뒷부분)까지의 수평거리, 범퍼나 훅(hook), 견인장치 등의 자동차에 부착된 것은 모두 포함

    ㉡ 하대 오프셋(rear body off-set) : 하대(적재함) 내측 길이의 중심에서 뒤차축 중심까지의 차량 중심선 방향의 수평거리

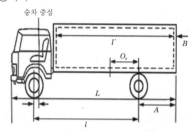

여기서, A : 뒤차축 중심에서 차체 최후단까지의 거리
            B : 하대 내측의 뒤끝에서 차체 최후단까지의 거리
            L : 차량의 전체 길이
            l : 축간거리
            l' : 하대 내측 길이

$$O_s(하대 오프셋) : \frac{l'}{2} - (A-B)$$

    ㉢ 전장(overall length) : 자동차의 중심선에 평행한 연직면 및 접지면에 평행하게 측정했을 때(범퍼, 후미등과 같은 부속물 포함) 자동차의 제일 앞쪽 끝에서 뒤쪽 끝까지의 최대길이

    ㉣ 앞·뒤 오버행 각(front·rear overhang angle or approach angle) : 자동차의 앞(뒷)부분 하단에서 앞바퀴 타이어의 바깥둘레에 그은 선과 지면이 이루는 최소각도로, 이 각도 안에는 법규상 어떠한 부착물도 장착해서는 안 됨

5. 자동차에서 배출되는 배출가스는 크게 3가지로 분류한다. 이 중 배출가스에 속하지 않은 것은?

① 배기가스   ② 배출가스

③ 블로바이 가스   ④ 연료증발가스

해설 자동차에서 배출되는 배출가스의 비율

배출원	배출비율
배기가스	60%
블로바이 가스	25%
연료증발가스	15%

6. 다음 중 디젤 기관 노크 방지법이 아닌 것은?

① 착화 지연 기간을 짧게 한다.

② 압축비를 낮게 한다.

③ 실린더 벽의 온도를 높인다.

④ 회전수를 낮춘다.

해설 디젤 노크 방지법

㉠ 착화성이 좋은 연료(세탄가가 높은 연료)를 사용하여 착화 지연 기간을 짧게 한다.

㉡ 압축비, 압축압력, 압축온도를 높인다.

㉢ 흡입공기의 온도, 연소실 벽의 온도, 엔진의 온도를 높인다.

㉣ 흡입공기에 와류가 일어나도록 한다.

㉤ 회전수는 낮추고, 회전속도는 빠르게 한다.

㉥ 분사시기를 알맞게 조정한다.

㉦ 분사 개시에 분사량을 적게 하여 급격한 압력상승을 억제한다.

7. 1사이클 4스트로크 엔진과 관계가 없는 것은?

① 흡기행정   ② 압축행정

③ 배기행정   ④ 소기행정

해설 4행정 사이클 기관

(1) 4행정 사이클 기관의 작동 : 4행정 사이클 기관은 크랭크축 2회전에 피스톤은 흡입, 압축, 폭발, 배기의 4행정으로 1사이클을 완성하는 기관이며, 이때 캠축은 1회전하고, 흡·배기 밸브는 1번씩 개폐한다.

(2) 4행정 사이클 기관의 행정

㉠ 흡기행정 : 혼합가스 또는 공기만을 실린더로 받아들이는 행정

㉡ 압축행정 : 실린더에 유입된 가스 또는 공기의 체적을 변화시켜 압축시키는 행정

㉢ 동력(폭발)행정 : 압축된 가스를 연소시키는 행정

㉣ 배기행정 : 연소된 가스를 밖으로 내보내는 행정

※ 소기행정 : 2사이클 기관의 작동행정 끝무렵에서 소기구가 열려 소기작용이 이루어지기 까지의 행정으로, 소기작용이란 2행정 사이클 기관에 있어서 잔류배기가스를 실린더 밖으로 밀어내면서 새로운 공기를 실린더 내에 충전시키는 작용을 말한다.

8. 다음 중 가솔린 엔진의 배출가스 중 인체에 위해가 적은 것은?

① CO   ② HC

③ NOx   ④ CO_2

해설 가솔린 엔진의 배출가스

㉠ 무해성 가스 : 이산화탄소(CO_2), 수증기(H_2O)

㉡ 유해성 가스 : 일산화탄소(CO), 탄화수소(HC), 질소화합물(NOx)

9. 타이어의 골격 역할을 하고 공기압력을 견디고 충격 완화 역할을 하는 것은?

① 트레드   ② 브레이커

③ 카커스   ④ 비드

해설 타이어의 구조

    ㉠ 트레드(tread) : 노면과 직접 접촉하며 카커스와 브레이커부를 보호한다. 내마멸성의 두꺼운 고무로 되어 있다.

    ㉡ 브레이커(breaker) : 카커스와 트레드부 사이에 있으며, 내열성의 고무로 구성되어 트레드와 카커스가 떨어지는 것을 방지하고 노면에서의 충격을 완화하여 카커스의 손상을 방지한다.

    ㉢ 카커스(carcass) : 타이어의 뼈대(골격)가 되는 부분으로, 공기압력과 하중에 의한 일정한 체적을 유지하고 완충작용도 한다.

    ㉣ 비드(bead) : 휠의 림에 접한 부분으로 몇 줄의 피아노선(bead wire)이 있으며, 비드부의 늘어남과 타이어의 빠짐을 방지한다.

10. 토크컨버터에서 동력 전달 매체가 되는 것은 어느 것인가?

① 클러치 디스크   ② 유니버설 조인트

③ 커플링   ④ 유체

해설 토크컨버터(torque converter)

기관의 회전력을 액체 운동에너지로 바꾸어 변속기에 동력 전달을 하는 장치이며, 토크컨버터의 동력 전달 매체는 오일, 즉 유체이다.

2016

과년도
기출문제

알짜배기 자동차 구조원리 기출문제 총정리

알짜배기 자동차 구조원리 기출문제 총정리

www.cyber.co.kr

1. 다음 중 기동 전동기의 회전이 느린 원인이 아닌 것은?

① 솔레노이드 스위치 작동 불량

② 축전지 케이블 접촉 불량

③ 브러시 및 정류자 접촉 불량

④ 정류자 소손

해설 기동 전동기의 회전이 느린 원인

㉠ 축전지 전압강하 및 비중 저하

㉡ 축전지 케이블의 접촉 불량 및 저항 과다

㉢ 정류자와 브러시의 접촉 불량

㉣ 정류자와 브러시의 마멸 과다

㉤ 브러시 스프링의 장력 저하

2. 축전지 케이스에 균열이 일어나는 원인으로 가장 적절한 것은?

① 발전기 및 발전기 조정기 결함 ② 양극단자 쪽 셀커버 부풀어 오름

③ 축전지 케이블 연결 불량 ④ 전해액 빙결

해설 축전지 케이스 균열의 원인

㉠ 축전지가 동결(전해액 비중이 저하되면 겨울철에 발생되기 쉬움)

㉡ 축전지 설치 클램프를 헐겁게 죄었을 경우

㉢ 축전지 설치 클램프를 과도하게 죄었을 경우

3. 다음 중 배기가스 정화장치가 아닌 것은 어느 것인가?

① EGR 밸브 장치 ② 삼원 촉매 장치

③ 종감속 기어 장치 ④ 차콜 캐니스터

해설 용어 정의

㉠ EGR 밸브 장치(배기가스 재순환 장치) : 배기가스의 일부를 연소실로 재순환시켜 NOx(질소산화물) 발생을 억제시키는 장치

㉡ 삼원 촉매 장치 : 엔진 작동 간 발생하는 배기가스 중 유해한 3가지 성분(CO, HC, NOx)을 감소시키는 장치, 배기관 중간에 부착되어 있으며 촉매로서는 백금과 로듐을 사용

㉢ 종감속 기어 장치 : 변속기에서 추진축을 통해 전달된 동력을 최종 감속한 후 직각 또는 직각에 가까운 각도로 바꾸어 액슬축(차축)에 전달하는 장치

㉣ 차콜 캐니스터 : 내부에 활성탄이 들어있는 원형의 통으로 엔진이 정지 상태일 때 증발된 연료가스(HC증발가스)를 포집

4. 배전기 접점 간극에 대한 설명으로 옳은 것은?

① 접점 간극이 작으면 캠각은 작아진다.

② 접점 간극이 작으면 점화시기는 빨라진다.

③ 접점 간극이 크면 점화시기는 늦어진다.

④ 접점 간극이 작으면 1차 전류는 커진다.

해설 캠각이 클 때와 작을 때 영향

ㄱ 캠각이 크면 : 접점 간극이 작아지고 점화시기가 느려지며, 1차 코일에 흐르는 전류가 많아져 과열

ㄴ 캠각이 작으면 : 접점 간극이 커지고 점화시기가 빨라지며, 1차 코일에 전류가 적어 2차 고전압 이 낮아지고 고속에서 실화

※ 캠각이 클 때와 작을 때 비교

구분	캠각이 클 때	캠각이 작을 때
접점 간극	작다.	크다.
점화시기	늦다.	빠르다.
1차 전류	충분	불충분
2차 전압	높다.	낮다.
고속	실화 없음	실화 발생
점화코일	발열	발열 없음
접점	소손 발생	소손 없음

5. 다음 중 디젤 연료인 경유의 구비조건으로 옳은 것은?

① 기화성이 클 것   ② 발열량이 클 것

③ 점도가 적당할 것   ④ 내폭성이 클 것

해설 디젤 연료(경유)의 구비조건

ㄱ 적당한 점도일 것

ㄴ 인화점이 높고 발화점이 낮을 것(착화 지연 기간 단축)

ㄷ 내폭성 및 내한성이 클 것

ㄹ 불순물이 없을 것

ㅁ 카본 생성이 적을 것

ㅂ 온도에 따른 점도의 변화가 적을 것

ㅅ 유해성분이 적을 것

ㅇ 발열량이 클 것

ㅈ 적당한 윤활성이 있을 것

※ 본 문제의 정답은 ②, ③, ④항이 중복정답이 될 수 있으나, 문제의도 상 디젤 연료(경유) 에서 가장 중요한 것은 보기의 내폭성, 점도보다 ②항 '발열량이 클 것'이 디젤 연료에서 가장 중요한 요소일 것이다.

6. 현가장치의 종류 중 일체차축 현가방식의 특징으로 올바른 설명은?

① 스프링 밑 질량이 작다.   ② 앞바퀴 시미 현상이 적다.

③ 선회 시 차체 기울기가 작다.   ④ 스프링 정수가 적은 것을 사용한다.

> **해설** 일체차축 현가방식이 특징
> ㉠ 부품수가 적고 구조가 간단하다.
> ㉡ 선회 시 차체의 기울기가 작다.
> ㉢ 스프링 정수가 커야 한다.
> ㉣ 스프링 밑 질량이 커 로드 홀딩이 좋지 못하고 승차감이 나쁘다.
> ㉤ 앞바퀴에 시미 현상이 일어나기 쉽다.

7. 압축비 증가에 따른 기관에 미치는 영향으로 옳은 설명은?

① 압축비 증가에 따라 출력은 증가하고, 연료소비율은 감소한다.

② 압축비 증가에 따라 출력은 감소하고, 연료소비율은 증가한다.

③ 압축비 증가에 따라 출력과 연료소비율은 동시에 증가한다.

④ 압축비 증가에 따라 출력과 연료소비율은 동시에 감소한다.

> **해설** 압축비가 기관성능에 미치는 영향
> 기관의 압축비를 증가시키면 평균 유효압력이 증가하여 열효율이 향상됨과 동시에 연료소비율이 감소하게 된다. 그러나 압축비 증가와 더불어 기계 손실도 증대되고 노킹 발생의 우려가 있어 기관의 최대 압축비는 연료 성질에 따라 제한하게 된다.

8. ABS에서 ECU 신호에 의하여 각 휠 실린더에 작용하는 유압을 조절해주는 장치로 옳은 것은?

① 셀렉트 로   ② 모듈레이터

③ 페일 세이프 밸브   ④ 프로포셔닝 밸브

> **해설** 하이드롤릭 컨트롤 유닛(HCU : Hydraulic Control Unit, 유압 조정기 또는 모듈레이터)
> 모듈레이터(modulator)라고도 하며, 마스터 실린더에서 발생된 유압을 받아 ECU의 제어 신호에 의해 각 휠 실린더에 작용하는 유압을 조절한다.
> ▶ 셀렉트 로(select low) 제어
> 제동할 때 좌우 바퀴의 감속비를 비교하여 먼저 슬립하는 바퀴에 맞추어 좌우 바퀴의 유압을 동시에 제어하는 방법

9. 다음 중 피스톤 링에 대한 설명으로 옳지 않은 것은?

① 압축 링은 피스톤 윗부분에 설치한다.

② 오일 링은 기밀 유지가 주목적이다.

③ 오일 링은 실린더 벽에 남은 오일을 긁어내린다.

④ 피스톤 링의 재질은 일반적으로 특수주철을 사용한다.

해설 피스톤 링

    (1) 압축 링

        ㉠ 기밀 유지(밀봉작용)

        ㉡ 열전도 작용(냉각작용) 및 일부 오일 제어작용

    (2) 오일 링 : 오일 제어작용(오일 긁어내리기 작용)

---

10. 다음 중 점화플러그의 성능을 결정하는 데 가장 중요한 요소는?

    ① 점화플러그의 열방산 정도

    ② 점화플러그의 방전 전압

    ③ 점화플러그의 절연도

    ④ 점화플러그의 저항

해설 열값(열가)

    열값(열가)은 점화플러그의 열방산 정도를 수치로 나타낸 것으로, 자기 청정 온도(최적 : 약 450~600℃)를 유지하기 위함이다. 또한 점화플러그의 열방산 정도(열값 또는 열가)에 따라 점화플러그의 성능이 결정된다.

---

11. 스프링 아래 질량의 진동 중 휠 홉에 대한 설명으로 옳은 것은?

    ① 차축이 Z축 방향으로 상하 평행운동하는 진동이다.

    ② 차체가 Z축 방향과 평행운동을 하는 고유 진동이다.

    ③ 차축이 X축을 중심으로 하여 회전운동을 하는 진동이다.

    ④ 차체가 X축을 중심으로 하여 회전운동을 하는 고유 진동이다.

해설 스프링 아래 질량의 진동

    ㉠ 휠 홉(wheel hop) : 차축이 Z방향의 상하 평행운동을 하는 진동, 즉 수직 방향의 진동

    ㉡ 휠 트램프(wheel tramp) : 차축이 X축을 중심으로 하여 회전운동을 하는 진동, 즉 좌우 방향의 회전 진동

    ㉢ 윈드업(wind up) : 차축이 Y축을 중심으로 회전운동을 하는 진동, 즉 앞뒤 방향의 회전 진동

---

12. 다음 중 앞바퀴 정렬요소인 캐스터의 기능으로 잘못된 설명은?

    ① 주행 중 조향바퀴에 방향성을 부여한다.

    ② 조향하였을 때 직진 방향으로 복원력을 준다.

    ③ 타이어의 마멸을 감소시킨다.

    ④ 조향 핸들의 조작력을 가볍게 한다.

해설 캐스터

    (1) 정의 : 앞바퀴를 옆에서 보았을 때 킹핀의 수선에 대해 이룬 각

    (2) 기능 : 직진성, 복원성 부여

    ※ 조향 핸들의 조작력을 감소시키는 특징은 캠버와 킹핀 경사각의 기능이다.

13. 다음 중 내연기관 기계효율의 향상 방법으로 틀린 것은?

① 미끄럼 운동 부분의 무게를 줄인다.

② 실린더 수를 증가시킨다.

③ 커넥팅로드 길이를 짧게 한다.

④ 배기가스 압력을 감소시키다.

해설 내연기관의 기계효율을 향상시키는 방법

　　㉠ 미끄럼 운동 부분의 무게를 줄인다.

　　㉡ 실린더 수를 증가시킨다.

　　㉢ 커넥팅로드 길이를 길게 한다.

　　㉣ 배기가스 압력을 감소시킨다.

이외에 평면 베어링을 사용하여 압력 분산, 마찰계수가 작은 금속 사용, 미끄럼 운동면의 가공 정도를 높여 저항을 감소시키는 방법과 점화시기 진각 및 피스톤 핀을 편심(off-set)시키는 방법 등이 있다.

1. 도난을 방지할 목적으로 적용되는 것이며, 도난 상황에서 시동이 걸리지 않도록 제어하여 시동은 반드시 암호코드가 일치할 경우에만 시동이 가능하도록 한 도난 방지 장치는?

① 도난 경보 장치(Burglar alarm)

② 에탁스(ETACS)

③ 이모빌라이저(Immobilizer)

④ 인플레이터(Inflator)

해설 이모빌라이저(Immobilizer) 시스템

트랜스폰더(송신기와 응답기) 키 방식으로 차량의 도난을 방지할 목적으로 적용되는 것이며, 도난 상황에서 시동이 걸리지 않도록 제어한다. 또한 엔진 시동은 반드시 암호 코드가 일치할 경우(사전 차량에 등록된 키)에만 시동이 가능하도록 한 도난 방지 장치이다.

2. 기관의 실린더 헤드볼트를 규정 토크로 조이지 않았을 경우에 발생되는 현상과 거리가 먼 것은?

① 피스톤 헤드 균열　　　　　② 실린더 벽 변형

③ 압축압력 저하　　　　　　④ 냉각수 및 엔진오일 누출

해설 헤드볼트를 규정값으로 조이지 않았을 때 발생되는 현상

헤드볼트를 규정값으로 조이지 않으면 실린더 벽 변형, 냉각수 및 기관오일 누출(냉각수 및 엔진오일이 실린더에 유입 또는 엔진오일이 냉각수와 섞일 수 있음), 가스블로바이가 발생하여 압축압력이 낮아진다.

3. 교류 발전기에서 충전 전류 측정에 있어 맞는 설명은?

① 배터리 보충전이 필요한 경우 급속충전 후 측정한다.

② 메인 듀티 솔레노이드에서 비율이 40~60%가 출력되어야 한다.

③ 엔진 회전수를 약 2,500rpm에 고정시키고 전조등 ON, 히터 블로어 스위치를 High, 열선 ON 등 발전기 최대 전류출력 상태를 측정한다.

④ 액셀 페달을 최대한 밟아 최대출력을 만든 상태에서 측정한다. 단, 5초 이내에 시험을 끝낸다.

해설 교류 발전기 출력 전류 시험

(1) 준비작업
  ㉠ 차량에 장착된 축전지가 정상인가 확인한다.
  ㉡ 키(Key) 스위치를 OFF한다.
  ㉢ 축전지의 ⊖케이블을 분리한다.
  ㉣ 발전기 B단자에서 출력배선을 분리한다.
  ㉤ 전류계와 전압계를 연결한다.

(2) 출력 전류 시험
  ㉠ 전압계가 축전지 전압과 동일한지 확인한다.
  ㉡ 전조등 ON, 히터 블로어 스위치를 High, 열선 ON 등 모든 전기장치에 전기부하를 최대로 준다.
    ※ 완전충전된 축전지에서 측정값을 정확히 알기 위하여 방전시킨다.
  ㉢ 엔진의 시동을 걸고, 엔진 회전수를 2,000~2,500rpm으로 증가시켜 전류계와 전압계의 눈금을 판독한다.
    ※ 엔진 시동 후 충전 전류가 떨어지므로 시험은 빠르게 진행한다.
  ㉣ 측정 후 모든 상태를 원위치시킨다.

(3) 결과판정 : 출력전류가 규정값(정격전류의 70% 이상)이면 정상이다.
    ※ 정격출력 전류값은 발전기 보디에 명시되어 있다.

4. **ABS가 설치된 차량에서 휠 스피드 센서의 설명으로 맞는 것은?**

① 휠의 회전속도를 검출하여 바퀴의 록업을 감지한다.
② ABS 제어를 위해 톤휠의 신호를 ECU로 보내어 이 신호만으로 슬립률을 연산한다.
③ 톤휠의 회전에 의해 검출된 신호를 바탕으로 슬립률을 '0'으로 제어한다.
④ 센서 종류는 패시브 센서 방식, 액티브 센서 방식, 옵티컬 방식, 이렇게 3종류로 구분된다.

해설 휠 속도 센서(wheel speed sensor)

  ㉠ 휠의 회전속도를 검출하여 바퀴의 록업을 감지한다.
  ㉡ 슬립률을 연산하기 위해 휠 스피드 센서의 신호(바퀴의 주파수)를 이용하여 바퀴의 회전 상태를 검출하여 ECU로 보낸다.
  ※ 참고 : 슬립률의 산출에는 차체의 속도와 차륜의 속도가 필요한데, 차체 속도 검출은 쉽지 않다. 그래서 일반적으로 복수 이상의 차륜속도(휠 스피드 센서)로부터 차체의 속도를 추정 연산하는 방법을 쓰고 있다.
  ㉢ 휠 스피드 센서에 의해 검출된 신호를 바탕으로 슬립률을 10~30% 범위에서 제어한다.
  ㉣ 센서의 종류에는 액티브 센서(홀 센서) 방식, 패시브(마그네틱 픽업 코일) 방식, 크게 두 가지가 있다.

5. **자동차의 진동 현상에 대해서 바르게 설명한 것은?**

① 롤링 : 차체의 앞뒤 흔들림   ② 피칭 : 차체의 좌우 흔들림
③ 바운싱 : 차체의 상하운동   ④ 요잉 : 차체의 비틀림 진동하는 현상

해설 스프링 위 질량의 진동

 ㉠ 롤링(Rolling) : 차체가 X축을 중심으로 하여 회전운동을 하는 고유 진동, 즉 좌우 방향의 회전 진동

 ㉡ 피칭(Pitching) : 차체가 Y축을 중심으로 하여 회전운동을 하는 고유 진동, 즉 앞뒤 방향의 회전 진동

 ㉢ 바운싱(Bouncing) : 차체가 Z축 방향과 평행운동을 하는 고유 진동, 즉 차체의 상하운동

 ㉣ 요잉(Yawing) : 차체가 Z축을 중심으로 하여 회전운동을 하는 고유 진동, 즉 좌우 옆방향의 회전 진동

6. 다음은 전조등 조명에 관련한 용어의 정의이다. 아래 ( ) 안에 들어갈 단어를 바르게 나열한 것은?

> (㉠)은(는) 광원으로부터 단위입체각에 방사되는 빛의 에너지로서 빛의 다발을 말하며, (㉡)의 단위는 루멘(lm)이고 (㉢)가(이) 많이 나오는 광원은 밝다고 한다.

① ㉠ 광속, ㉡ 조도, ㉢ 광속   ② ㉠ 조도, ㉡ 광속, ㉢ 광속

③ ㉠ 광속, ㉡ 광속, ㉢ 조도   ④ ㉠ 광속, ㉡ 광속, ㉢ 광속

해설 광속(light velocity, 光速)

 • 광원에 의해 초당 방출되는 빛의 전체 양

 • 인간의 눈의 스펙트럼 민감도에 가중되는 초당 광원에 의해 방사되는 에너지

 • 광원으로부터 나오는 모든 빛(가시광)의 총량

 • 기호 f, 단위는 루멘(lm)

7. 자동 변속기의 구성요소 중 변속비를 결정하는 부품은 무엇인가?

① 유성 기어

② 토크컨버터

③ 댐퍼 클러치

④ 싱크로메시 기구

해설 유성 기어 장치

 선 기어, 유성 기어, 유성 기어 캐리어, 링 기어 등의 기어와 기어의 제어를 위한 다판 클러치, 브레이크 밴드 등으로 구성되어 있으며, 기어물림을 바꾸지 않고 원활한 변속을 할 수 있다. 또한 자동 변속기에서 변속비는 이 유성 기어의 조합에 의해 결정된다.

8. 에탁스(ETACS)의 기능을 수행하는 데 필요 없는 요소는?

① 차속 센서   ② 차고 센서

③ 안전벨트 스위치   ④ 도어 스위치

해설 에탁스(ETACS)의 제어 항목
- 와셔 연동 와이퍼 제어
- 간헐 와이퍼 및 차속감응 와이퍼 제어
- 점화스위치 키 구멍 조명 제어
- 파워윈도 타이머 제어
- 안전벨트 경고등 타이머 제어
- 점화스위치(키) 회수 제어
- 열선 타이머 제어(사이드미러 및 앞유리 성에 제거 포함)
- 미등 자동소등 제어
- 감광방식 실내등 제어
- 도어 잠금해제 경고 제어
- 자동 도어 잠금 제어
- 중앙 집중 방식 도어 잠금장치 제어
- 도난 경계 경보 제어
- 점화스위치를 탈거할 때 도어 잠금(lock) · 잠금해제(un lock) 제어
- 충돌을 검출하였을 때 도어 잠금 · 잠금해제 제어

9. 연소실 체적 50cc, 행정체적 402cc인 6실린더 기관의 총배기량은?

① 2,412cc
② 2,712cc
③ 2,112cc
④ 1,608cc

해설 배기량(V)=행정체적(cc)이다. 문제에 행정체적(배기량) 402cc가 주어졌으므로 6실린더, 즉 6기
통이므로 총배기량은 1실린더(기통) 배기량 402cc×6=2,412cc이다.
∴ 총배기량 2,412cc

10. 차량이 운행 중 사고로 에어백이 터지거나 또는 일정 수준 이상의 충격 발생 시
작동 신호를 보내어 안전벨트 효과를 더욱 극대화 시켜주는 것은?

① 프리세이프 안전벨트
② 프리텐셔너
③ 로드 리미터
④ 무릎 안전벨트

해설 안전벨트 장치 관련 용어 정의
ⓐ 프리세이프 안전벨트(PSB : Pre-Safe Seat Belt) : 프리세이프 안전벨트는 국산 · 수입고급
차에 종종 적용되는 기술이다. 이 기술은 사고 등으로 차량에 충격이 주어졌을 때가 아닌
급제동, 차량 미끄러짐 등을 차량이 감지하여 실제 충격이 주어지기 전에 안전벨트를 잡
아당기는 기술로 상황이 생기기 전에 탑승자를 보호하는 게 주목적이다.
ⓑ 프리텐셔너(Pre-tensioner) : 프리텐셔너는 일정 수준 이상의 충격이 감지되었을 때 차량이
작동 신호를 보내 안전벨트를 순간적으로 되감아 탑승자가 앞쪽으로 이동되는 거리를 줄이는
장치이다. 한 마디로 안전벨트의 안 풀리는 효과에 더 감아주는 효과를 더하는 장치이다.
ⓒ 로드 리미터(Load limiter) : 안전벨트(프리텐셔너)가 제대로 작동해서 탑승자를 꽉 묶고 되
감아서 더 묶을 때 너무 강한 힘이 가해지면 오히려 더 다치기 때문에 일정 수준 이상의
하중이 안전벨트에 주어지면 일정 길이만큼 안전벨트를 풀어주는 장치이다.
ⓓ 무릎 안전벨트(knee support safety belt) : 비행기 사고를 대비한 항공기용 안전벨트의 한
종류이다.

11. 다음 중 천연가스의 설명으로 틀린 것은 어느 것인가?

① 옥탄가는 130 정도로 가솔린보다 노크 방지성이 우수하다.

② 화염 전파 속도가 느린 반면, 자기 착화 온도가 다른 연료보다 높다.

③ 천연가스의 종류는 저장 방법에 따라 LNG, CNG, ANG로 나뉜다.

④ CNG 기관은 가스 상태의 연료를 공급하기 때문에 열교환 기구가 불필요하다.

해설 CNG 기관 가스 열교환기(heat exchanger)

CNG 기관의 가스 열교환기는 가스압력 조정기와 가스온도 조절기 사이 프레임 상단에 설치되어 있다. 가스탱크에 압축된 가스는 가스압력 조정기를 통과하면서 압력이 팽창하여 가스온도가 내려가므로 이를 데워주기 위해 엔진 냉각수가 순환하여 가스온도 저하 및 동파 방지를 위하여 상대적으로 따뜻한 냉각수를 공급하여 가스의 온도를 상승시키는 역할을 한다. 정확한 연료량 제어를 위하여 적정한 가스온도(−40~45℃)로 유지하는 기능을 하는 것이다. 가스의 온도가 과냉 또는 과열되면 연료 유동 상태가 나빠진다.

[CNG 기관 가스 열교환기]

12. 전기자동차의 설명으로 맞는 것은?

① 출발 시 무거운 축전지 무게 때문에 가솔린차보다 구름저항이 크다.

② 일반 내연기관 자동차보다 에너지 효율이 좋지 못하다.

③ 1회 충전 시 무제한 사용이 가능하다.

④ 운전조작이 어렵고 복잡하다.

해설 전기자동차의 장단점

(1) 장점
    ㉠ 무공해 또는 저공해이며 초저소음
    ㉡ 운전 및 유지보수 용이
    ㉢ 수송에너지 다변화 가능
    ㉣ 충전부하로 수요 창출(심야전력 이용)
    ㉤ 에너지 효율이 높고, 에너지 절약이 가능
    ㉥ 조작이 간단하고, 시동이 외부 온도의 영향을 받지 않음
    ㉦ 진동이 없고 내구성이 큼

(2) 단점
    ㉠ 주행성능이 나쁨(가속성능, 등판능력. 최고속도 등)
    ㉡ 1회 충전 주행거리가 짧음
    ㉢ 고가(소규모 시험생산 3배 정도)
    ㉣ 전기자동차 사용여건 미비(법령, 인프라 등)
    ㉤ 배터리 에너지 밀도가 낮아 장거리 주행을 위해서는 배터리 무게를 증가시켜야 함

ⓑ 배터리 무게가 많이 나가 일반 내연기관 자동차보다 출발 시 구름저항이 다소 크게 나타남

ⓐ 배터리 출력밀도가 낮아 서행운전이 됨

ⓞ 운전 방법이나 기후에 따라 충전능력이 변화됨

13. 오토 에어컨(전자동 에어컨)에서 필요하지 않은 요소는?

① 일사량 센서

② 외기 온도 센서

③ 대기압 센서

④ 실내 온도 센서

해설 오토 에어컨(전자동 에어컨) 입·출력 구성도

입력 부분	제어 부분	출력 부분
• 실내 온도 센서 • 외기 온도 센서 • 일사량 센서 • 핀서모 센서 • 수온 센서 • 온도 제어 액추에이터 • 위치 센서 • AQS 센서 • 스위치 입력 • 전원공급	FATC 컴퓨터	• 온도 제어 액추에이터 • 풍량 제어 액추에이터 • 내외기 제어 액추에이터 • 파워 트랜지스터 • HT 송풍기 릴레이 • 에어컨 출력 • 제어 패널 화면 디스플레이 • 센서 전원 • 자기 진단 출력

14. 오토라이트 시스템에서 사용되는 센서는?

① 포토 다이오드

② 발광 다이오드

③ 제너 다이오드

④ 사이리스터

해설 오토라이트 시스템

오토라이트 시스템은 램프의 점등. 소등 또한 빔의 변환을 자동적으로 행하는 시스템이다. 포토 다이오드 등 광센서를 이용하여 날씨가 어두워질 때 미등(tail lamp)이, 야간 또는 터널에 진입하였을 경우 헤드램프(head lamp)가 자동점등된다. 빔의 변환은 대향(對向)차량의 헤드램프를 감지하고 행한다. 또한 전구 라이트 장치의 감시작용도 한다.

15. 다음 중 파워스티어링의 구성요소가 아닌 것은?

① 볼륨 캐니스터

② 유체냉각기

③ 릴리프 밸브

④ 피트먼 샤프트

해설 파워스티어링 장치(동력 조향 장치)

기계적 장치로는 피트먼 암, 센터링크, 타이로드, 섹터축(피트먼 샤프트), 오일쿨러(파워오일냉각기), 너클 암 등으로 구성되며, 주요 핵심 3주요부는 아래와 같다.

ㄱ 작동부 : 파워실린더

ㄴ 제어부 : 제어 밸브, 안전 체크밸브

ㄷ 동력부 : 오일펌프, 압력 조절 밸브(릴리프 밸브), 유량 제어 밸브

16. ABS(Anti Skid Brake System) 점검 시 내용으로 맞는 것은?

① 먼저 육안으로 시스템을 전반적으로 검사한다.

② 키 ON 후 모듈레이터 작동음을 들어본다.

③ 경고등이 들어오면 먼저 오류 코드를 삭제한다.

④ 진단기를 이용하여 ABS 모터를 강제구동하여 작동 여부를 점검할 수 있다.

해설 ABS 초기 점검사항

ABS(Anti Skid Brake System) 시스템 초기 점검은 키 ON 후 모듈레이터 작동음을 들어보아 모터펌프의 소리와 솔레노이드의 딸깍거림 등을 들어본다.

17. 유압식 클러치에서 클러치 차단 불량의 원인이 아닌 것은?

① 릴리스 실린더 고장　　　　② 마스터 실린더 고장

③ 오일라인에 공기침입　　　　④ 클러치 유격이 없을 때

해설 클러치 차단 불량 원인

㉠ 클러치 페달의 자유 유격이 너무 클 때

㉡ 릴리스 베어링 및 릴리스 포크의 소손 및 파손

㉢ 클러치판의 런아웃 과다

㉣ 오일라인에 공기의 혼입 또는 오일 누출

㉤ 클러치판이 흔들리거나 비틀림

㉥ 마스터 실린더 및 릴리스 실린더 소손

※ 클러치 유격이 없을 때는 클러치 미끄러짐의 원인이다.

1. 자동차에 적용된 CAN 통신장치의 특징으로 옳지 않은 것은?

① 배선경량 가능
② 사용 커넥터 및 접속점 증가
③ 설계변경 대응 쉬움
④ 전장부품설치 확보 용이

해설 자동차에 적용된 CAN 통신장치 특징
ㄱ 배선경량 가능
ㄴ 설계변경 대응 쉬움
ㄷ 전장부품설치 확보 용이
이외에 경제적이며 안정적인 네트워크를 제공, 자동차의 전체 비용 및 중량 감소, 시스템 신뢰성 향상, 진단 장비를 이용한 자동차 정비 가능 등의 장점이 있다.

2. 다음 중 엔진 연소실에서 동력을 발생시키는 운동방식이 다른 엔진은?

① 가솔린
② 디젤
③ CNG
④ 로터리

해설 운동방식에 따른 내연기관의 분류
ㄱ 피스톤형 : 피스톤형은 작동유체의 폭발압력을 피스톤의 직선왕복운동으로 받아서 크랭크축에 회전력을 발생시키는 형식이다. 가솔린 엔진, 디젤 엔진, LPG(LPI), CNG 등이 여기에 속한다.
ㄴ 회전운동형(유동형) : 회전운동형은 작동유체의 폭발압력을 임펠러에서 받아 축으로 전달하는 방식이다. 로터리 엔진, 가스 터빈 등이 여기에 속한다.
ㄷ 분사추진형 : 분사추진형은 작동유체의 폭발압력을 일정한 방향으로 엔진의 외부로 분출시켜 그 반동력을 동력으로 이용하는 형식이다. 제트 엔진, 로켓 엔진 등이 여기에 속한다.

3. 급제동 시 Nose-Down 및 급선회 시 원심력에 의한 차량 기울어짐을 방지하여 노면으로부터의 차량높이를 조정하는 시스템은?

① ECS(Electronic Controlled Suspension)
② EPS(Electronic Power Steering)
③ 4WD(4Wheel Drive)
④ E-EGR(Electric-Exhaust Gas Recirculation)

해설 전자제어 현가장치(ECS : Electronic Control Suspension)
노면 상태와 운전조건에 따라 차체높이를 변화시켜 주행 안전성과 승차감을 동시에 확보하기 위한 장치이다.

4. Common Rail Direct Injection System으로 옳지 않은 것은?

① 초고압 연료분사

② Multi-Injection 가능

③ ECU 제어

④ Turbo Charger와 Intercooler 적용

해설 Common Rail Direct Injection System(CRDI, 초고압 직접분사실식 엔진)의 특징

㉠ 초고압 연료분사

㉡ Multi-Injection 가능

㉢ ECU 제어

이외에 출력과 연비 향상, 강화된 배기가스 규제 만족, 저소음·저공해 구현 등의 특징을 가지고 있다.

④항 Turbo Charger와 Intercooler 적용은 CRDI만이 갖는 독립적인 특징은 아니다.

5. 뒷바퀴 구동방식의 차량에서 바퀴를 빼지 않고도 차축을 빼낼 수 있는 방식은?

① 전부동식

② 반부동식

③ 3/4부동식

④ 1/2부동식

해설 차축 지지 방식

액슬축(차축)의 지지방식에는 3/4부동식, 반부동식, 전부동식 등이 있다. 이중 전부동식은 차량의 하중을 하우징이 모두 받고, 차축은 동력만을 전달하는 차축형식으로 바퀴를 떼어내지 않고도 차축을 뺄 수 있다.

6. 하이브리드 자동차(HEV)의 엔진과 모터 연결방식에 따른 분류에서 엔진이 바퀴를 구동하기 위한 것이 아니라 발전기가 연결되어 배터리를 충전하는 방식은?

① 직렬형 HEV   ② 병렬형 HEV

③ 소프트타입 HEV   ④ 하드타입 HEV

해설 하이브리드 자동차(HEV)의 분류

(1) 직렬형(series type) 하이브리드 : 엔진은 발전 전용이고, 주행은 모터만을 사용하는 방식

(2) 병렬형(parallel type) 하이브리드 : 엔진과 모터를 병용하여 주행하는 방식

㉠ 발진 때나 저속으로 달릴 때는 모터로 주행

㉡ 어느 일정 속도만 되면 금속 벨트 방식의 무단 변속기를 써서 효율이 가장 좋은 조건에서는 엔진 주행

(3) 직병렬형(series-parallel type) 하이브리드 : 직병렬 하이브리드 시스템은 양 시스템의 특징을 결합한 형식

㉠ 발진 때나 저속으로 달릴 때 : 모터만으로 달리는 직렬형 적용

㉡ 어느 일정 속도 이상으로 달릴 때 : 엔진과 모터를 병용해서 주행하는 병렬형 기능을 발휘

7. 다음 중 기관작동 중 피스톤 열팽창을 고려하는 피스톤 간극이 규정보다 작을 경우
발생하는 현상으로 옳은 것은?

① 블로바이(blow-by) 가스 증가

② 피스톤 슬랩(piston slap) 발생 및 소음 증가

③ 압축 · 압력 저하

④ 피스톤과 실린더의 소결 발생

> **해설** 피스톤 간극이 클 때와 작을 때 영향
> (1) 피스톤 간극이 작을 때
> ㉠ 마찰, 마모 증가
> ㉡ 피스톤과 실린더의 소결(고착) 발생
> ※ 소결(고착 · 융착, stick) : 피스톤이 작동 중 열에 의하여 실린더에 타 붙는 현상
> (2) 피스톤 간극이 클 때
> ㉠ 압축 · 압력 저하로 출력 감소
> ㉡ 연소실 오일 침입
> ㉢ 오일 희석
> ㉣ 오일, 연료소비량 증대
> ㉤ 피스톤 슬랩 현상 발생

8. 자동차 냉방장치에서 교축작용을 통하여 에어컨 냉매의 유동량을 조절하는 기능을
하는 장치는?

① 응축기   ② 증발기

③ 리시버 드라이어   ④ 팽창 밸브

> **해설** 팽창 밸브의 역할
> ㉠ 고압의 냉매를 저압분무(스프레이 상태 : 교축작용) 상의 냉매로 만들어 증발기로 보낸다
> (즉, 액체냉매를 저압으로 감압).
> ㉡ 공급되는 액체냉매의 양을 자동적으로 조절한다.

9. 스마트버튼 차량에서 운전자가 브레이크 페달을 밟지 않고 시동 버튼을 누를 때
순서로 옳은 것은? (단, 변속 레버 'P' 위치)

① OFF → ACC → ON → STAR

② OFF → ACC → ON → OFF

③ ACC → ON → START → ON

④ ACC → ON → START → OFF

> **해설** 스마트버튼 차량에서 운전자가 브레이크 페달을 밟지 않은 상태에서 시동 버튼을 누르면 시
> 동 버튼은 「OFF」→「ACC」→「ON」→「OFF」 상태로 반복적으로 전환될 뿐 시동은 걸리지
> 않는다.

10. 기관의 성능곡선도에서 일반적으로 표시되는 항목으로 적당하지 않은 것은?

① 체적효율　　　　　　　② 토크

③ 연료소비율　　　　　　④ 출력

해설 엔진성능곡선

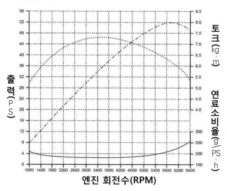

엔진이 모든 부하를 건 상태에서의 토크, 마력, 1시간당의 연료소비율을 회전수에 대해서 나타낸 그림(위 그림 예시)으로, 엔진출력곡선이라고도 한다.

11. 다음 에어백 구성요소 중 조향 핸들과 조향 칼럼 사이에 설치되며, 에어백 컴퓨터와 에어백 모듈을 접속해주는 부품은?

① 로드리미터　　　　　　② 프리텐셔너

③ 클럭 스프링　　　　　　④ 안전 센서

해설 클럭 스프링(clock spring)

클럭 스프링은 조향 핸들과 스티어링 칼럼 사이에 장착되며, ACU(Air Bag Control Unit, 에어백 ECU)와 모듈 사이 배선을 접속하는 장치이다.

서울시 기출문제 (2016. 06. 25. 시행)

1. 자동차의 제원 중 하나인 윤거(wheel tread)에 대한 설명으로 옳은 것은?

① 접지면에서 자동차의 가장 높은 부분까지의 거리

② 좌우 타이어의 접촉면의 중심에서 중심까지의 거리

③ 부속품을 포함한 자동차의 좌우 최대너비

④ 앞·뒤차축 중심에서의 수평거리

해설 윤거(wheel tread)

　　좌우 타이어가 지면을 접촉하는 지점에서 좌우 두 개의 타이어 중심선 사이의 거리이다.

2. 다음 중 피스톤 링(piston ring)에 대한 설명으로 옳지 않은 것은?

① 연소실 내에서 연소에 의해 받은 열을 실린더 벽으로 전도한다.

② 실린더 벽의 윤활유를 긁어내려 연소실로 흡입되는 것을 방지한다.

③ 피스톤과 커넥팅로드를 연결해준다.

④ 보통 압축 링과 오일 링으로 구성되어 있다.

해설 피스톤 링

　　(1) 압축 링
　　　　㉠ 기밀 유지(밀봉작용)
　　　　㉡ 열전도 작용(냉각작용) 및 일부 오일 제어작용
　　(2) 오일 링 : 오일 제어작용(오일 긁어내리기 작용)

3. 점화플러그가 갖추어야 할 조건으로 옳지 않은 것은?

① 열의 발산(방산)이 느릴 것　　　　② 기계적 충격에 잘 견딜 것

③ 기밀 유지가 가능할 것　　　　　　④ 열적 충격 및 고온에 견딜 것

해설 점화플러그의 구비조건

　　㉠ 급격한 온도 변화에 견딜 것
　　㉡ 고온 고압에서 기밀을 유지할 것
　　㉢ 고전압에서 충분한 절연도일 것
　　㉣ 충분한 내구성일 것
　　㉤ 내식성이 클 것
　　㉥ 기계적·열적 충격 및 고온에 견디는 충분한 강도일 것
　　㉦ 방열성이 클 것(＝열전도성이 클 것)
　　㉧ 불꽃 방전성능이 우수하고 전극의 소모가 적을 것

4. 자동차 배터리에서 황산과 납의 화학작용이 심화되어 영구적인 황산납으로 변하는 현상을 무엇이라 하는가?

① 디아이싱 현상(deicing)　　　　② 베이퍼 록 현상(vapor lock)

③ 설페이션 현상(sulfation)　　　　④ 퍼콜레이션 현상(percolation)

해설 설페이션 현상(유화 현상)
　(1) 설페이션 현상 : 축전지의 방전 상태가 일정 한도 이상 오랫동안 진행되어 극판이 결정화되어 영구황산납이 되는 현상
　(2) 설페이션 현상의 원인
　　㉠ 과방전
　　㉡ 극판의 작용물질 탈락
　　㉢ 전해액 양의 부족
　　㉣ 내부 단락
　　㉤ 장시간 방전 상태로 방치

5. 자동차 교류 발전기에서 교류를 직류로 바꾸어주는 부품은 무엇인가?

① 트랜지스터　　　　　　　② 저항

③ 서미스터　　　　　　　　④ 다이오드

해설 교류(AC) 발전기의 구성
　㉠ 스테이터(DC 발전기 '전기자 코일'에 해당) : 고정자 → 교류 발생
　㉡ 로터(DC 발전기 '계자 철심'에 해당) : 회전자 → 전자석이 됨
　㉢ 실리콘 다이오드(DC 발전기 '정류자와 브러시'에 해당) : 교류를 직류로 정류

6. 자동 변속기의 토크컨버터에 대한 설명으로 옳지 않은 것은?

① 발진이 쉽고 주행 시 변속 조작이 필요 없다.

② 엔진의 동력을 싱크로메시를 통해 전달한다.

③ 저속 토크가 크다.

④ 진동이나 충격이 적다.

해설 싱크로메시 기구
　수동 변속기 동기물림식에 사용되는 장치로 변속기의 서로 다른 기어의 속도를 동기화시켜 치합이 부드럽게 이루어지도록 하는 역할을 담당하는 장치이다.

7. 일체차축식에서 뒤차축과 차축 하우징과의 하중 지지방식으로 옳지 않은 것은?

① 부동식　　　　　　　　　② 전부동식

③ 반부동식　　　　　　　　④ 3/4부동식

해설 뒷바퀴 구동(FR)방식의 뒤차축 지지방식
   (1) 전부동식
       ㉠ 액슬축은 구동만하고, 하중은 모두 액슬 하우징이 지지하는 형식
       ㉡ 허브 베어링으로 테이퍼 롤러 베어링 2개 사용
       ㉢ 바퀴를 떼어내지 않아도 액슬축 분리 가능
       ㉣ 대형차에서 사용
   (2) 1/2부동식(반부동식)
       ㉠ 액슬축이 윤하중의 1/2 지지하고, 액슬 하우징이 1/2 지지하는 형식
       ㉡ 허브 베어링으로 볼 베어링 1개 사용
       ㉢ 내부 고정장치를 풀어야 액슬축 분리 가능
       ㉣ 소형차에 사용
   (3) 3/4부동식
       ㉠ 액슬축이 윤하중의 1/4 지지하고, 액슬 하우징이 3/4 지지하는 형식
       ㉡ 허브 베어링으로 롤러 베어링 1개 사용
       ㉢ 바퀴만 떼어내면 액슬축 분리 가능
       ㉣ 중형차에 사용

8. 다음 중 속업소버(shock absorber)의 기능으로 옳은 것은?

① 차량선회 시 롤링(rolling)을 감소시켜 차체의 평형을 유지시켜 준다.

② 스프링의 잔진동을 흡수하여 승차감을 향상시킨다.

③ 폭발행정에서 얻은 에너지를 흡수하여 일시저장하는 역할을 한다.

④ 기관작동에 알맞게 흡·배기 밸브를 열고 닫아준다.

해설 속업소버의 기능
       ㉠ 노면의 충격으로 발생된 스프링의 자유 진동을 흡수
       ㉡ 스프링의 피로를 감소
       ㉢ 승차감 향상
       ㉣ 로드 홀딩 향상
       ㉤ 스프링 상하 운동에너지를 열에너지로 변환

9. 다음 중 토인(toe-in)에 대한 설명으로 옳은 것은?

① 앞에서 볼 때 앞바퀴 중심선과 노면의 수직선이 이루는 각

② 옆에서 볼 때 앞바퀴의 조향축이 뒤로 기울어진 각

③ 차량(타이어)의 진행 방향과 바퀴 중심선 사이의 각

④ 위에서 차륜을 보았을 때 앞쪽이 뒤쪽보다 좁게 되어 있는 상태

해설 토인(toe-in)
   (1) 정의 : 앞바퀴를 위에서 보았을 때 앞바퀴의 앞쪽이 뒤쪽보다 안으로 오므라진 것
   (2) 목적
       ㉠ 캠버에 의한 바퀴의 벌어짐 방지
       ㉡ 조향 링키지 마모에 의한 바퀴의 벌어짐(토아웃) 방지
       ㉢ 바퀴의 미끄러짐과 타이어의 마멸 방지

10. 흡입공기유량을 계측하는 공기 유량 센서 중에서 흡기관 내의 부압을 측정하여 공기량을 환산하는 방법으로 자연급기식 엔진에 많이 사용되는 것은?

① L제트로닉식(L jetronic type)

② 칼만 와류식(Karman vortex type)

③ D제트로닉식(D jetronic type)

④ 열선식(hot wire type)

해설 흡기다기관 절대압력 검출방식(MAP 센서 방식)

MAP 센서 방식은 D-Jetronic에서 사용하며, 흡입공기량과 흡기다기관 부압의 상관관계를 이용하여 공기량을 검출하는 방식이다.

1. 블로바이 가스를 제어하는 밸브로 맞는 것은?

① EGR　　　　　　　　　② PCV
③ PCSV　　　　　　　　　④ NCSV

해설 블로바이 가스 환원장치
　　　㉠ 블로바이 가스의 주성분인 HC(탄화수소)의 생산량을 감소시킴
　　　㉡ 크랭크케이스의 블로바이 가스를 흡기다기관으로 유입하여 연소
　　　㉢ PCV(Positive Crankcase Ventilation) 밸브 사용
　　　㉣ 공전 · 저속 시 PCV 밸브 이용, 고속 · 가속 시 블리더 파이프 이용

2. 수동 변속기의 종류가 아닌 것은?

① 섭동 기어식　　　　　　② 상시물림식
③ 동기물림식　　　　　　　④ 유성 기어식

해설 수동 변속기의 종류
　　　㉠ 섭동(활동) 기어식
　　　㉡ 상시물림식
　　　㉢ 동기물림식

3. 타이어 측면에 다음과 같이 표기되어 있다. 이 표기에서 타이어의 단면높이는 얼마인가?

205/60R 17 84H

① 123mm　　　　　　　　② 254mm
③ 341mm　　　　　　　　④ 352.9mm

해설 타이어의 치수 표기

$$편평비 = \frac{H(단면높이)}{W(단면폭)} \times 100$$

예 205/60R 17 84H
　　　• 205 : 타이어 단면폭(mm)
　　　• 60 : 편평비(%)
　　　• R : 레이디얼 타이어(타이어의 구조)
　　　• 17 : 타이어 내경 또는 림 직경(inch)
　　　• 84 : 하중지수(허용최대하중)
　　　• H : 속도기호(허용최고속도)

$$\therefore 60 = \frac{x}{205} \times 100, \ x = 123$$

4. 6기통 가솔린엔진의 점화순서가 1-2-5-6-4 -3이다. 제5실린더가 동력행정을 시작하려는 순간 6번 실린더는 어떤 행정을 하는가?

① 흡기행정   ② 압축행정

③ 폭발행정   ④ 배기행정

해설 점화순서에 의하여 실린더 행정 구하기(6기통)

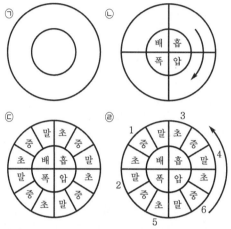

  ⓐ 두 개의 원을 그린다.
  ⓑ 두 개의 원을 4등분하고 안쪽에 행정을 시계 방향으로 적는다.
  ⓒ 각 행정을 3등분하고 시계 방향으로 초·중·말을 적는다.
  ⓓ 조건 실린더 번호를 해당 행정 위치에 기록하고, 반시계 방향으로 한 칸씩 건너서 점화순서를 적는다.
  ∴ 위 설명과 같이 계산한 결과 5실린더가 동력행정을 시작하려는 순간이라고 했으니, 이는 5번 실린더가 폭발 초라 판단하고 점화순서를 계산하면 6번 실린더는 압축중기에 위치하게 된다.

5. 자동차 배출가스 중 유해한 배출가스가 아닌 것은?

① CO_2 ② CO

③ HC   ④ NOx

해설 자동차 배출가스
  ⓐ 무해성 가스 : 이산화탄소(CO_2), 수증기(H_2O)
  ⓑ 유해성 가스 : 일산화탄소(CO), 탄화수소(HC), 질소화합물(NOx)

6. 디젤 엔진에 관한 설명 중 거리가 먼 것은?

① 연료의 옥탄가와 거리가 멀다.

② 압축비가 가솔린 엔진보다 높다.

③ 세탄가에 영향을 받지 않는다.

④ 점화플러그가 필요하지 않다.

> **해설** 디젤 엔진의 특징
> 디젤 기관은 연료의 특성상 공기만을 흡입한 후 높은 압축비로 가압하여 발생하는 압축열로 연료를 연소시킨다(압축착화). 또한 점화장치가 없으며, 연료를 분사할 수 있는 분사장치가 있다.
> ※ 세탄가(cetane number) : 디젤 연료의 착화성을 나타내는 정도로, 디젤 엔진은 세탄가가 높으면 착화가 양호해진다.

7. 기동 전동기의 부품이 아닌 것은?

① 정류자

② 전압 조정기

③ 솔레노이드 스위치

④ 구동 피니언

> **해설** 부품 용어 정의
> ㉠ 정류자 : 브러시와 접촉하여 전기자에 전류를 일정 방향으로 흐르게 한다.
> ㉡ 전압 조정기 : AC 발전기(교류 발전기)의 부품으로 발전기의 발생 전압을 일정하게 유지하기 위한 장치이다.
> ㉢ 솔레노이드 스위치 : 마그네틱 스위치라고도 하며, 모터를 회전시킬 때 전원을 단속하고 피니언 기어를 플라이휠 링 기어에 치합시키는 역할을 하는 스위치이다.
> ㉣ 구동 피니언 : 기동 전동기와 기관의 플라이휠 링 기어를 연결하는 작은 기어로서, 전기자축에 설치되어 전기자축과 함께 회전하며 전기자축의 회전력을 외부(엔진)에 전달하는 역할을 한다.

8. 롤링을 방지하기 위한 현가장치는?

① 스테빌라이저

② 타이로드

③ 드래그 링크

④ 피트먼 암

> **해설** 스테빌라이저(stabilizer)
> 스테빌라이저는 차량이 선회할 때 발생하는 롤링을 감소시키고 차량의 평형 유지 및 차체의 기울기를 방지한다.

9. 다음 중 토인과 관련이 있는 부품은?

① 피트먼 암   ② 조향 기어

③ 드래그 링크   ④ 타이로드

> **해설** 토인 조정
> 토인 조정은 타이로드의 길이로 한다.

10. 다음 중 제동력 저하의 원인이 아닌 것은?

① 마스터 실린더 고장

② 휠 실린더 불량

③ 릴리스 포크 변형

④ 베이퍼 록 발생

해설 릴리스 포크(release fork)

릴리스 포크는 릴리스 베어링 칼라에 끼워져 릴리스 베어링에 페달의 조작력을 전달하는 작용을 한다. 즉, 클러치 차단 시 릴리스 베어링을 릴리스 레버에 압착시키는 역할로 릴리스 포크가 변형되면 수동 변속기에서 변속이 불량해지는 원인이 되며, 제동력이 저하되는 원인과는 관계가 없다.

11. 부동액으로 사용하지 않는 것은?

① 에탄올   ② 에틸렌글리콜

③ 메탄올   ④ 글리세린

해설 부동액

메탄올, 글리세린, 에틸렌글리콜 등이 있으며, 현재 가장 많이 사용되는 에틸렌글리콜은 비등점이 197.2℃, 응고점이 −50℃인 불연성 포화액이다.

12. 전자제어 현가장치에서 자동차 전방에 있는 노면의 돌기 및 단자를 검출하는 제어는?

① 스카이훅 제어   ② 안티 쉐이크 제어

③ 안티 다이브 제어   ④ 프리뷰 제어

해설 전자제어 현가장치의 자세 제어 기능

㉠ 스카이훅 제어 : 차체의 수직 가속도를 줄이기 위하여 가상적인 기준면에 감쇠기를 설치하는 것으로, 요철부를 통과할 때 이상적으로 활용되는 제어이다.

㉡ 안티 쉐이크 제어 : 사람이 자동차에 승·하차할 때 하중의 변화에 따라 차체가 흔들리는 것을 쉐이크라 하며, 주행속도를 감속하여 규정속도 이하가 되면 컴퓨터는 승·하차에 대비하여 속업소버의 감쇠력을 하드로 변환시킨다.

㉢ 안티 다이브 제어 : 주행 중에 급제동을 하면 차체의 앞쪽은 낮아지고, 뒤쪽이 높아지는 노즈 다운(nose-down) 현상을 제어한다.

㉣ 프리뷰 제어 : 자동차가 노면의 돌기나 단차를 카메라 또는 초음파로 검출하여 현가장치를 최적의 상태로 하여 승차감을 향상시키는 제어이다.

13. 자동 변속기에서 유체의 운동에너지를 이용한 토크컨버터의 동력 전달 순서를 바르게 나열한 것은?

① 터빈−펌프−스테이터   ② 펌프−터빈−스테이터

③ 스테이터−터빈−펌프   ④ 가이드링−펌프−터빈

해설 토크컨버터의 구성

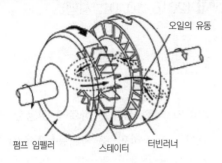

[토크컨버터 유체의 흐름]

ⓐ 펌프 임펠러 : 엔진 크랭크축과 연결되어 유체의 운동에너지를 발생

ⓑ 터빈러너 : 유체의 운동에너지에 의하여 회전되며, 변속기 입력 측 스플라인에 연결

ⓒ 스테이터 : 터빈에서 되돌아오는 오일의 흐름 방향을 바꾸어 회전력 증대

14. 다음 중 차량의 승차감과 관계가 없는 것은?

① 차량 출력　　　　　　　② 쇽업소버

③ 코일 스프링　　　　　　④ 타이어

해설 승차감과 관련이 있는 것은 현가장치(주행 중 노면에서 받은 충격이나 진동을 완화하는 스프링, 쇽업소버, 스테빌라이저)와 구동계 부품인 타이어 등이 있다.

경남 기출문제 (2016. 10. 01. 시행)

1. 자동 변속기 유성 기어 장치에서 링 기어의 역전 상태를 바르게 설명한 것은?

① 유성 기어 캐리어를 고정하고 선 기어를 구동하면 링 기어는 역전 감속한다.
② 유성 기어 캐리어를 고정하고 선 기어를 구동하면 링 기어는 역전 증속한다.
③ 선 기어를 고정하고 유성 기어 캐리어를 구동하면 링 기어는 감속한다.
④ 선 기어를 고정하고 유성 기어 캐리어를 구동하면 링 기어는 역전 증속한다.

해설 유성 기어의 작동
　　㉠ 감속의 원리 : 선 기어 고정, 링 기어 구동 ⇒ 유성 기어 캐리어 감속
　　㉡ 증속의 원리 : 선 기어 고정, 유성 기어 캐리어 구동 ⇒ 링 기어 증속
　　㉢ 역회전의 원리 : 유성 기어 캐리어 고정, 선 기어 구동 ⇒ 링 기어 역전 감속

2. 어느 4행정 사이클 기관의 밸브 개폐 시기가 다음과 같다. 설명 중 옳지 않은 것은?

• 흡기 밸브 열림 : 상사점 전 18°	• 흡기 밸브 닫힘 : 하사점 후 46°
• 배기 밸브 열림 : 하사점 전 48°	• 배기 밸브 닫힘 : 상사점 후 12°

① 흡기행정 기간은 244°이다.　　② 배기행정 기간은 240°이다.
③ 밸브 오버랩 기간은 94°이다.　　④ 밸브 오버랩 기간은 30°이다.

해설 밸브 개폐 시기 선도
　(1) 흡·배기 밸브의 작용각＝흡(배)기 밸브 열림각＋180°＋흡(배)기 밸브 닫힘각
　(2) 밸브 개폐 시기 선도＝흡기 밸브 열림각＋배기 밸브 닫힘각
　∴ 위 공식에 의해
　　㉠ 흡기행정 기간＝흡기 밸브 열림각＋180＋흡기 밸브 닫힘각＝18＋180＋46＝244°
　　㉡ 배기행정 기간＝배기 밸브 열림각＋180°＋배기 밸브 닫힘각＝48＋180＋12＝240°
　　㉢ 밸브 오버랩 기간＝흡기 밸브 열림각＋배기 밸브 닫힘각＝18＋12＝30°

3. 디젤 기관의 연소실 형식에서 연료소비율이 가장 적은 연소실 형식은?

① 예연소실식　　　　　　② 공기실식
③ 직접분사실식　　　　　④ 와류실식

해설 직접분사실식의 장단점
　(1) 장점
　　㉠ 구조가 간단하며, 열효율이 높다.
　　㉡ 연료소비가 매우 적다.
　　㉢ 실린더 헤드가 간단하여 열변형이 적다.

　　　② 연소실 체적이 작아 냉각 손실이 적다.
　　　⑩ 시동이 쉬우며, 예열 플러그가 필요 없다.
　(2) 단점
　　　③ 복실식에 비하여 공기의 소용돌이가 약하므로 공기의 흡입률이 나쁘고 고속 회전에
　　　　 적합하지 않다.
　　　⑥ 분사압력이 높아 분사 펌프와 노즐 등의 수명이 짧다.
　　　⑥ 사용연료의 변화에 민감하여 노크를 일으키기 쉽다.
　　　② 다공형 노즐을 사용하므로 비싸다.

▶ 연소실의 종류별 연료소비율(g/ps-h)
　• 직접분사실식 : 170~200
　• 예연소실식 : 200~250
　• 와류실식 : 190~220
　• 공기실식 : 210~250

4. 압축천연가스(CNG)에 대한 설명으로 맞는 것은?

① 액화천연가스로 메탄의 주성분인 경질탄화수소의 배합물이다.
② 천연가스를 200~250배로 고압으로 압축한 가스를 말한다.
③ 활성탄 등의 흡착제에 천연가스를 30~60kg/cm² 로 압축한 가스를 말한다.
④ 파이프라인을 통해 가스 상태로 운송되는 가스를 말한다.

해설 천연가스(NG)의 형태별 종류
　　③ 액화천연가스(LNG : Liquefide Natural Gas) : 천연가스를 −162℃ 상태에서 약 600배로 압축,
　　　 액화시켜 이동하기 편리하게 만든 상태, 이 과정에서 정제과정을 거치면서 순수메탄의 성분이
　　　 매우 높고 수분 함량과 오염물질 함량이 없는 청정 연료 상태
　　⑥ 압축천연가스(CNG : Compressed Natural Gas) : 천연가스를 200~250배로 압축하여 저장
　　　 하는 가스
　　⑥ 파이프라인 천연가스(PNG : Pipe Natural Gas) : 천연가스를 산지에서 파이프로 이동하여 사
　　　 용하는 가스

5. 다음 중 대시포트의 기능을 설명한 것으로 맞는 것은?

① 연료의 비등을 방지하기 위해 여분의 가솔린을 연료계통에 되돌리는 파이프나
　밸브를 말한다.
② 엔진이 정지하였을 때 연료가 탱크로 리턴되는 것을 방지하여 잔압 유지 및 재
　시동성을 향상시킨다.
③ 급감속 시 연료 차단과 함께 스로틀 밸브가 급격하게 닫힘을 방지하여 회전속도
　저하를 완만히 하거나 급감속 시 충격을 완화한다.
④ 연료 펌프라인에 고압이 걸릴 경우 연료의 누출이나 연료배관이 파손되는 것을
　방지하는 일종의 안전 밸브이다.

해설 대시포트의 기능
　　급감속 시 연료차단과 함께 스로틀 밸브가 급격하게 닫힘을 방지(완만하게 닫히게)하여 회전
　　속도 저하를 완만히 하거나 급감속 시 충격을 완화한다. 즉, 스로틀 밸브의 닫힘속도를 제어
　　하는 장치이다.

6. 다음 중 TCS(Traction Control System) 장치의 설명으로 맞는 것은?

① 파스칼의 원리를 이용하여 모든 타이어에 동일한 유압의 제동력을 발생시킨다. 구성은 마스터 실린더, 브레이크 슈, 휠 실린더, 브레이크 파이프, 호스 등이 있다.

② 눈길, 빗길 등의 미끄러지기 쉬운 노면에서 차량을 출발하거나 급가속할 때 큰 구동력이 발생하여 타이어가 슬립하지 않도록 제동력 및 구동력을 제어한다.

③ 자동차가 급제동할 때 바퀴가 잠기지 않도록 제동유압을 감압, 유지, 증압기능 등을 반복하여 운전자에게 최소한의 조향능력을 확보해준다.

④ 승차인원이나 적재하중에 맞추어 앞·뒤바퀴에 적절한 제동력을 자동으로 배분하는 기능을 수행한다.

해설 TCS(Traction Control System)

TCS는 출발 및 가속 시 바퀴가 헛도는 것을 방지하고 차량의 가속, 등판능력을 최대화 시키는 장치이다. TCS는 다음과 같은 기능을 수행한다.

㉠ 출발 및 가속 시 안전성 확보
㉡ 저마찰에서의 안전성 및 구동력 향상
㉢ 가속, 등판능력 최대화

7. 다음 중 기관의 과열 원인이 아닌 것은?

① 엔진오일의 부족
② 냉각수온 조절기가 열린 상태로 고장
③ 물 재킷 부위의 이물질 퇴적
④ 팬벨트 노후화로 인한 벨트 이완 또는 절손 및 장력 과소

해설 기관의 과열 원인

㉠ 냉각수 부족, 누출
㉡ 팬벨트 장력 헐거움
㉢ 냉각수 통로의 막힘
㉣ 벨트 장력 과소
㉤ 물 펌프 불량
㉥ 수온 조절기 불량(=수온 조절기 닫힌 채 고장)

8. 오버드라이브 장치에 대한 설명으로 옳은 것은?

① 기어비가 입력축 속도보다 출력축 속도가 더 빠를 때를 뜻한다.
② 추진축과 종감속 장치 사이에 유성 기어 형식으로 설치된다.
③ 출력축의 토크가 부족하여 가속 페달을 더 밟아야 하므로 연료소비량이 증대된다.
④ 일반적으로 링 기어를 고정시키고 유성 기어 캐리어를 구동시켜 증속시킨다.

해설 오버드라이브(OD : Over Drive)

엔진 크랭크 샤프트 회전수보다 작은 기어비(1 이하)를 가진 기어를 오버드라이브 기어라고 하는데, 보통 오버드라이브라고 줄여 부른다. 즉, 입력축보다 출력축 속도가 더 빠른 것이며, 이와 같이 엔진 회전수보다 빨리 회전하는 기어를 두는 이유는 평탄한 길을 달릴 때 엔진 회전을 낮추어 소음을 줄이는 동시에 연비를 높이기 위해서이다. 이렇듯 엔진이 실제로 내는 출력과 차가 달리는 데 필요한 출력의 차이를 여유출력이라고 하는데, 오버드라이브는 이를 이용한 것이다.

9. 다음은 배출가스 제어장치에 대한 설명이다. 설명이 잘못된 것은?

① 배기가스 재순환 장치(EGR 장치)는 배기가스의 일부를 연소실로 재순환시켜 NOx (질소산화물) 발생을 억제시키는 장치이다.

② 실린더 헤드 커버에 모여진 블로바이 가스는 경·중부하 시에 PCV 밸브로, 고부하 시에는 브리드 호스를 통해 흡기 쪽으로 환원되어진다.

③ 연료 탱크에서 증발된 HC 가스는 캐니스터에 일시적으로 저장되고 PCSV의 작동에 의해 흡기 쪽으로 환원되어 연소실로 유입된다.

④ 기관 고온 시 CO, HC는 배출량이 증가되고, NOx는 배출량이 줄어든다.

해설 엔진 온도에 따른 배출가스의 특성

㉠ 저온일 경우 : CO와 HC는 증가, NOx 감소

㉡ 고온일 경우 : NOx 증가, CO와 HC 감소

10. 다음은 4행정 사이클 디젤 분사 펌프 제어 레크를 전부하 상태로 하고, 최대 회전수를 2,000rpm으로 하였을 때 시험결과이다. 결과에 대한 설명으로 맞는 것은? (단, 전부하 시 불균율 한도 3%로 계산한다.)

실린더 번호	1	2	3	4
분사량(cc)	107	115	105	93

① 분사량 불균율 허용 범위를 벗어난 실린더는 2번, 3번, 4번이다.

② 평균 분사량은 110cc이다.

③ 허용 범위를 벗어나 조정해야 할 실린더는 2번, 4번이다.

④ 계산결과 2번, 3번 실린더는 허용 범위 안에 있으므로 정상이다.

해설 분사량 불균형률(불균율)

㉠ 평균 분사량 $= \dfrac{107+115+105+93}{4} = 105cc$

㉡ 수정치의 한계가 ±3%이므로, 105×0.03=3.15cc

㉢ 최대 분사량 : 105+3.15=108.15cc

㉣ 최소 분사량 : 105-3.15=101.85cc

㉤ 평균 분사량의 ±3 이내여야 하므로, 101.85~108.15cc가 나와야 합격

∴ 계산결과 1번, 3번 실린더는 정상이며, 허용 범위를 벗어나 조정해야 할 실린더는 2번, 4번 실린더이다.

1. 실린더 지름이 100mm, 피스톤 행정이 80mm인 4실린더 기관의 총배기량은?

① 628cc

② 1,004cc

③ 2,512cc

④ 10,048cc

해설 총배기량(기관 전체의 배기량)

ⓐ $V = 0.785 \times D^2 \times L \times N$

여기서, V : 총배기량

D : 실린더 안지름 또는 내경(cm)

L : 피스톤 행정(cm)

N : 실린더 수

ⓑ $0.785 \times 10^2 \times 8 \times 4 = 2,512$cc

2. 자동제한 차동 기어 장치(LSD : Limited Silp Differential System)에 대한 설명으로 바르지 못한 것은?

① 미끄러운 길 또는 진흙길 등에서 구동, 주행할 때 한쪽 바퀴가 헛돌며 빠져나오지 못할 경우 멈춰 있는 바퀴에 동력을 전달한 것이다.

② 앞·뒷바퀴의 회전수를 보상하며 선회할 때 각 바퀴가 그리는 궤적의 반경이 달라 타이트 코너 브레이킹 현상이 발생되는 단점이 있다.

③ 종류에는 수동식, 롤러 케이지식, 다판 클러치식, 헬리컬 기어식, 파워 로크식 등이 있다.

④ 중량이 많이 나가는 LSD 시스템의 단점을 보완하여 개발된 시스템이 B-LSD 이다.

해설 타이트 코너 브레이킹과 B-LSD

ⓐ 타이트 코너 브레이킹(TCB : Tight Corner Braking) : 차량이 회전 시 좌우의 회전반경 차이는 액슬 하우징(axle housing)에 있는 차동 기어가 있어 해결이 되지만, 전륜과 후륜의 회전반경 차이를 보정해줄 수 있는 센터 차동 기어가 없어 앞바퀴와 뒷바퀴가 똑같은 회전량으로 돌려고 하기 때문에 나타나는 현상으로 통상 4륜구동자동차에서 많이 발생한다.

ⓑ 전륜 차동 제한 장치(B-LSD) : 전륜차량의 경우 속도를 많이 높여서 코너에 진입할 경우 후륜차량의 오버스티어와는 다르게 언더스티어가 나는 경향이 많다. 이러한 단점을 보완하고자 일반적으로 중량이 많이 나가는 전륜 SUV 차량에 B-LSD를 주로 적용하고 있다. B-LSD 시스템 적용으로 미끄러운 노면이나 험한 도로에서 더욱 쉽게 스타트를 가능하게 해주는 장점이 있다.

3. 다음 중 자동차 제원 '윤중'의 정의로 맞는 것은?

① 모든 바퀴가 받는 하중을 합친 중량
② 자동차가 수평 상태에 있을 때에 1개의 바퀴가 수직으로 지면을 누르는 중량
③ 자동차가 수평 상태에 있을 때에 1개 차축에 연결된 바퀴의 중량
④ 자동차가 수평 상태에 있을 때에 앞바퀴 2개가 받는 하중을 합친 중량

해설 "윤중"의 정의
자동차가 수평 상태에 있을 때에 1개의 바퀴가 수직으로 지면을 누르는 중량을 말한다.
※「자동차 및 자동차부품의 성능과 기준에 관한 규칙」제1장 제2조 제4호 참조

4. 다음 중 발전기 단자에 대한 설명으로 틀린 것은?

① B단자는 출력 전압이 나오는 단자로 배터리 충전과 부하를 받는 전기장치에 전원을 공급하는 역할을 한다.
② L단자는 발전기 충전경고등과 연결되어 점화스위치가 ON일 때와 배터리 전압이 부족할 때 경고등을 점등시킨다.
③ B단자와 L단자의 전압이 같아지면 충전경고등은 꺼진다.
④ 로터에서 발생된 전류가 S(IG)단자를 통해 여자 다이오드를 작동시켜 과충전이 되지 않도록 제어한다.

해설 IC형 전압 조정기
㉠ B단자 : 출력 전압이 나오는 단자로 배터리 충전과 부하를 받는 전기장치에 전원을 공급하는 역할을 한다.
㉡ L단자 : L단자는 충전되는 전압으로 계기판에서 충전불량 시 램프를 소거하게 해주는 단자로 충전경고등은 점화스위치 ON 시 점등되지만, 점등되지 않는 경우라면 L단자를 접지해 충전경고등이 점등하는지 확인해 보면 쉽게 충전 상태를 확인해 볼 수 있다.
㉢ 배터리에 충전 전압을 넣어주는 B단자와 계기판에서 충전 불량 시 램프를 소거하게 해주는 단자인 L단자의 전압이 같아지면 충전경고등은 꺼진다.
㉣ 엔진 시동 시 스테이터 코일에서 발생된 충전전압은 출력 다이오드에서 직류로 정류되어 발전기 'B' 단자를 거쳐 충전경고등에 전압이 인가되고, 또 다른 스테이터 코일에서 발생한 충전 전압은 여자 다이오드를 통해 발전기 'L' 단자를 거쳐 충전경고등에 걸리게 되므로 충전경고등 양단에 전위차가 발생하지 않으므로 과충전이 되지 않도록 제어하게 된다.

5. VDC(Vehicle Dynamic Control)의 부가기능이 아닌 것은?

① Brake-LSD의 기능으로 한쪽만 미끄러운 노면을 출발할 때 발생되는 편슬립을 방지하여 차량의 출발이 원활하도록 돕는다.
② ESS(Emergency Stop Signal)의 기능은 급정지 시 비상등을 작동시켜 뒤차에 위험성을 알려주어 후방 추돌 확률을 줄여준다.
③ HSA(Hill Start Assist)의 기능은 언덕길에서 차량이 정차했다 다시 출발할 때 뒤로 밀리는 것을 방지하기 위해 운전자가 브레이크에서 발을 떼더라도 브레이크 유압을 유지시켜 준다.
④ HDC(Hill Descent Control)의 스위치와 4WD 모드 스위치가 동시에 ON될 경우 가파른 경사의 내리막길에서 차량의 속도를 저속으로 유지하도록 도와준다.

해설 차체자세 제어장치(VDC : Vehicle Dynamic Control)

운전자가 별도로 제동을 가하지 않더라도, 차량 스스로 미끄럼을 감지해 각각의 바퀴 브레이크 압력과 엔진 출력을 제어하는 장치

ⓐ ESS(Emergency Stop Signal, 급제동 경보 시스템) : 차량이 50km 이상 주행 시 급브레이크를 밟으면 비상등이 점멸하여 뒷차량에 대하여 위험을 알리는 장치, 후방 안전운전을 위한 편의사항

ⓑ HSA(Hill Start Assist, 경사로 밀림 방지 장치) : 언덕에서 정지 후 출발 시 브레이크 페달에서 발을 떼어도 차가 뒤로 밀리지 않도록 하는 기능

ⓒ HDC(Hill Descent Control, 내리막 제어장치) : 내리막길 운행 시 운전자의 컨트롤보다 엔진의 토크와 ABS 기능을 복합적으로 컨트롤함으로써 미끄러운 노면에서 접지력을 잃지 않도록 바퀴의 잠김을 방지하여 내리막길을 안전하게 내려올 수 있는 안전 기능

6. 차량이 눈길, 빗길 등 미끄러지기 쉬운 노면에서 출발하거나 가속할 때 과잉의 구동력이 발생하여 타이어가 공회전하지 않도록 차량의 구동력을 제어하는 시스템은?

① EBD(Electronic Brake-force Distribution)
② ABS(Anti Skid Brake System)
③ TCS(Traction Control System)
④ BAS(Brake Assist System)

해설 TCS(Traction Control System)

눈길, 빗길 등 미끄러지기 쉬운 노면에서 차량을 출발하거나 가속할 때 과잉의 구동력이 발생해 타이어가 공회전하지 않도록 차량의 구동력을 제어하는 시스템이다.

7. 자동차 에어컨 순환과정으로 맞는 것은?

① 압축기 → 건조기 → 응축기 → 팽창 밸브 → 증발기
② 압축기 → 팽창 밸브 → 건조기 → 응축기 → 증발기
③ 압축기 → 응축기 → 건조기 → 팽창 밸브 → 증발기
④ 압축기 → 건조기 → 팽창 밸브 → 응축기 → 증발기

해설 자동차 냉방장치의 순환경로

압축기(컴프레서) → 응축기(콘덴서) → 건조기(리시버 드라이어) → 팽창 밸브 → 증발기(에바포레이터)

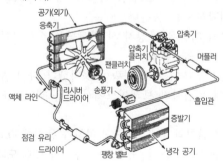

8. 4행정 4실린더 기관에서 6행정이 완료되었을 때 크랭크축이 회전한 각도는 몇 도인가?

① 120° ② 480°
③ 720° ④ 1,080°

해설 4행정 4실린더 기관의 크랭크축 회전각도

4실린더 기관은 크랭크축 180° 간격으로 행정을 완료하므로 180×6＝1,080°이다. 따라서 4행정 4실린더 기관이 6행정을 완료했을 때 크랭크축이 회전한 각도는 1,080°이다.

9. 완전충전 상태인 12V 축전지를 40A의 전류로 5시간 사용할 수 있다면 축전지의 용량(AH)은 얼마인가?

① 200 ② 240
③ 288 ④ 480

해설 축전지 용량(AH)

㉠ $AH = A \times H$

여기서, AH : 축전지 용량

A : 일정 방전 전류

H : 방전 종지 전압까지의 연속 방전 시간

㉡ $40A \times 5H = 200AH$

10. 다음 중 동력 전달 장치에 관한 설명으로 옳은 것은?

① 종감속비는 링기어 잇수에 대한 구동 피니언 잇수의 비율로 구할 수 있다.
② FR 형식에서 변속기와 종감속 장치 사이에 설치된 것은 추진축이다.
③ 차량선회 시 차동 사이드 기어의 회전수는 같고, 차동 피니언 기어의 회전수가 달라진다.
④ FF 방식에서 변속기와 차동 기어 장치가 일체형으로 제작된 것을 트랜스퍼케이스라고 한다.

해설 동력 전달 장치

㉠ 종감속비 : 종감속비는 구동 피니언 잇수에 대한 링기어 잇수의 비율로 구할 수 있다.

$$종감속비 = \frac{링\ 기어\ 잇수}{구동\ 피니언\ 잇수}$$

㉡ 추진축 : 앞기관 후륜구동(FR)식의 자동차는 변속기의 출력을 종감속 장치에 전달할 추진축을 필요로 한다. 추진축은 변속기와 연결되어 변속기의 출력을 종감속 장치에 전달하며, 변속기와 종감속 장치 사이에 자재 이음으로 연결되어 있고, 중간에 스플라인이 설치(슬립 이음)되어 있다.

㉢ 차동장치에서 차량선회 : 차량선회 시 차동 피니언이 공전하려면 고정되어 있는 차동 사이드 기어 위를 굴러가야 하기 때문에 자전을 시작하여 회전하려는 바깥쪽 차동 사이드 기어를 구동하게 되며, 결국 회전하는 바깥쪽 사이드 기어는 차동 피니언의 공전의 2배의 회전수로 구동하게 되어 원활한 선회주행을 할 수 있게 된다.

㉣ 트랜스퍼케이스 : 총륜구동식(4Wheel-Drive)에서 사용하며, 부변속기(副變速機)로서 엔진의 동력을 모든 차축과 바퀴에 전달하기 위해 변속기 옆에 설치한 장치이다.

1. 핸들을 놓아도 직진 상태를 유지하게 하는 것은?

① 캠버   ② 캐스터

③ 토인   ④ 시미

해설 앞바퀴(전차륜) 정렬의 요소

  (1) 캠버

    ㉠ 정의 : 앞바퀴를 앞에서 보았을 때 수선에 이룬 각

    ㉡ 필요성 : 조작력 감소, 앞차축 휨의 방지, 바퀴의 탈락 방지

  (2) 토인

    ㉠ 정의 : 앞바퀴를 위에서 보았을 때 앞바퀴의 앞쪽이 뒤쪽보다 안으로 오므라진 것

    ㉡ 필요성 : 바퀴의 벌어짐 방지, 토아웃 방지, 타이어의 마멸 방지

  (3) 캐스터

    ㉠ 정의 : 앞바퀴를 옆에서 보았을 때 킹핀의 수선에 대해 이룬 각

    ㉡ 필요성 : 직진성, 복원성 부여

  (4) 킹핀 경사각

    ㉠ 정의 : 앞바퀴를 앞에서 보았을 때 킹핀이 수선에 대해 이룬 각

    ㉡ 필요성 : 조작력 감소, 복원성, 시미 방지

  (5) 선회 시 토아웃

    ㉠ 정의 : 조향이론인 애커먼 장토식의 원리 이용, 선회 시(핸들을 돌렸을 때) 동심원을 그리며 내륜의 조향각이 외륜의 조향각보다 큰 상태

    ㉡ 두는 이유 : 자동차가 선회할 경우에는 토아웃(안쪽 바퀴의 조향각이 바깥쪽 바퀴의 조향각보다 큼)되어야 원활한 회전이 이루어짐

2. 다음 중 핸들이 무거운 원인이 아닌 것은 어느 것인가?

① 타이어 공기압 부족

② 조향 기어 박스 오일 부족

③ 구동 피니언 기어의 백래시가 클 때

④ 앞바퀴 정렬 상태 불량

해설 조향 핸들이 무거운 원인

  ㉠ 타이어의 공기압력이 낮거나 마모가 과다하다.

  ㉡ 조향 기어 박스의 오일이 부족하다.

  ㉢ 조향 기어의 백래시가 작거나 볼 조인트가 과도하게 마모되었다.

  ㉣ 휠 얼라인먼트가 불량하다.

3. 4행정 1사이클 기관의 크랭크축 회전수는?

① 1회전　　　　　　　　　② 2회전

③ 3회전　　　　　　　　　④ 4회전

해설 4행정 1사이클 기관의 크랭크축 회전수

4행정 1사이클 기관에서 크랭크축이 2회전할 때 캠축은 1회전한다.

4. 다음 중 회전하는 부품으로 연결된 것은?

① 피스톤-커넥팅로드　　　② 실린더-밸브

③ 밸브-플라이휠　　　　　④ 플라이휠-크랭크축

해설 플라이휠(fly wheel)과 크랭크축(crank shaft)

ⓐ 플라이휠(fly wheel) : 엔진의 폭발행정으로 얻은 힘이 크랭크축을 회전운동으로 바꾸어 플라이휠이 회전하게 되는데, 이 회전력은 클러치 마찰로 자동차를 구동하게 되며, 압축행정에서는 반대로 회전력을 떨어뜨리게 되어 있다. 그러므로 플라이휠은 무게가 가볍고 회전관성이 커야 하는데, 관성은 엔진의 원활한 회전을 돕는다.

ⓑ 크랭크축(crank shaft) : 증기기관이나 내연기관 등에서 피스톤의 왕복운동을 회전운동으로 바꾸는 기능을 하는 축으로, 이렇듯 피스톤의 직선왕복운동을 회전운동으로 바꾸어 외부에 전달한다. 또한 동력행정에서는 피스톤으로부터 힘을 받아 회전력을 발생한다.

5. 실린더와 피스톤의 틈새가 클 때 발생하는 현상이 아닌 것은?

① 압축·압력의 저하　　　② 연소실 내 엔진오일 유입

③ 실린더와 피스톤의 소결(고착)　④ 블로바이 발생

해설 피스톤 간극이 클 때와 작을 때의 영향

(1) 피스톤 간극이 클 때

ⓐ 압축·압력 저하로 출력 감소

ⓑ 연소실 오일 침입

ⓒ 오일 희석

ⓓ 오일, 연료소비량 증대

ⓔ 피스톤 슬랩 현상 발생

(2) 피스톤 간극이 작을 때

ⓐ 마찰, 마모 증가

ⓑ 피스톤과 실린더의 소결(고착) 발생

※ 소결(고착·융착, stick) : 피스톤이 작동 중 열에 의하여 실린더에 타 붙는 현상

6. 다음 중 「자동차관리법」상 자동차의 종류에 대한 설명으로 틀린 것은?

① 10인 이하를 운송하기에 적합하게 제작된 자동차를 승용자동차라 한다.

② 내부의 특수한 설비로 인하여 승차인원이 10인 이하로 된 자동차는 승합자동차로 분류한다.

③ 이륜자동차는 총배기량으로 분류하기도 한다.

④ 특수자동차는 특수한 작업을 수행하기에 적합하게 제작된 자동차로서 승용자동차·승합자동차 또는 화물자동차가 아닌 자동차를 말한다.

해설 「자동차관리법」 제3조(자동차의 종류) 제1항

(1) 승용자동차 : 10인 이하를 운송하기에 적합하게 제작된 자동차

(2) 승합자동차 : 11인 이상을 운송하기에 적합하게 제작된 자동차. 다만, 다음 각 목의 어느 하나에 해당하는 자동차는 승차인원에 관계없이 이를 승합자동차로 본다.

　　㉠ 내부의 특수한 설비로 인하여 승차인원이 10인 이하로 된 자동차

　　㉡ 국토교통부령으로 정하는 경형자동차로서 승차인원이 10인 이하인 전방조종자동차

(3) 이륜자동차 : 총배기량 또는 정격출력의 크기와 관계없이 1인 또는 2인의 사람을 운송하기에 적합하게 제작된 이륜의 자동차 및 그와 유사한 구조로 되어 있는 자동차

(4) 특수자동차 : 다른 자동차를 견인하거나 구난작업 또는 특수한 작업을 수행하기에 적합하게 제작된 자동차로서 승용자동차·승합자동차 또는 화물자동차가 아닌 자동차

7. FR 형식 차량의 동력 전달 경로로 맞는 것은?

① 클러치 → 변속기 → 추진축 → 종감속 장치 → 구동축 → 바퀴

② 변속기 → 구동축 → 종감속 장치 → 클러치 → 추진축 → 바퀴

③ 클러치 → 추진축 → 변속기 → 종감속 장치 → 구동축 → 바퀴

④ 클러치 → 차동장치 → 변속기 → 변속기 → 구동축 → 바퀴

해설 FR(후륜구동) 차량의 동력 전달 경로

자동차의 앞부분에 엔진을 설치하고 엔진 → 클러치 → 변속기 → 추진축 → 종감속 장치 → 액슬축(구동축) → 바퀴 순으로 동력이 전달되는 구동방식이다.

8. 다음 중 자동차 냉방장치의 작동경로로 맞는 것은?

① 압축기 → 건조기 → 응축기 → 팽창 밸브 → 증발기

② 압축기 → 팽창 밸브 → 건조기 → 응축기 → 증발기

③ 압축기 → 응축기 → 건조기 → 팽창 밸브 → 증발기

④ 압축기 → 건조기 → 팽창 밸브 → 응축기 → 증발기

해설 자동차 냉방장치의 순환경로

압축기(컴프레서) → 응축기(콘덴서) → 건조기(리시버 드라이어) → 팽창 밸브 → 증발기(에바포레이터)

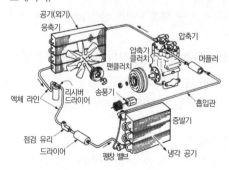

9. 커브를 돌 때 좌우 구동륜의 회전수에 차이를 두어 원활한 회전이 되도록 하는 장치는?

① 디퍼렌셜 기어 ② 피동 기어
③ 파이널 기어 ④ 유성 기어

해설 차동장치(differential gear)
자동차의 방향 전환 시 좌우 바퀴의 회전차를 두어 원활한 회전이 되도록 한 장치이다.

10. 다음 중 스탠딩 웨이브(standing wave) 현상의 방지책으로 틀린 것은?

① 타이어의 공기압을 표준 공기압보다 10~15% 높여준다.
② 레이디얼 타이어를 적용한다.
③ 주행 시 감속한다.
④ 차륜 정렬 상태를 확인한다.

해설 스탠딩 웨이브(standing wave)
고속 주행 시 공기가 적을 때 트레드가 받는 원심력과 공기압력에 의해 트레드가 노면에서 떨어진 직후에 찌그러짐이 생기는 현상이며, 타이어 파손이 쉽고 구름저항(전동저항)이 증가되며 트레드부가 파도 모양으로 마멸된다. 스탠딩 웨이브 현상을 방지하기 위해서는 타이어의 공기압을 표준공기압보다 10~15% 높여주어야 한다. 또한 레이디얼 타이어를 적용하거나 주행 시 감속 주행하는 방법 등이 있다.

11. 다음 중 자동차 주행 시 발생하는 공기저항에 대한 설명으로 바르지 못한 것은?

① 자동차의 앞면과 뒷면의 압력차에 의한 형상저항
② 공기의 점성으로 인해 차체 표면과 공기 사이에 발생하는 마찰저항
③ 자동차가 정속주행 시 발생하는 관성저항
④ 자동차의 외기에 의한 환기저항

해설 자동차 공기저항의 종류
㉠ 형상저항 : 자동차가 주행 중 앞면과 뒷면의 압력차(壓力差)에 기인한 저항을 형상저항이라 한다. 승용차의 경우에는 전체 공기저항의 60%가 형상저항이기 때문에 공기저항을 감소시키기 위해 보디의 형상을 유선형으로 제작하면 그 효과가 크다.
㉡ 마찰저항(점성저항) : 마찰저항은 공기의 점성으로 인해 차체표면과 공기 사이에 발생된다. 즉, 공기의 마찰로 인하여 물체의 표면에는 힘이 작용하게 되는데, 그 방향은 물체가 움직이는 방향의 반대 방향이다. 이러한 힘을 마찰저항이라 한다.
㉢ 관성저항(가속저항) : 주행 중인 자동차의 속도를 증가시키는 데 필요한 힘을 가속저항이라고 한다. 일반적으로 물체의 운동속도를 상승시키려면 그 물체의 관성력을 극복해야 한다. 따라서 가속저항을 관성저항이라고도 한다. 또한 자동차가 매우 빠르게 달릴 때 이 관성저항이 커져서 난류 혹은 와류가 생기게 된다.
㉣ 유로저항 : 고속이 되면 차체를 들어 올리려는 힘이 발생한다(양력).
㉤ 표면저항 : 차체 표면에 있는 요철이나 돌기 등에 의해 발생한다.
㉥ 내부저항(환기저항) : 엔진 냉각 및 차량 실내환기를 위해 들어오는 공기흐름에 의해 발생한다.

2017

과년도
기출문제

알짜배기 자동차 구조원리 기출문제 총정리

알짜배기 자동차 구조원리 기출문제 총정리
www.cyber.co.kr

1. 4행정 1사이클 기관에서 크랭크축이 10회전할 때, 캠축은 몇 회전하는가?

① 5회   ② 10회

③ 20회   ④ 30회

> **해설** 4행정 1사이클 기관의 크랭크축 회전수
>
> 4행정 1사이클 기관에서 크랭크축이 2회전할 때 캠축은 1회전한다.

2. "임의의 한 점으로 유입된 전류의 총합은 유출한 전류의 총합은 같다."는 현상을 설명한 것은?

① 키로히호프의 제1법칙

② 옴의 법칙

③ 키로히호프의 제2법칙

④ 앙페르의 법칙

> **해설** 키르히호프의 제1법칙
>
> "회로 내의 어떤 한 점에 유입한 전류의 총합과 유출한 전류의 총합은 같다."

3. 배기가스의 온도가 높을 때 배기가스의 일부를 연소실로 보내 연소온도를 낮추고 NOx 발생을 억제하는 장치는?

① PCV 밸브   ② 캐니스터

③ PCSV   ④ 배기가스 재순환 장치

> **해설** EGR(배기가스 재순환 장치)
>
> 배기가스의 일부를 연소실로 재순환시켜 NOx(질소산화물) 발생을 억제시키는 장치이다.

4. 고압 펌프로부터 이송된 연료가 저장되고 축압되는 커먼레일 연료장치 부품은?

① 커먼레일   ② 연료 펌프

③ 프리히터   ④ 연료 압력 탱크

> **해설** 커먼레일(어큐뮬레이터)
>
> 고압 펌프로부터 이송된 연료가 저장되고 축압되는 파이프이다.

5. 자동차 디젤 기관에서 연료분사량을 조절하는 기구는?

① 리드

② 플런저

③ 인젝터

④ 태핏

해설 연료분사량 조절기구(=연료 분사 펌프의 '플런저')

연료분사량 제어순서 : 가속 페달(조속기) 제어 래크 → 제어 피니언 → 제어 슬리브 → 플런저를 회전시켜 연료분사량 제어(=연료분사량 변화)

6. 전기자동차에서 주행 중 모터를 가동하기 위해 직류를 교류로 변환시켜 주는 역할을 하는 변환 장치는?

① 인버터

② 컨버터

③ 트랜지스터

④ 다이오드

해설 인버터(inverter)

직류(DC : Direct Current) 전원을 자동차 주행을 위한 모터를 가동하기 위해 교류(AC : Alternative Current) 전원으로 변환시켜 주는 역할을 하는 전력 변환 장치

7. 자동 변속기에서 유체를 이용하여 엔진의 동력을 변속기에 전달하는 부품으로 오일의 흐르는 방향을 바꾸어서 출력축의 회전력을 증대시키는 역할을 하는 장치는?

① 가이드 링

② 스테이터

③ 펌프

④ 다이오드

해설 토크컨버터의 구성

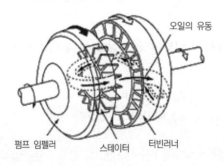

오일의 유동

펌프 임펠러   스테이터   터빈러너

[토크컨버터 유체의 흐름]

㉠ 펌프 임펠러 : 엔진 크랭크축과 연결되어 유체의 운동에너지를 발생

㉡ 터빈러너 : 유체의 운동에너지에 의하여 회전되며, 변속기 입력측 스플라인에 연결

㉢ 스테이터 : 터빈에서 되돌아오는 오일의 흐름 방향을 바꾸어 회전력 증대

8. 조향장치에서 사용되는 조향 기어의 형식이 아닌 것은?

① 랙 앤 피니언 형식

② 웜 섹터 형식

③ 롤러 베어링 형식

④ 웜 섹터 롤러 형식

해설 조향 기어의 종류
    ㉠ 웜 섹터 형식
    ㉡ 웜 섹터 롤러 형식
    ㉢ 볼너트 형식
    ㉣ 웜 핀 형식
    ㉤ 볼너트 웜 핀 형식
    ㉥ 스크루 너트 형식
    ㉦ 스크루 볼 형식
    ㉧ 랙 앤 피니언 형식

9. 다음 중 종감속 기어의 종류가 아닌 것은?

    ① 웜과 웜 기어   ② 베벨기어
    ③ 하이포이드 기어   ④ 랙과 피니언 기어

해설 종감속 기어의 종류

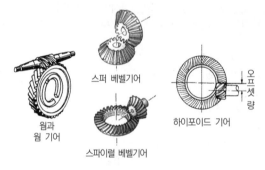

[종감속 기어의 종류]

10. 배력식 브레이크 장치에서 흡기다기관의 진공과 대기압의 압력차를 이용하는 방식은?

    ① 하이드로 백   ② 하이드로 에어백
    ③ 플런저 백   ④ 마스터 에어백

해설 하이드로 백 & 하이드로 에어백
    ㉠ 흡기다기관의 부압과 대기압의 압력차를 이용 : 하이드로 백
    ㉡ 압축공기의 압력과 대기압의 압력차를 이용 : 하이드로 에어백

1. 다음 중 브레이크 페달 자유 간극이 크게 되는 원인이 아닌 것은?

① 푸시로드를 짧게 조정했을 시

② 페달링크 기구 접속부 마멸 시

③ 브레이크 드럼과 라이닝의 마멸 시

④ 마스터 실린더 리턴 포트의 막힘 시

해설 브레이크 페달 자유 간극

(1) 브레이크 페달 자유 간극의 정의 및 두는 이유

브레이크 페달을 밟았을 때 마스터 실린더 유압이 브레이크 라이닝을 밀어서 드럼에 닿을 때까지의 간격으로, 브레이크 페달의 자유 간극을 두는 이유는 브레이크 끌림을 방지하기 위해서이다.

(2) 브레이크 페달 자유 간극이 크게 되는 이유

㉠ 브레이크 페달 및 브레이크 슈의 조정(라이닝 간극)이 불량

㉡ 브레이크 라이닝 및 드럼이 과다 마모

㉢ 마스터 실린더 또는 휠 실린더의 피스톤 컵이 파손

㉣ 유압회로에 공기 유입

㉤ 푸시로드의 조정 불량(짧게 조정했을 시)

※ 마스터 실린더 리턴 포트의 막힘은 브레이크가 풀리지 않을 때 원인(=페달을 놓아도 바퀴에 브레이크가 풀리지 않는 경우)

2. 주행 시 핸들의 쏠림 원인으로 거리가 먼 것은?

① 타이어 공기압력의 불균일

② 허브 베어링의 마모

③ 현가장치의 작동 불량

④ 조향 링키지의 헐거움

해설 주행 시 핸들의 쏠림 원인

㉠ 타이어 공기압의 불균형

㉡ 브레이크 조정 불량(=제동 시)

㉢ 전차륜 정렬(휠 얼라인먼트)의 불량

㉣ 현가 스프링의 절손, 쇠손

㉤ 쇽업소버의 작동 불량

㉥ 휠의 불평형

㉦ 허브 베어링의 마모

※ 조향 링키지의 헐거움은 핸들의 유격이 클 경우일 것이다.

3. 축전지 점화식 점화장치에서 다음 빈 칸에 들어갈 점화순서를 순서대로 바르게 나열한 것은?

축전지 → ( ) → ( ) → ( ) → ( )
㉠ : 배전기　　　㉡ : 점화스위치　　　㉢ : 점화플러그　　　㉣ : 점화코일

① ㉠-㉡-㉣-㉢　　　　　　　② ㉡-㉢-㉣-㉠

③ ㉡-㉣-㉠-㉢　　　　　　　④ ㉢-㉡-㉣-㉠

해설　축전지 점화식 점화장치 점화순서

축전지 → 점화코일 → 배전기 → 점화플러그

점화스위치를 ON 위치로 놓은 상태에서 접점이 닫혀 있으면 전류는 축전지로부터 점화 1차 코일을 통해 접지 쪽으로 흐른다. 기관이 회전하여 접점이 열리면 점화 1차 전류는 차단되어 점화 2차 코일에 전자 유도 작용에 의해 25~30kV의 매우 높은 2차 전압이 유도된다. 이렇게 유도된 2차 전압은 배전기를 통해 각 점화플러그에 보내져서 불꽃 방전을 일으켜 혼합기를 연소시킨다.

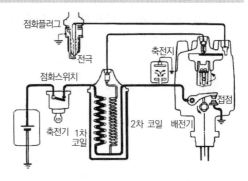

[점화회로의 구성(접점식 점화장치)]

4. 다음 중 피스톤의 구비조건으로 틀린 것은?

① 열전도성이 작을 것

② 커넥팅로드와 피스톤의 중량차가 작을 것

③ 열팽창률이 작을 것

④ 기밀 유지가 용이하고, 관성력이 작을 것

해설　피스톤의 구비조건
　　　㉠ 폭발압력을 유효하게 이용할 것
　　　㉡ 가스 및 오일의 누출이 없을 것
　　　㉢ 마찰로 인한 기계적 손실이 없을 것
　　　㉣ 기계적 강도가 클 것
　　　㉤ 관성력을 줄이기 위해 중량이 가벼울 것
　　　㉥ 피스톤 상호 간의 무게 차이가 적을 것
　　　㉦ 열에 의한 팽창이 없을 것(=열팽창률이 작을 것)
　　　㉧ 열전도성이 좋을 것(=클 것)

▶ 참고
- 피스톤은 연소실과 크랭크 실 사이의 기밀을 유지하며, 실린더 내를 고속으로 왕복운동 하므로 관성력에 의한 동력 손실을 줄이기 위해 중량이 가벼워야 한다.
- 피스톤의 중량오차는 7g 이내(2% 이내), 커넥팅로드와 조립한 경우에는 30g 이내(2% 이내)이어야 한다.
- 열전도성 : 열 받지 않게 골고루 퍼지게 하는 냉각성능
- 열팽창률(열팽창계수) : 열에 의해 늘어나는 성질

5. 타이어 공기압 과다 시 영향으로 거리가 먼 것은?

① 연료소비량이 증가한다.
② 타이어 트레드 중심부의 마모가 촉진된다.
③ 조향 핸들이 가벼워진다.
④ 주행 중 진동 증가로 승차감이 저하된다.

해설 타이어 공기압 과다 시 영향
- ㉠ 노면 충격 흡수력이 약해져 타이어 트레드 중심부가 쉽게 파열
- ㉡ 돌 등으로 인해 생긴 상처가 커져 홈 안의 고무가 갈라짐
- ㉢ 림과의 과도한 접촉으로 비드부 파열
- ㉣ 충격에 약하고 거친 길에서 튀어 올라 미끄러짐 유발
- ㉤ 조향 핸들이 가벼워지나, 주행 시 진동저항 증가로 승차감 저하
- ㉥ 일반적으로 공기압을 규정치보다 다소 높게 할 경우 연비가 향상되나 향상 폭은 매우 미미함 (※ 그러나 규정 공기압에서 1kgf/cm² 정도 떨어지면 약 15% 정도 연비가 나빠짐)

▶ 타이어 공기압 과소 시 영향
- 트레드 양쪽 가장자리가 무리하게 힘을 받게 되어 양쪽 가장자리 부 마모 촉진
- 과다한 열에 의한 고무와 코드층 사이가 분리
- 사이드 월 부위가 지면과 가까워지므로 돌출물 등의 충격으로 타이어 손상 심화
- 심한 굴신운동으로 열 발생이 가중되고, 타이어의 옆면 코드가 절단
- 고속 주행 시 스탠딩 웨이브 현상 발생
- 주행 시 로드 홀딩이 나빠지며, 승차감 저하
- 공기압이 낮을수록 연비가 나빠져 연료소비량 증가

6. 다음 중 노크 발생 원인으로 틀린 것은?

① 압축비가 증가했을 때
② 화염 전파 거리가 길 때
③ 연료에 이물질이 있을 때
④ 흡기온도가 낮을 때

해설 (1) 노킹 발생 원인(가솔린 기관)

ⓐ 기관에 과부하가 걸렸을 때

ⓑ 기관이 과열되거나 압축비가 급격히 증가 시

ⓒ 점화시기가 너무 빠를 때

ⓓ 혼합비가 희박할 때

ⓔ 낮은 옥탄가의 가솔린을 사용하였을 때

ⓕ 연료에 이물질 또는 불순물이 포함되었을 때

(2) 노킹 방지책(가솔린 기관)

ⓐ 고옥탄가의 연료(내폭성이 큰 가솔린)를 사용한다.

ⓑ 압축비, 혼합가스 및 냉각수 온도를 낮춘다.

ⓒ 화염 전파 속도를 빠르게 하고, 화염 전파 거리를 짧게 한다.

ⓓ 혼합가스에 와류를 증대시킨다.

ⓔ 연소실 내에 퇴적된 카본을 제거한다.

ⓕ 점화시기를 늦추어 준다(점화시기 지연).

ⓖ 혼합비를 농후하게 한다.

▶ 저자 사견 : 본 문항 ①~③항 까지는 가솔린 노킹 발생 원인이 된다. 그러나 ④항은 가솔린의 경우에는 노킹의 원인이 아니며, 오히려 노킹 방지책이 될 것이다. 또한 반대로 디젤인 경우에는 노킹의 원인이 된다. 그러나 본 문제는 디젤, 가솔린 어느 하나를 특정 짓지 않았기에 다소 문제의 소지가 있을 수 있으나, ①항 및 ②항을 볼 때 가솔린만의 특징적인 노킹 항목이다. 이를 추정할 때 출제자 의도는 가솔린 노킹을 기준으로 본 문제를 출제한 것으로 사료된다.

7. 양호한 콘크리트 도로를 시속 60km의 속도로 주행 시 구름저항은? (단, 차량 총 중량 : 2,000kg, 구름저항계수 : 0.015)

① 20kg

② 30kg

③ 40kg

④ 50kg

해설 구름저항(rolling resistance)

자동차가 수평한 노면을 일정한 속도로 주행할 때 발생하는 저항, 구름저항은 타이어가 노면을 구를 때 타이어가 변형되는 데 따르는 저항, 노면의 변형에 의한 저항, 노면의 불균일(요철 등)에 의한 충격, 자동차 각 부 베어링의 마찰 등으로 구성된다.

구름저항(Rr) $= \mu \cdot W \cdot \cos\theta$

여기서, μ : 구름저항 계수

W : 차량 총중량(kg)

$\cos\theta$: 경사각

$\therefore$ Rr $= 0.015 \times 2,000 = 30$kg

8. 다음 중 윤활유의 역할이 아닌 것은?

① 오일 막을 형성하여 금속 표면의 내부 부식과 녹을 방지한다.

② 외부의 공기나 수분의 금속 표면 침투를 막아 방청을 한다.

③ 엔진이 작동할 때 각 부에서 발생되는 열을 흡수하여 온도를 유지한다.

④ 마찰로 인하여 발생한 열을 다른 곳으로 방열하여 냉각시키는 일을 한다.

해설 윤활유의 6대 기능

ㄱ 감마작용 : 마찰 및 마멸 감소

ㄴ 밀봉작용 : 틈새를 메꾸어 줌

ㄷ 냉각작용 : 기관의 열을 흡수하여 오일팬에서 방열

ㄹ 세척작용 : 카본, 금속 분말 등을 제거

ㅁ 방청작용 : 작동 부위의 부식 방지(=녹 방지)

ㅂ 응력분산작용 : 충격하중 작용 시 유막 파괴를 방지

9. 엔진이 정상 연소 시 실린더 벽의 온도로 적절한 것은?

① 60℃

② 80℃

③ 100℃

④ 120℃

해설 엔진 정상 연소 시 실린더 벽 온도

실린더 벽은 냉각수가 통하는 워터 재킷(water jacket)에 의해 실린더의 중앙부가 최고의 연소 온도(1,000~2,000℃)에 도달하여도 실린더 벽의 온도는 냉각수의 영향으로 약 150~180℃가 되어 소염작용을 하게 된다.

그러나 본 문제에서 주어진 보기항에는 150℃ 이상 되는 항목이 없다. 그러므로 150~180℃와 가장 근접한 온도가 될 수 있는 보기항 ④가 본 문제의 정답이라고 볼 수 있다.

10. 다음 중 가솔린과 비교 시 디젤의 장점이 아닌 것은?

① 진동이 적고 운전이 정숙하다.

② 인화점이 높아서 화재의 위험이 적다.

③ 토크 변동이 적어 운전이 용이하다.

④ 대기오염 성분이 적다.

해설 가솔린 기관과 디젤 기관의 특징 비교

장단점	가솔린 기관	디젤 기관
장점	• 배기량당 출력의 차이가 없고, 제작이 용이하다. • 가속성이 좋고, 운전성이 정숙하다. • 제작비가 적게 든다. • 기관 중량이 가벼워 마력당 중량이 작다.	• 연비가 좋고, 연료비가 저렴하다. • 열효율이 높다. • 토크 변동이 적고, 운전이 용이하다. • 대기오염 성분이 적다. • 인화점이 높아 화재의 위험이 적다.
단점	• 전기 점화 장치의 고장이 많다. • 연료소비량이 많아 연료비가 많이 든다. • 기화기식은 회로가 복잡하고 조정이 곤란하다. • 연료의 인화점이 낮아 화재의 위험이 있다.	• 마력당 중량이 크다. • 소음 및 진동이 크다. • 연료 분사 장치 등이 고급재료이고 정밀가공해야 하므로 제작비가 많이 든다. • 배기 중에 SO_2 유리탄소가 포함되어 있고, 매연으로 인한 스모그 현상이 발생한다. • 시동 전동기 출력이 커야 한다. • 기관의 강도가 커야하므로 중량이 크다.

※ 가솔린보다 디젤이 대기오염 성분은 적으나 PM(Particulate Matter, 입자상 물질) 및 NOx 등 인체에 매우 유해한 성분이 다량 배출되어 치명적인 공해물질 방출 주범으로 지목되고 있다.

11. 다음 중 자동차 제원의 정의가 잘못 설명된 것은?

① 윤거 : 차체 좌우 중심선 사이의 거리

② 전장 : 자동차의 제일 앞쪽 끝에서 뒤쪽 끝까지의 최대길이

③ 전고 : 접지면으로부터 자동차의 최고부까지의 높이

④ 축거 : 앞차축의 중심에서 뒤차축의 중심 간의 수평거리

> **해설** 윤거(tread)
>
> 좌우 타이어가 지면을 접촉하는 지점에서 좌우 두 개의 타이어 중심선 사이의 거리를 말하며, 윤간거리(輪間距離)라고도 한다.

12. 다음 중 EFI(Electronic Fuel Injection System) 전자제어 분사장치의 주요 특징으로 잘못된 것은?

① 배기가스 배출량 저감　　　② 시동 시 시동성능 향상

③ 조향능력 향상　　　　　　　④ 흡기효율 향상

> **해설** EFI(전자제어 분사장치, Electronic Fuel Injection System)
>
> 공회전 및 가속 상태의 압력과 온도에 맞게 연료를 공급하고 적절한 시기에 점화하여 엔진이 최고성능을 발휘할 수 있도록 하는 장치로 유해가스를 줄이고 높은 출력을 얻을 수 있도록 고안된 전자제어 연료 분사 장치이다.
>
> ▶ EFI 전자제어 분사장치의 특징
>
> 　㉠ 엔진 부하의 변동에 따라, 최적의 공연비를 맞출 수 있고, 최적의 연료분사량이 컴퓨터 내에 입력되어 있어 출력이 향상된다.
>
> 　㉡ 부하 변동에 따른 필요한 연료만을 공급할 수 있어 연료소비량이 적고 각 실린더마다 일정한 연료가 공급된다.
>
> 　㉢ 급격한 부하 변동에 따른 연료공급이 신속하게 이루어진다.
>
> 　㉣ 완전연소에 가까운 혼합비를 구성할 수 있어 연소가스 중의 배기가스를 감소시킨다.
>
> 　㉤ 한랭 시 엔진이 냉각된 상태에서 온도에 따른 적절한 연료를 공급할 수 있어 시동성능이 향상된다.
>
> 　㉥ 흡기 매니폴드의 공기 밀도로 분사량을 제어 공급하므로 고지에서도 적당한 혼합비를 형성하므로 출력의 변화가 적고, 흡기효율이 향상된다.

13. ABS의 셀렉트 로(select low) 제어방식이란 무엇인가?

① 제동력을 독립적으로 조정하는 방식

② 좌우 차륜의 속도를 비교하여 속도가 느린 바퀴 쪽에 유압을 제어하는 방식

③ 좌우 차륜의 감속도를 비교하여 먼저 슬립되는 바퀴에 맞추어 유압을 동시에 제어하는 방식

④ 좌우 차륜의 속도를 비교하여 속도가 빠른 바퀴를 제동하고 속도가 늦는 바퀴는 증속시키는 방식

해설 ABS 셀렉트 로(select low) 제어

제동할 때 좌우 바퀴의 감속도를 비교하여 먼저 슬립되는 바퀴에 맞추어 좌우 바퀴의 유압을 동시에 제어하는 방법이다. 즉, 원리는 1개의 차축에서 노면과 차륜 간의 마찰계수가 낮은 측 차륜을 기준으로 브레이크 압력을 동시에 제어하는 방식이다.

14. LPG 자동차의 연료 공급 순서를 바르게 나열한 것은?

⊙ : 전자판	ⓒ : 혼합기	ⓒ : 조정기	ⓔ : 여과기

① ⓔ-ⓒ-ⓒ-⊙　　　　　② ⊙-ⓔ-ⓒ-ⓒ
③ ⊙-ⓒ-ⓔ-ⓒ　　　　　④ ⓒ-ⓒ-⊙-ⓔ

해설 LPG 자동차 연료 공급 과정

LPG 차량의 연료계통은 가스 고압 용기에 들어있는 연료가 냉각수 온도(15℃ 기준)에 따라 액상(15℃ 이상) 또는 기상(15℃ 이하) 상태로 연료 파이프를 통하여 연료 필터에서 가스 내의 불순물을 여과하고 솔레노이드 밸브를 통하여 예열 히터에서 예열된 다음 감압기(베이퍼라이저, 감압 조정기) 내의 1차실로 들어가 1차 감압되고 다시 2차실에서 2차 감압(대기압 상태까지 완전 감압)되어 기화 상태에서 믹서를 통하여 엔진 연소실로 들어가게 된다.

▶ LPG 자동차 연료 공급 순서

LPG 탱크(액체 상태) → 여과기(액체 상태) → 솔레노이드밸브 → 프리히터 → 베이퍼라이저(기화, 감압 및 조압) → 믹서(혼합기) → 실린더

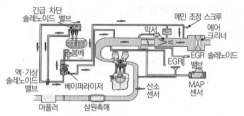

[LPG 연료장치 계통도]

▶ 용적 표시계(전자판)

봄베(탱크)에 일체로 붙어있으며, LPG 충전 시에 충전량을 나타내는 계기로 LPG는 봄베 용적의 85%까지만 충전해야 한다.

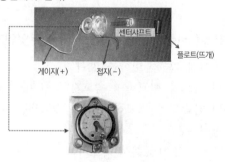

[용적 표시계 구조]

15. 하이브리드 시스템에서 기관과 변속기가 직접적으로 연결되어 바퀴를 구동시키는 방식으로 발전기를 사용하지 않는 방식은?

① 직렬형

② 병렬형

③ 직병렬형

④ 엑티브 에코 드라이브 시스템

해설 하이브리드 시스템의 형식

(1) 직렬형(series type) 하이브리드 : 엔진은 발전 전용이고, 주행은 모터만을 사용하는 방식

(2) 병렬형(parallel type) 하이브리드 : 엔진과 모터를 병용하여 주행하는 방식

　㉠ 발진 때나 저속으로 달릴 때는 모터로 주행

　㉡ 어느 일정 속도만 되면 금속 벨트 방식의 무단 변속기를 써서 효율이 가장 좋은 조건에서는 엔진 주행

(3) 직병렬형(series-parallel type) 하이브리드 : 직병렬 하이브리드 시스템은 양 시스템의 특징을 결합한 형식

　㉠ 발진 때나 저속으로 달릴 때 : 모터만으로 달리는 직렬형 적용

　㉡ 어느 일정 속도 이상으로 달릴 때 : 엔진과 모터를 병용해서 주행하는 병렬형 기능을 발휘

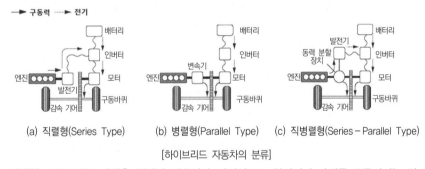

(a) 직렬형(Series Type)　　(b) 병렬형(Parallel Type)　　(c) 직병렬형(Series－Parallel Type)

[하이브리드 자동차의 분류]

※ 병렬형 하이브리드 방식은 기관과 변속기가 직접적으로 연결되어 바퀴를 구동시키는 방식으로 발전기를 사용하지 않는다.

16. 다음 중 최종감속 기어 장치에 대한 설명으로 틀린 것은?

① 추진축의 회전력을 직각으로 바꾸어 뒤차축에 전달해 준다.

② 엔진으로부터 받은 동력을 최종적으로 감속시켜 회전력을 증대시킨다.

③ 스파이럴 베벨기어는 추친축의 높이를 낮출 수 있어 자동차의 중심이 낮아져 안전성이 증대된다.

④ 하이포이드 기어는 구동 피니언의 중심을 링 기어 중심보다 아래로 낮출 수 있다.

해설 종감속 기어(Final Reduction Gear)

종감속 기어는 추진축의 회전력을 직각으로 전달하며, 엔진의 회전력을 마지막으로 감속시켜 구동력을 증가시킨다. 구조는 구동 피니언과 링 기어로 되어 있으며, 종류에는 웜과 웜 기어, 베벨기어, 하이포이드 기어가 있다.

▶ **종감속 기어의 종류 및 특징**

(1) 웜과 웜 기어

    ㉠ 감속비를 크게 할 수 있다.

    ㉡ 차축의 높이를 낮출 수 있다.

    ㉢ 전동효율이 낮다.

    ㉣ 발열되기 쉽다.

(2) 베벨기어

    1) 스퍼 베벨기어 : 기어의 이가 곧은 것(마모가 빠르기 때문에 현재는 사용되지 않음)

    2) 스파이럴 베벨기어 : 기어의 이가 곡선으로(선회) 된 것(가장 많이 사용)

        ㉠ 기어 물림률이 높아 전동효율이 양호하다.

        ㉡ 회전이 정숙하고 원활하다.

        ㉢ 마모가 적다.

        ㉣ 측압이 발생한다.

(3) 하이포이드 기어

    ㉠ 스파이럴 베벨기어의 변형이다(스파이럴 베벨기어와 치형은 같음).

    ㉡ 구동 피니언 기어의 중심이 링 기어의 중심 아래에 위치한다(오프셋 량 : 링 기어 직경의 10~20% 정도).

    ㉢ 구동 피니언의 오프셋에 의해 추진축의 높이를 낮출 수 있어 자동차의 중심이 낮아져 안전성 및 거주성이 증대된다(차축 중심이 낮음).

    ㉣ 구동 피니언 기어의 이를 크게 할 수 있다(강도 증대).

    ㉤ 회전이 정숙하다.

    ㉥ 제작이 어렵다.

    ㉦ 측압이 커서 극압 오일(하이포이드용 오일)을 사용해야 한다.

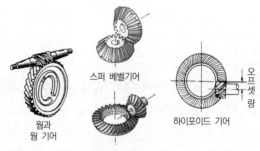

[종감속 기어의 종류]

1. 다음 중 가솔린 기관에서 노킹의 원인과 거리가 먼 것은?

① 부하가 클 때

② 점화시기가 느릴 때

③ 압축비가 클 때

④ 혼합비가 맞지 않을 때

해설 노킹 발생 원인(가솔린 기관)

ㄱ 기관에 과부하가 걸렸을 때

ㄴ 기관이 과열되거나 압축비가 급격히 증가할 때

ㄷ 점화시기가 너무 빠를 때

ㄹ 혼합비가 희박할 때

ㅁ 낮은 옥탄가의 가솔린을 사용하였을 때

ㅂ 연료에 이물질 또는 불순물이 포함되었을 때

2. 자동차 구조·기능에 대한 설명으로 옳은 것은?

① 주행장치는 운전자가 조향 휠을 회전시켜 주행 방향을 임의로 바꾸는 장치이다.

② 동력 전달 장치는 열에너지를 기계적 에너지로 바꾸어 유효한 일을 할 수 있도록 하는 장치이다.

③ 4행정 기관의 동력 발생 순서는 흡입, 폭발, 압축, 배기이다.

④ 현가장치는 주행 중 노면에서 받은 충격이나 진동을 완화시켜주는 장치이다.

해설 ①항 운전자가 조향 휠을 회전시켜 주행 방향을 임의로 바꾸는 장치는 조향장치이다.

②항 열에너지를 기계적 에너지로 바꾸어 유효한 일을 할 수 있도록 하는 장치는 동력 발생 장치(열기관 또는 엔진)이다.

③항 4행정 기관의 동력 발생 순서는 흡입, 압축, 폭발(동력), 배기행정 순서로 이루어져 있다.

3. 다음 중 배기가스 제어장치가 아닌 것은?

① 제트 에어 장치

② 가열 공기 흡입장치

③ 캐니스터

④ 촉매 변환 장치

해설 활성탄 캐니스터(charcoal canister)

연료 탱크에서 발생한 HC 증발가스를 포집하는 것은 차콜(활성탄) 캐니스터이다. PCSV(퍼지 컨트롤 솔레노이드 밸브)는 엔진 ECU의 제어를 통해 캐니스터에 포집된 HC가스를 연소실로 보낸다.

4. 다음 타이어 규격표시로 틀린 것은?

P	235/55ZR	17	103W
승용차	㉠ ㉡	㉢	㉣

① ㉠-타이어 길이를 mm로 표시 ② ㉡-편평비
③ ㉢-Rim 직경(inch) ④ ㉣-최대 하중지수

해설 타이어의 치수 표기

$$편평비 = \frac{H(단면높이)}{W(단면폭)} \times 100$$

▶ 235/55ZR 17 103W
  • 235 : 타이어 단면폭(mm)
  • 55 : 편평비(%)
  • ZR : 레이디얼 타이어(R), 고속 주행 타이어(ZR)
  • 17 : 타이어 내경 또는 림 직경(inch)
  • 103 : 하중지수(허용최대하중)
  • W : 속도기호(허용최고속도)

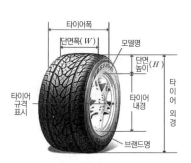

5. 브레이크 휠 실린더의 힘을 받아 회전하는 드럼을 압착하는 부품은?

① 마스터실린더 ② 휠 실린더
③ 브레이크 슈 ④ 브레이크 드럼

해설 유압식 브레이크 구조
  ㉠ 마스터 실린더 : 페달의 기계적 운동을 유압으로 전환시키는 부품
  ㉡ 휠 실린더 : 유압을 기계적 운동으로 전환시켜 브레이크 슈를 작동시키는 부품
  ㉢ 브레이크 슈 : 휠 실린더 피스톤의 힘을 받아 회전하는 드럼을 압착하는 부품
  ㉣ 브레이크 드럼 : 휠 허브에 볼트로 설치되어 바퀴와 함께 회전하며 슈와의 마찰로 제동력을 발생시키는 부품

6. 무게중심을 원점으로 다음의 X, Y, Z의 고정좌표를 통한 기본 운동특성에 대한 설명으로 옳은 것은?

  • X축은 차량을 좌우로 나누는 무게중심을 지나는 중심선
  • Y축은 무게중심을 통과하면서 차량을 전후로 나누는 X축과의 수직선
  • Z축은 차량의 무게중심을 통과하는 수직선

① X축을 중심으로 차체가 좌우 회전운동하는 고유 진동을 서징이라 한다.
② Y축을 중심으로 차체가 전후 회전운동하는 고유 진동을 롤링이라 한다.
③ Z축을 중심으로 차체가 좌우 회전운동하는 고유 진동을 요잉이라 한다.
④ X축을 따라 차체 전체가 상하로 직선운동하는 고유 진동을 바운싱이라 한다.

해설 스프링의 위 질량의 진동
　　ⓐ X축을 중심으로 차체가 좌우 회전운동하는 고유 진동을 롤링이라 한다.
　　ⓑ Y축을 중심으로 차체가 전후 회전운동하는 고유 진동을 피칭이라 한다.
　　ⓒ Z축을 따라 차체전체가 상하로 직선운동하는 고유 진동을 바운싱이라 한다.

7. 다음 중 카커스 코드를 빗금 방향으로 하고 브레이커를 원둘레 방향으로 넣어서
만든 타이어는?

① 스노우 타이어
② 바이어스 타이어
③ 레이디얼 타이어
④ 편평 타이어

해설 레이디얼 타이어와 바이어스(보통) 타이어
　　ⓐ 레이디얼 타이어 : 카커스 코드를 단면 방향으로 하고, 브레이커를 원둘레 방향으로 넣어
　　서 만든 것
　　ⓑ 바이어스(보통) 타이어 : 카커스 코드를 빗금 방향으로 하고, 브레이커를 원둘레 방향으로
　　넣어서 만든 것

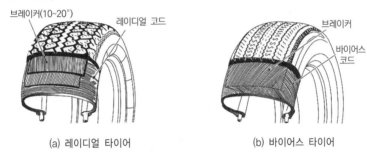

(a) 레이디얼 타이어　　　　　　(b) 바이어스 타이어

8. 전자제어장치 ECU(Electronic Control Unit)에 대한 설명으로 틀린 것은?

① 엔진의 상태를 센서에 의하여 검출하고, 노킹으로부터 엔진을 보호하도록 점화
타이밍을 조절해 준다.
② 엔진의 파워, 토크, 연비에 영향을 미친다.
③ 차량의 평균속도를 제어하고, 차간거리 최소화에 영향을 미친다.
④ 운전자의 주행방식을 분석하고, 최적화된 운행에 도움을 준다.

해설 전자제어장치 ECU(Electronic Control Unit)
　　센서값을 기초로 점화시기와 연료분사, 공회전, 한계값 설정 등 엔진의 핵심 기능을 정밀하
　　게 제어함은 물론 자동 변속기 제어를 비롯해 구동계통, 제동계통, 조향계통 등 차량의 전반
　　적인 부분을 제어해 차량을 최적 상태로 유지해 준다.

9. 디젤 승용자동차의 시동장치 회로 구성요소가 아닌 것은?

① 축전지 ② 기동 전동기
③ 점화장치 ④ 예열장치 및 시동 스위치

> **해설** 디젤 승용자동차의 시동장치 회로 구성은 축전지, 기동 전동기, 예열장치 및 시동 S/W 등이 있으며, 디젤 엔진은 자기착화 엔진으로 가솔린과 LPG 엔진에 필요한 점화장치는 필요하지 않다.

10. 다음 중 차륜 정렬의 요소가 아닌 것은?

① 캐스터(caster) ② 토(toe)
③ 캠버(camber) ④ 쉐이크(shake)

> **해설** 앞바퀴(전차륜) 정렬의 요소
> ㉠ 캠버
> ㉡ 토인
> ㉢ 캐스터
> ㉣ 킹핀 경사각
> ㉤ 선회 시 토아웃
>
> ※ 쉐이크(shake) : 자동차가 노면을 주행하면 노면의 요철이 차체를 진동시키고 그 힘은 가진력으로 작용한다. 가진력은 현가장치에 의하여 차체, 시트 및 조향 휠 등에 전달되어 각 부품이 상하, 좌우로 심하게 요동하는 현상을 쉐이크라고 한다. 또한 쉐이크는 평탄한 도로를 고속 주행할 때 특정한 속도 범위에서 차체 전체가 연속적으로 진동하는 경우이다.

1. 전자제어 연료 분사 장치에서 기본 연료분사량을 결정하는 센서는?

① 스로틀 포지션 센서(TPS) ② 대기압 센서(BPS)
③ 흡기온도 센서(ATS) ④ 흡입공기량 센서(AFS)

해설 흡입공기량 센서(AFS : Air Flow Sensor)
실린더에 공급되는 흡입공기량을 검출하여 ECU에 입력시키는 것이며, ECU는 실린더에 공급되는 흡입공기량에 알맞는 기본 연료분사량을 결정하게 된다.

2. 4사이클 4기통 엔진에서 1번 실린더가 폭발행정을 할 때 3번 실린더는 무슨 행정을 하는가? (단, 점화순서는 1-2-4-3)

① 흡입행정 ② 압축행정
③ 폭발행정 ④ 배기행정

해설 점화순서에 의하여 실린더 행정구하기

점화순서
1-2-4-3

3. 다음 중 현가장치의 구성요소가 아닌 것은?

① 스프링 ② 스테빌라이저
③ 타이로드 ④ 쇽업소버

해설 현가장치
(1) 기능
ㄱ 주행 중 노면에서 받은 충격이나 진동 완화
ㄴ 승차감과 주행 안전성 향상
ㄷ 자동차 부품의 내구성 증대
ㄹ 차축과 프레임(차대) 연결
(2) 구성요소
ㄱ 스프링
ㄴ 쇽업소버
ㄷ 스테빌라이저

4. 가솔린 기관과 비교했을 때 디젤 기관이 갖는 특징으로 맞는 설명은?

① 연료의 인화점이 낮아 화재의 위험이 있다.
② 가속성이 좋고, 운전성이 정숙하다.
③ 기관의 단위 출력당 중량이 가볍다.
④ 진동 및 소음이 크다.

해설 가솔린 기관과 디젤 기관의 특징 비교

장단점	가솔린 기관	디젤 기관
장점	• 배기량당 출력의 차이가 없고, 제작이 용이하다. • 가속성이 좋고, 운전성이 정숙하다. • 제작비가 적게 든다. • 기관 중량이 가벼워 마력당 중량이 작다.	• 연비가 좋고, 연료비가 저렴하다. • 열효율이 높다. • 토크 변동이 적고, 운전이 용이하다. • 대기오염 성분이 적다. • 인화점이 높아 화재의 위험이 적다.
단점	• 전기 점화 장치의 고장이 많다. • 연료소비량이 많아 연료비가 많이 든다. • 기화기식은 회로가 복잡하고 조정이 곤란하다. • 연료의 인화점이 낮아 화재의 위험이 있다.	• 마력당 중량이 크다. • 소음 및 진동이 크다. • 연료 분사 장치 등이 고급재료이고 정밀가공해야 하므로 제작비가 많이 든다. • 배기 중에 SO_2 유리탄소가 포함되어 있고, 매연으로 인한 스모그 현상이 발생한다. • 시동 전동기 출력이 커야 한다. • 기관의 강도가 커야 하므로 중량이 크다.

5. 자동차가 선회할 때 바깥쪽 바퀴의 회전수를 안쪽 바퀴보다 많게 해주는 장치는?

① 종감속 기어 장치
② 차동 기어 장치
③ 오버드라이브 장치
④ 유성 기어 장치

해설 차동 기어 장치
　(1) 기능 : 선회 시 좌우 구동륜의 회전수에 차이를 두어 원활한 회전이 되도록 한 장치
　(2) 원리 : 랙과 피니언의 원리

6. 다음 중 유압식 브레이크는 무슨 원리를 이용한 것인가?

① 랙과 피니언의 원리　　　　② 파스칼의 원리
③ 애커먼 장토식의 원리　　　④ 키르히호프의 법칙

해설 유압식 브레이크의 원리 : 파스칼의 원리
　유압식 브레이크는 파스칼의 원리를 이용한 장치이다. 파스칼의 원리란 밀폐된 용기 내에 액체를 가득 채우고 압력을 가하면 모든 방향으로 같은 압력이 작용한다는 원리이다.

7. 어느 4행정 사이클 기관의 밸브 개폐 시기가 다음과 같다. 설명 중 옳은 것은?

> • 흡기 밸브 열림 : 상사점 전 18° • 흡기 밸브 닫힘 : 하사점 후 48°
> • 배기 밸브 열림 : 하사점 전 45° • 배기 밸브 닫힘 : 상사점 후 14°

① 흡기행정 기간은 239°, 밸브 오버랩은 63°이다.
② 흡기행정 기간은 246°, 밸브 오버랩은 63°이다.
③ 배기행정 기간은 239°, 밸브 오버랩은 32°이다.
④ 배기행정 기간은 246°, 밸브 오버랩은 32°이다.

해설 흡기행정 기간 및 밸브 오버랩 각

ㄱ 흡기행정 기간=흡기 밸브 열림각+180°+흡기 밸브 닫힘각=18+180+48=246
　∴ 흡기행정 기간=246°
ㄴ 배기행정 기간=배기 밸브 열림각+180°+배기 밸브 닫힘각=45+180+14=239
　∴ 배기행정 기간=239°
ㄷ 밸브 오버랩=흡기 밸브 열림각+배기 밸브 닫힘각=18+14=32
　∴ 밸브 오버랩 기간=32°

8. 다음 〈보기〉에서 기관의 과열 원인을 바르게 짝지은 것은?

> ㉠ 냉각수 부족 ㉡ 팬벨트의 장력 과다
> ㉢ 수온 조절기가 열린 상태에 고착 ㉣ 수온 조절기가 닫힌 상태에서 고착

① ㉡, ㉣ ② ㉠, ㉢
③ ㉠, ㉣ ④ ㉡, ㉢

해설 기관의 과열 원인
• 냉각수 부족, 누출
• 팬벨트 장력 헐거움
• 냉각수 통로의 막힘
• 벨트 장력 과소
• 물 펌프 불량
• 수온 조절기 불량(=수온 조절기 닫힌 채 고착)
• 팬벨트 끊어짐

9. 다음 중 납산 축전지에 대한 설명으로 잘못된 것은?

① 화학적 평형을 고려하여 셀당 음극판을 양극판보다 1장 더 둔다.
② 양극은 해면상납(Pb), 음극은 과산화납(PbO_2)으로 구성되어 있다.
③ 배터리 단자의 굵기는 양극이 음극보다 더 굵다.
④ 축전지를 탈착할 때에는 접지 터미널을 먼저 풀고, 설치할 때에는 나중에 설치한다.

해설 축전지의 양극판은 과산화납(PbO_2), 음극판은 해면상납(Pb)으로 구성되어 있다.

10. 다음 〈보기〉 중 병렬 연결해야 하는 것끼리 묶은 것은?

> ㉠ 멀티미터로 전압 측정 시   ㉡ 멀티미터로 전류 측정 시
> ㉢ 전조등 회로의 연결   ㉣ 직권 전동기 계자 코일과 전기자 코일의 결선

① ㉠, ㉡   ② ㉡, ㉢

③ ㉠, ㉢   ④ ㉡, ㉣

해설 전압 측정 시 직렬로 연결하면 정확한 값을 측정할 수 없으며, 내부의 높은 저항값으로 인해 열이 발생되기 때문에 병렬로 연결한다. 또한 양쪽 전조등은 하이빔과 로우빔 별로 병렬로 연결되어 있으며, 전조등 회로는 전류가 많이 흐르기 때문에 복선식 배선으로 되어 있다.

11. 자동제한 차동 기어 장치(LSD)의 특징을 잘못 설명한 것은?

① 미끄러운 노면에서의 출발이 용이하게 한다.

② 요철 노면을 주행할 때 자동차의 후부 흔들림을 방지한다.

③ 타이어의 미끄러짐 감소로 타이어 수명이 연장된다.

④ 제동 시 제동력이 증대되어 제동거리가 단축된다.

해설 자동제한 차동 기어 장치(LSD : Limited Silp Differential System)

(1) 목적

자동으로 차동 기어 장치를 제한하여 미끄러운 노면에서 출발을 용이하게 한 장치

(2) 기능

㉠ 미끄러운 노면에서의 출발이 용이하게 또는 미끄러짐 방지

㉡ 요철 노면을 주행할 때 자동차의 후부 흔들림 방지

㉢ 타이어의 미끄러짐 감소로 타이어 수명 연장

㉣ 급가속하거나 선회할 때 바퀴의 공전을 방지

㉤ 급가속하여 직진 주행 시 안정성 우수

경북 기출문제 (2017. 06. 17. 시행)

1. 엔진의 크랭크축의 회전력이 커서 이걸 조절해 주는 장치가 필요하다. 이 장치는 무엇인가?

① 타이밍 체인　　　　　　　② 클러치판
③ 플라이휠　　　　　　　　　④ 비틀림 진동 방지기

해설 플라이휠(fly wheel)

(1) 기능 : 크랭크축 끝에 플라이휠을 설치하여 그 관성을 이용하여 폭발행정에서 발생한 회전력의 주기적인 변동을 되도록 적게 하여 회전을 원활하게 하는 장치이다.

(2) 역할
　㉠ 크랭크축 출력축에 플랜지에 볼트로 설치되어, 에너지를 일시적으로 저장하였다가 다시 방출하는 일을 수행한다.
　㉡ 관성력에 의해 크랭크축의 회전속도 변화를 적게 하여 기관의 회전 상태를 고르게 한다 (=엔진의 맥동운동을 원활하게 함).
　㉢ 클러치 마찰면으로 활용한다.
　㉣ 시동 시 기동 모터의 동력을 전달 받는 링 기어가 부착되어 있다.

2. 다음 중 현가장치가 아닌 것은?

① 스테빌라이저　　　　　　　② 스프링
③ 쇽업소버　　　　　　　　　④ 차동 기어

해설 현가장치

(1) 기능
　㉠ 주행 중 노면에서 받은 충격이나 진동 완화
　㉡ 승차감과 주행 안전성 향상
　㉢ 자동차 부품의 내구성 증대
　㉣ 차축과 프레임(차대) 연결

(2) 구성요소
　㉠ 스프링
　㉡ 쇽업소버
　㉢ 스테빌라이저

3. 다음 중 알칼리 축전지의 특징이 아닌 것은?

① 보수 및 취급이 용이하다.
② 수명이 매우 길다.
③ 충·방전 시 시간의 경과에 따라 전압이 급격히 변화하지 않아 시동성능이 우수하다.
④ 에너지 밀도가 약 25~35Wh/kgf 정도로 높다.

해설 알칼리 축전지의 장단점
   (1) 알칼리 축전지의 장점
      ㉠ 과충전 · 과방전 및 장기 방치 등 가혹한 조건에 잘 견딘다.
      ㉡ 고율 방전성능이 매우 우수하다.
      ㉢ 냉간 시동성능이 좋다.
      ㉣ 출력 밀도가 크다.
      ㉤ 수명이 매우 길다(10~20년).
      ㉥ 충전 시간이 짧다.
   (2) 알칼리 축전지의 단점
      ㉠ 에너지 밀도가 25~35Wh/kgf 정도로 낮다.
      ㉡ 전극으로 사용하는 금속의 가격이 매우 비싸다.
      ㉢ 자원상 대량 공급이 어렵다.
   ※ 출력 밀도 : 단위 중량당 축전지에서 얻을 수 있는 출력의 크기(W/kgf)를 말한다.
   ※ 에너지 밀도 : 축전지 단위 중량당 충전 가능한 에너지의 양(Wh/kgf)을 말한다.

4. 다음 중 배출가스의 설명으로 옳은 것은?

  ① 질소산화물은 햇빛 속의 자외선과 반응하여 광화학 스모그의 주원인이 되어 눈이나 호흡기에 자극을 준다.

  ② 탄화수소는 배출가스 중 그 양이 가장 많으며, 인체에 들어와 혈액 중의 헤모글로빈과 결합하면 혈액의 산소량 결핍을 가져오게 된다.

  ③ 일산화탄소는 광화학 스모그 형성으로 시계를 악화시키며 점막을 자극하고, 미각을 잃게 하며, 장시간 노출되면 뇌를 자극하여 환각을 일으키기도 한다.

  ④ 이산화탄소는 특이한 자극적인 냄새를 가진 적갈색의 기체이다. 질소산화물의 하나로서, 일산화질소에 산소를 섞으면 생성된다. 유독하고 산화작용이 강하다.

해설 ②항은 일산화탄소(CO)의 특징이며, ③항은 탄화수소(HC)의 특징이다. 또한 ④항은 이산화질소(NO_2)에 대한 특징을 설명하고 있다.

5. 다음 중 성능에 관한 용어의 정의로 잘못 설명한 것은?

  ① 엔진이 단위 출력을 발생하기 위해서 단위 시간당 소비하는 연료의 양을 연료소비율이라 한다.

  ② 총감속비는 엔진의 회전속도와 구동바퀴의 회전속도와의 비를 말하며, 변속기의 변속비와 종감속기의 감속비를 곱하여 구한다.

  ③ 최소 회전반경은 선회할 때 안쪽 앞바퀴자국의 중심선을 따라 측정하여 12미터를 초과하여서는 아니 된다.

  ④ 등판능력은 자동차가 최대 적재 상태에서 변속 1단으로 언덕을 올라갈 수 있는 능력을 말하며, 등판할 수 있는 최대 경사각도로 표시한다.

해설 최소 회전반경
자동차의 최소 회전반경은 바깥쪽 앞바퀴자국의 중심선을 따라 측정할 때에 12미터를 초과하여서는 아니 된다.

6. 다음 중 수동 변속기의 소음 원인이 아닌 것은?

① 기어의 과도한 마모 ② 주축 스플라인부의 마모
③ 변속기 축 방향 유격이 클 때 ④ 오일 유량이 과다할 때

해설 수동 변속기에서의 주요 소음 원인
　㉠ 불충분한 윤활로 인한 기어의 과도한 마모
　㉡ 마모되거나 손상된 베어링
　㉢ 주축 스플라인부의 마모
　㉣ 변속기 축 방향의 과도한 유격
　㉤ 유량 부족으로 인한 윤활 불량

7. 기관의 오일압력이 높아지는 원인이 아닌 것은?

① 엔진의 온도가 높아 오일의 점도가 낮다.
② 윤활회로 내의 막힘
③ 유압 조절 밸브 스프링의 장력이 과다하다.
④ 유압 조절 밸브가 막힌 채로 고착

해설 유압이 높아지는 원인
　㉠ 엔진의 온도가 낮아 오일의 점도가 높다.
　㉡ 윤활회로 내의 막힘
　㉢ 유압 조절 밸브(릴리프 밸브) 스프링의 장력이 과다하다.
　㉣ 유압 조절 밸브가 막힌 채로 고착
　㉤ 각 마찰부의 베어링 간극이 적을 때

8. 앞엔진 앞바퀴 구동방식의 특징이 아닌 것은?

① 엔진과 구동바퀴의 거리가 짧아 동력 손실이 적다.
② 긴 추진축을 사용하기 때문에 발진 가속 시 출력성능이 좋다.
③ 직진 안정성이 좋은 언더스티어링 경향이 있다.
④ 미끄러지기 쉬운 노면의 주파성이 좋다.

해설 앞엔진 앞바퀴 구동차(FF)의 주요 특징
　㉠ 엔진과 구동바퀴의 거리가 짧아 동력 손실이 적다.
　㉡ 실내공간이 넓다.
　㉢ 직진 안전성이 좋은 언더스티어링 경향이 있다.
　㉣ 미끄러지기 쉬운 노면의 주파성이 좋다.

9. 교류 발전기에서 전압을 조정하는 역할을 하는 것은?

① 로터
② 제너 다이오드
③ 스테이터
④ 컷 아웃 릴레이

해설 제너 다이오드(Zener diode)

다이오드에 역방향 전압을 가했을 때도 전류가 거의 흐르지 않다가, 어느 한계 이상의 전압을 가하면 역방향으로도 도통되어 전류가 흐르게 되는 특성을 가진 것이 제너 다이오드이다. 이 특성을 이용하여 교류 발전기용 전압 조정기에 사용된다.

10. 다음 중 하이포이드 기어의 특징으로 틀린 것은?

① 추진축의 높이를 낮게 할 수 있어 차실 바닥이 낮아진다.
② 구동 피니언 기어의 중심이 링 기어의 중심 아래에 위치한다.
③ 기어의 물림 율이 크고, 회전이 정숙하다.
④ 낮은 압력으로 구동되기 때문에 오일에 제한을 받지 않는다.

해설 하이포이드 기어의 특징

㉠ 스파이럴 베벨기어의 변형이다(스파이럴 베벨기어와 치형은 같음).
㉡ 구동 피니언 기어의 중심이 링 기어의 중심 아래에 위치한다(오프셋 량 : 링 기어 직경의 10~20% 정도).
㉢ 중심 높이를 낮출 수 있어 안전성 및 거주성이 향상된다(차축 중심이 낮음).
㉣ 구동 피니언 기어의 이를 크게 할 수 있다(강도 증대).
㉤ 기어의 물림 율이 크고, 회전이 정숙하다.
㉥ 제작이 다소 어렵다.
㉦ 기어 이의 폭 방향으로 미끄럼 접촉을 하므로 압력이 커 극압 윤활유를 사용해야 한다.

1. 가솔린 기관과 비교 시 LPG 기관의 장점으로 맞는 것은?

① 감압, 기화장치에서 주기적으로 타르를 배출할 수 있다.

② 저속·고부하 시 또는 냉간 시 엔진 부조가 발생될 염려가 없다.

③ 주행 중 전반적으로 엔진의 온도가 낮아 NOx의 발생이 적다.

④ 혼합비가 희박하여 배기가스 중의 CO의 배출량이 적다.

해설 LPG 엔진의 장단점

장점	단점
1. 가솔린보다 가격이 저렴하여 경제적이다.	1. 증발잠열로 인하여 겨울철 엔진 시동이 어렵다.
2. 엔진오일의 소모가 적으므로 오일 교환 주기가 길어진다.	2. 연료의 취급과 절차, 보급이 불편하고 트렁크의 사용공간에 제약을 받는다.
3. 옥탄가가 높아(90~120) 노킹 현상이 일어나지 않는다.	3. 일반적으로 NOx의 배출가스는 가솔린에 비해 더 많이 배출된다.
4. 연소실에 카본 부착이 없어 점화플러그의 수명이 길어진다.	4. 가스연료를 사용하므로 위험성에 항시 노출된다.
5. 기체 연료이므로 열에 의한 베이퍼 록이나 퍼컬레이션 등이 발생하지 않는다.	5. LPG 연료 봄베 탱크를 고압 용기로 사용하기 때문에 차량의 중량이 증가한다.
6. 가솔린에 비해 쉽게 기화하므로 연소가 균일하여 엔진 소음이 적다.	
7. 혼합기가 가스 상태로 실린더에 공급되기 때문에 일산화탄소(CO)의 배출량이 적다.	
8. 황(S) 성분이 매우 적어 연소 후 배기가스에 의한 부식 및 배기다기관, 소음기 등의 손상이 적다.	

2. 다음 중 디젤 기관 예열 플러그에 대한 설명으로 틀린 것은?

① 연소실에 분사된 연료를 가열하여 노킹을 줄일 수 있다.

② 실드형 예열 플러그는 예열 시간이 코일형에 비해 조금 길지만 1개당 발열량과 열용량은 크다.

③ 통상 예연소실식과 와류실식에 주로 사용한다.

④ 예열 플러그의 적열 상태를 운전석에서 점검할 수 있도록 하는 예열지시등이 설치되어 있다.

해설 디젤 기관 예열 플러그

디젤 엔진은 압축착화 엔진이므로 한랭 시에는 잘 착화되지 않는다. 예열 플러그는 실린더나 흡기다기관 내의 공기를 미리 가열하여 시동을 쉽게 해주는 장치이다. 즉, 연소실에 분사된 연료를 가열하여 노킹을 줄이는 목적으로 설치된 것이 아니다.

3. 다음 중 자동차의 앞면 창유리로 사용되는 유리로 맞는 것은?

① 안전유리
② 이중접합유리
③ 강화유리
④ 합성유리

해설 「자동차 및 자동차부품의 성능과 기준에 관한 규칙」 제34조(창유리 등) 제1항

자동차의 앞면창유리는 접합유리 또는 유리 · 플라스틱 조합유리로, 그 밖의 창유리는 강화유리, 접합유리, 복층유리 또는 유리 · 플라스틱 조합유리 중 하나로 하여야 한다. 다만, 컨버터블자동차 및 캠핑용자동차 등 특수한 구조의 자동차의 앞면 외의 창유리와 피견인자동차의 창유리는 그러하지 아니하다.

4. 다음 중 교류 발전기의 설명으로 옳은 것은?

① 실리콘 다이오드로 정류하므로 전기적 용량이 크다.
② 회전 부분에 정류자를 두어 허용 회전속도의 한계를 높일 수 있다.
③ 에너지 회생 제동기능 있어 감속 시 배터리를 충전할 수 있다.
④ 컷 아웃 릴레이를 사용하여 일정한 출력의 전압을 생성한다.

해설 교류(AC) 발전기의 특징

㉠ 저속에서도 충전성능이 우수하다.
㉡ 고속 회전에 잘 견딘다.
㉢ 회전부에 정류자가 없어 허용 회전속도 한계가 높다.
㉣ 소형 반도체(다이오드)에 의한 정류를 하기 때문에 전기적 용량이 크다.
㉤ 소형 경량이다.
㉥ 컷 아웃 릴레이 및 전류 조정기를 필요로 하지 않는다.

5. 다음 중 등화장치와 관련된 설명으로 맞는 것은?

① 필라멘트식 주행빔의 광도 기준은 43,800~430,000cd이다.
② 광원에서 나오는 빛의 다발을 광속이라 하고, 단위는 루멘(lm)으로 나타낸다.
③ 전조등 광도의 측정 단위는 룩스(lx)로 나타낸다.
④ 조도는 광도에 비례하고 거리에 반비례한다.

해설 ①항 필라멘트식 주행빔의 광도 기준은 15,000(4등식 중 주행빔과 변환빔 동시 점등되는 형식 :
12,000cd)~112,500cd이다.
③항 전조등 광도의 측정 단위는 칸델라(cd)로 나타낸다.
④항 조도는 광도에 비례하고, 광원으로부터의 거리에 제곱에 반비례한다.

6. 디젤 기관 분사 노즐의 구비조건에 대한 설명으로 틀린 것은?

① 고온 고압의 가혹한 조건에서 장시간 사용할 수 있어야 한다.

② 연료의 분무는 연소실 전체에 고루 퍼져야 한다.

③ 연료를 굵은 물방울 입자 모양으로 분사해 엔진의 출력을 높여야 한다.

④ 연료의 분사 종료 시 연료를 완전히 차단하여 후적이 일어나지 않도록 하여야 한다.

해설 디젤 기관 분사 노즐의 구비조건
㉠ 무화(미립화)가 잘될 것
㉡ 분산이 좋을 것
㉢ 충분한 압력이 있을 것
㉣ 내구성이 좋을 것
㉤ 후적이 없을 것
※ 연료방울이 작을수록 미립화(미세하게) 즉 더욱 연소를 효율적으로 할 수 있다.

7. 대형차에서 주로 사용하는 허브 베어링으로 맞는 것은?

① 평(레이디얼) 베어링 1개

② 평(레이디얼) 베어링 1개와 테이퍼 롤러 베어링 1개

③ 테이퍼 롤러 베어링 2개

④ 평(레이디얼) 베어링 2개

해설 자동차에서 앞 휠 베어링은 테이퍼 롤러 혹은 볼 베어링을 사용하는데, 대형차, 버스, 특수차등은
앞 휠 베어링으로 테이퍼가 붙은 롤러 베어링인 테이퍼 롤러 베어링을 주로 사용한다.

8. 다음 중 조향장치의 최소 회전반경에 대한 설명이 잘못된 것은?

① 좌우 조향차륜의 스핀들 연장선은 항상 후 차축 연장선의 한 점에서 만난다.

② 최소 회전반경은 각 회전의 중심점에서 바깥쪽 휠의 킹핀까지의 거리로 나타낸다.

③ 자동차가 직진 위치에 있을 때 앞차축과 스티어링 너클 암, 타이로드가 사다리꼴
형상을 한다.

④ 선회 시 바깥쪽 바퀴의 조향각이 안쪽 바퀴의 조향각보다 작으며 최소 회전반경
을 구할 때는 바깥쪽 바퀴의 조향각이 필요하다.

해설 최소 회전반경(minimum turning radius)
자동차의 핸들을 최대로 회전시킨 상태에서 선회할 때 가장 바깥쪽 바퀴의 접지면 중심이 그리는
원의 반지름을 말하며, 바깥쪽 바퀴의 접지면 중심이 그리는 원의 반지름으로 나타낸다.

9. 다음 중 제동등에 대한 설명으로 틀린 것은?

① 제동등의 등광색은 적색이며 좌우 각각 1개씩 설치되어 있다.

② 1등광 유효 조광면적은 $22cm^2$ 이상이어야 한다.

③ 다른 등화와 겸용하는 제동등의 경우에는 제동조작을 할 때에 그 광도가 6배 이상으로 증가하는 구조이어야 하다.

④ 1등당 광도는 40cd 이상 420cd 이하이어야 한다.

해설 다른 등화와 겸용하는 제동등은 제동조작을 할 경우 그 광도가 3배 이상으로 증가하는 구조이어야 한다.

10. 다음은 수냉식 냉각장치에 대한 설명이다. 내용이 맞는 것은?

① 입구 제어 방식과 출구 제어 방식으로 나눌 수 있으며, 입구 제어 방식이 수온의 난조량이 크다.

② 수온 조절기의 개도되는 온도가 높아지면 엔진의 정상 작동온도로 도달되는 시간이 길어진다.

③ 냉각장치의 팬벨트의 장력이 부족하면 비오는 날 벨트 슬립 소음이 커진다.

④ 압력 캡을 이용하여 냉각수 라인의 압력을 대기압보다 높게 하여 냉각수의 비등점을 높였다.

해설 수냉식 냉각장치

(1) 수냉식 냉각장치의 제어방식
　　㉠ 입구 제어 방식 : 냉각수 온도가 적정 온도이면 수온 조절기가 열려서 라디에이터에 있던 냉각수가 수온 조절기를 통하여 엔진으로 유입된다. 특징은 냉각 상태의 냉각수에 가까운 곳에 위치하여 온도 제어가 이루어지므로 냉각수 온도의 overshoot(실제의 온도가 설정값(목표 온도)을 통과하여 초과하는 현상)이 적으며, 냉각수의 온도 분포가 균일하다
　　㉡ 출구 제어 방식 : 냉각수 온도가 적정 온도가 되면 수온 조절기가 열려서 엔진의 냉각수는 라디에이터로 이동되어 냉각된다. 특징은 입구 제어에 비해 출구 제어는 워밍업 후 온도 변화의 폭이 30~40℃ 정도로 매우 크므로 overshoot이 발생되기 쉽다.

(2) 수온 조절기
　　수온 조절기는 냉각수의 온도를 자동적으로 조절해 엔진의 온도를 일정하게 유지하는 역할을 하며, 엔진의 과냉 또는 과열을 방지하는 데 그 목적이 있다. 그러므로 수온 조절기의 개도되는 온도가 높아진다 하여 엔진의 정상 작동온도에 도달되는 시간이 길어지는 것은 아니다.

(3) 냉각장치의 팬벨트 장력 부족 시
　　팬벨트 장력이 느슨한 상태로 운행을 하게 된다면 벨트의 슬립으로 소음 및 엔진 과열 혹은 배터리의 방전을 초래하게 된다. 지문에서의 비오는 날 벨트 슬립 소음과는 관계가 없다.

정답 9 ③ 10 ④

1. 다음 중 밸브 오버랩의 설명으로 옳은 것은?

① 피스톤이 상사점에 있을 때 흡기 밸브가 열려 있는 현상

② 피스톤이 상사점에 있을 때 배기 밸브가 열려 있는 현상

③ 피스톤이 상사점에 있을 때 흡기 및 배기 밸브가 동시에 열려 있는 현상

④ 피스톤이 상사점에 있을 때 흡기 및 배기 밸브가 동시에 닫혀 있는 현상

해설 밸브 오버랩(valve overlap)

　(1) 정의 : 피스톤이 상사점에 있을 때 흡입 및 배기 밸브가 동시에 열려 있는 현상

　(2) 두는 이유

　　㉠ 관성을 이용, 흡입효율 증대

　　㉡ 잔류 배기가스 배출

　　㉢ 흡·배기효율 향상

2. 다음 중 하이드로플래닝(hydroplaning, 수막 현상)을 방지하는 방법으로 옳은 것 끼리 짝지은 것은?

> ㉠ 트레드의 마모가 적은 타이어를 사용한다.
> ㉡ 타이어의 공기압을 높인다.
> ㉢ 차량의 주행속도를 낮춘다.

① ㉠, ㉡

② ㉡, ㉢

③ ㉡, ㉢

④ ㉠, ㉡, ㉢

해설 하이드로플래닝 현상(수막 현상)을 방지하는 방법

　• 저속으로 주행하고, 타이어의 공기압을 높인다.

　• 트레드 패턴은 카프형으로 세이빙 가공한 것을 사용한다.

　• 트레드의 마모가 적은 타이어를 사용한다.

　• 리브 패턴의 타이어를 사용한다.

3. 다음 중 듀얼 클러치 변속기의 특성을 맞게 설명한 것은?

① 동력 손실이 매우 적다.

② 구조상 공간이 넓다.

③ 허용 토크값이 높다.

④ 미션이 차지하는 공간과 무게를 줄일 수 있다.

해설 (1) 듀얼 클러치 변속기(DCT : Dual Clutch Transmission)

하나의 자동 변속기 속에 두개의 수동 변속기가 들어있는 구조이다. 1, 3, 5단 같은 홀수단과 2, 4, 6단 같은 짝수단이 유기적으로 움직이며 동력을 전달한다. TCU에 의해 부드럽게 변속이 이뤄지다보니 변속랙이나 충격이 잘 느껴지지 않고 연비도 뛰어나다. 자동 변속기와 수동 변속기의 장점을 효율적으로 응집한 것이 바로 듀얼 클러치 변속기라 할 수 있다.

(2) 듀얼 클러치 변속기의 장단점

1) 장점

㉠ 매우 빠르고 부드러운 변속으로 인해 운전성이 뛰어나다.

㉡ 동력 손실이 매우 적고 연비가 좋다.

㉢ 일반 자동 변속기와 같은 편리함을 갖추고 있다.

2) 단점

㉠ 구조상 공간이 협소하여 클러치의 마찰면을 싱글 클러치만큼 키울 수가 없다.

㉡ 구조상의 이유로 허용 토크값이 낮다.

㉢ 변속기가 차지하는 공간과 무게가 크다.

㉣ 가격이 비싸다.

4. 다음 중 디스크 브레이크의 특징으로 옳게 설명한 것은?

① 마찰 면적이 크다.

② 패드 압착력이 커야 한다.

③ 자기 작동이 일어나 제동력 변화가 적다.

④ 구조가 복잡하다.

해설 디스크형 제동장치

(1) 장점

㉠ 마찰면이 공기 중에 노출되어 있어 방열성이 좋다(페이드 현상이 일어나지 않음).

㉡ 자기 작동이 일어나지 않아 작동 시 제동력 변화가 적어 안정적이다.

㉢ 물이나 녹이 패드에 있어도 제동력 회복이 빠르다.

㉣ 구조가 간단하고 정비하기 쉽다.

㉤ 회전 평형이 좋다.

(2) 단점

㉠ 마찰 면적이 작고 자기 작동이 일어나지 않아 조작력(압착력)이 커야 한다.

㉡ 패드의 강도가 커야 한다.

㉢ 자기 작동 작용을 하지 않기 때문에 페달을 밟는 힘이 커야 한다.

5. 다음 중 캠버의 주요 역할이 아닌 것은?

① 수직 방향 하중에 의한 앞차축 휨을 방지한다.

② 조향 핸들의 조작을 가볍게 한다.

③ 하중 받을 때 앞바퀴 아래쪽이 벌어짐을 방지한다.

④ 조향하였을 때 직진 방향 복원력을 부여한다.

해설 캠버(camber)

(1) 정의 : 앞바퀴를 앞에서 보았을 때 수선에 대해 이룬 각

(2) 필요성

    ㉠ 핸들 조작력 감소

    ㉡ 하중에 의한 앞차축 휨의 방지

    ㉢ 주행 중 바퀴의 탈락 방지

6. 자동차 에어컨 장치의 냉매 구비조건으로 맞는 것은?

① 점성이 있을 것

② 응축압력이 낮을 것

③ 증발잠열이 적을 것

④ 인화점이 낮을 것

해설 냉매의 구비조건

    ㉠ 무색·무미 및 무취일 것

    ㉡ 가연성·폭발성 및 사람이나 동물에 피해가 없을 것

    ㉢ 낮은 온도와 대기압력 이상에서 증발하고, 여름철 뜨거운 공기 중의 저압에서 액화가 쉬울 것

    ㉣ 증발잠열이 크고, 비체적이 적을 것

    ㉤ 임계온도가 높고, 응고점이 낮을 것

    ㉥ 화학적으로 안정이 되고, 금속에 대해 부식성이 없을 것

    ㉦ 가스 누출 발견이 쉬울 것

    ㉧ 유동점이 낮고, 인화점이 높을 것

    ㉨ 점성도가 작고, 응축압력이 낮을 것

7. 다음 중 동력 조향 장치의 특성으로 맞지 않는 것은?

① 구조가 간단하다.

② 조향 조작력이 작아도 된다.

③ 노면으로부터의 충격 및 진동을 흡수한다.

④ 조향 조작을 경쾌하고 신속하게 한다.

해설 동력 조향 장치의 특징

    ㉠ 조향 조작력 감소(2~3kg 정도)

    ㉡ 경쾌한 조향

    ㉢ 신속한 작용

    ㉣ 시미 현상 방지

    ㉤ 노면으로부터의 충격 진동 흡수 및 전달 방지

    ㉥ 동력 조향의 고장 시 수동 전환 가능

    ㉦ 구조가 복잡

8. 타이어 편평비에 대한 설명으로 옳은 것은?

① 타이어 단면폭을 타이어 지름으로 나눈 값

② 타이어 단면높이를 타이어 단면폭으로 나눈 값

③ 타이어 단면폭을 타이어 단면높이로 나눈 값

④ 타이어 단면높이를 타이어 지름으로 나눈 값

해설 타이어의 편평비

$$편평비(\%) = \frac{H(단면높이)}{W(단면폭)} \times 100$$

타이어의 단면폭에 대한 단면높이의 비율(타이어의 단면높이를 타이어 단면폭으로 나눈 값)

9. 다음 중 하이포이드 기어의 특징을 바르게 설명한 것은?

① 기어의 편심으로 인해 추진축의 높이가 높아진다.

② 기어의 물림 율이 작아 강도가 커진다.

③ 기어가 폭 방향으로 슬립 접촉을 하므로 압력이 작아진다.

④ 자동차 차체의 중심을 낮출 수 있다.

해설 하이포이드 기어의 특징

㉠ 스파이럴 베벨기어의 변형이다(스파이럴 베벨기어와 치형은 같음).

㉡ 구동 피니언 기어의 중심이 링 기어의 중심 아래에 위치한다(오프셋 량 : 링 기어 직경의 10~20% 정도).

㉢ 중심 높이를 낮출 수 있어 안전성 및 거주성이 향상된다(차축 중심이 낮음).

㉣ 구동 피니언 기어의 이를 크게 할 수 있다(강도 증대).

㉤ 기어의 물림 율이 크고, 회전이 정숙하다.

㉥ 제작이 다소 어렵다.

㉦ 기어 이의 폭 방향으로 미끄럼 접촉을 하므로 압력이 커 극압 윤활유를 사용해야 한다.

10. 다음 중 전조등에 대한 설명으로 옳지 않은 것은?

① 전조등의 조도는 전조등의 밝기를 나타내는 척도이다.

② 조도의 단위는 룩스(lux)이다.

③ 조도는 광도에 반비례하고, 광원거리의 2승에 비례한다.

④ 전조등은 안전을 고려해서 병렬로 연결한다.

해설 조도

피조면의 밝기(빛을 받는 면의 밝기)[단위 : lux(룩스), 기호 : lx]

$$lx(조도) = \frac{cd}{r^2} \ (여기서, \ r = 거리(m), \ cd = 광도)$$

※ 즉, 공식에서와 같이 조도는 광도에 비례하고, 광원으로부터의 거리의 제곱에 반비례한다.

11. 다음 〈보기〉에서 변속기가 필요한 이유를 바르게 짝지은 것은?

> ㉠ 엔진과 차축 사이에서 회전력을 증대시키기 위해
> ㉡ 엔진을 무부하 상태로 유지하기 위해
> ㉢ 후진을 시키기 위해
> ㉣ 관성운전하기 위해

① ㉠, ㉡
② ㉠, ㉢, ㉣
③ ㉡, ㉢, ㉣
④ ㉠, ㉡, ㉢

해설 변속기의 필요성
- 무부하 상태로 공전 운전할 수 있게 하기 위해
- 차량 발진 시 중량에 의한 관성으로 인해 큰 구동력이 필요하기 때문에(회전력 증대)
- 회전 방향을 역으로 하기 위해(후진을 하기 위해)

12. 다음 중 기동 전동기의 구비조건으로 틀린 것은?

① 시동 회전력이 커야 한다.
② 소형 경량이며, 출력이 커야 한다.
③ 전원 용량이 커야 한다.
④ 방진, 방수형이어야 한다.

해설 기동 전동기의 구비조건
㉠ 소형이고 가벼우며, 출력이 커야 한다.
㉡ 시동 토크가 커야 한다.
㉢ 전원 용량이 작아도 작동이 잘 되어야 한다.
㉣ 방진 및 방수형이어야 한다.
㉤ 기계적인 충격에 견뎌야 한다.

13. 냉각장치 구동 벨트에 대한 설명으로 틀린 것은?

① 구동 벨트는 이음새가 없는 고무형 V벨트를 사용한다.
② 장력이 크면 엔진 과열의 원인이 된다.
③ 장력이 작으면 충전 불량의 원인이 된다.
④ 장력이 크면 베어링이 손상된다.

해설 냉각장치 팬벨트의 장력에 따른 영향
(1) 장력이 너무 크면(팽팽하면 : 유격이 작을 때)
  ㉠ 발전기 및 물 펌프 베어링 마멸이 촉진
  ㉡ 물 펌프의 고속 회전으로 기관이 과냉
(2) 장력이 너무 작으면(헐거우면 : 유격이 너무 클 때)
  ㉠ 물 펌프 회전속도가 느려 기관이 과열
  ㉡ 발전기의 출력이 저하하여 축전지 충전이 불충분
  ㉢ 소음이 발생하며, 구동 벨트(V-벨트)의 손상이 촉진

14. 다음 중 배기가스의 배출특성에 대해 잘못 설명한 것은?

① CO는 공전 시에 다량 배출된다.

② HC는 엔진의 불완전 연소 시 배출된다.

③ NOx는 저온 시에 많이 배출된다.

④ CO는 농후한 혼합기에서 배출량이 증가한다.

해설 유해 배기가스의 배출 특성

　ⓐ 일산화탄소(CO)와 탄화수소(HC) : 연료의 양이 많을 때(가속 시, 냉간 시동 시) 또는 연소 온도가 낮을 때, 불완전 연소 시에 발생한다. 또한 HC는 감속 시에, CO는 공전 시에 가장 많이 배출된다.

　ⓑ 질소화합물(NOx) : 연료의 양이 적거나(가속 시, 급감속 시, 노킹 발생 시) 이론 혼합비에 가까울 때 또는 연소온도가 높을 때 많이 발생한다.

1. 다음 중 정미마력에 대한 설명으로 옳은 것은?

① 기계적 마찰에 의해 손실되는 동력이다.

② 기관의 크랭크축으로부터 얻을 수 있는 마력이며, 실제의 유효마력이다. 축마력, 제동마력, 유효마력이라고도 한다.

③ 실린더 내의 폭발압력을 측정하여 지압선도로부터 구한 마력

④ 기관이 연속적으로 낼 수 있는 최고마력으로 정규마력이라고도 한다.

해설 정미마력(正味馬力, brake horsepower)

정미마력은 축출력 또는 제동마력이라고도 한다. 동력계를 이용하여 기관의 출력을 크랭크축에서 측정하는 마력으로 지시마력 또는 도시마력(IHP)에서 기관 내부의 마찰 등 손실마력을 뺀 것으로, 기관이 실제로 유효하게 이용되는 동력이다.

2. 조향 기어비가 12인 차량에서, 조향 핸들을 한 바퀴 회전하였을 때 피트먼 암이 움직인 각도는?

① 20°   ② 30°

③ 40°   ④ 60°

해설 ㉠ 조향 기어비＝$\dfrac{\text{조향 핸들이 회전한 각도}}{\text{피트먼 암이 움직인 각도}}$

㉡ $\dfrac{360°}{x°}＝12$

∴ x(피트먼 암이 움직인 각도)＝30°

3. 다음 중 압축 링의 절개구를 두는 이유로 가장 적합한 것은?

① 링의 팽창 장력을 이용한 기밀 유지

② 링의 열팽창에 대한 끼임 방지

③ 링의 교환 용이성

④ 링의 열전달 기능 향상

해설 절개구(Piston Ring End)

링 장착 후 연소열에 의한 링 팽창을 고려하여 적정한 간극을 유지하기 위함이며, 또한 링 팽창 장력을 이용하여 압축가스가 새는 것을 방지하기 위한 목적이다.

4. 오일팬 섬프 내 오일을 오일펌프로 유도해주는 역할을 하며, 기관 오일속에 포함된 비교적 큰 불순물을 여과하는 스크린이 있는 장치는?

① 오일 여과기 ② 유압 조절 밸브

③ 오일펌프 스트레이너 ④ 바이패스 밸브

> **해설** 오일펌프 스트레이너(oil pump strainer)
> 오일펌프 스트레이너는 오일팬 섬프 내의 오일을 펌프로 유도해주는 것이며, 오일 속에 포함된 비교적 큰 불순물을 여과하는 스크린이 있다.

5. 자동 변속기 스톨 시험에 대한 설명으로 잘못된 것은?

① 규정값 이상이면 엔진의 출력 부족이다.

② 규정값 이하이면 토크컨버터의 불량이다.

③ 토크컨버터와 변속기 성능을 점검하기 위한 시험이다.

④ 변속 레버를 전진 또는 후진 상태에서 스로틀을 완전히 개방하여 시험한다.

> **해설** 스톨 테스트(stall test, 정지 회전력 시험)
> 'D', 'R' 위치에서 엔진의 최대 회전속도를 측정하여 엔진과 변속기의 종합적인 상태를 측정하는 것을 말한다.
> ㉠ 'D' 레인지에서 회전수가 기준치보다 높으면 1단 작동요소 불량
> ㉡ 'R' 레인지에서 회전수가 기준치보다 높으면 후진작동요소 불량
> ㉢ 'D'나 'R' 레인지에서 모두 회전수가 기준치보다 높으면 라인 압력 불량
> ㉣ 'D'나 'R' 레인지에서 모두 회전수가 기준치보다 낮으면 엔진 출력 부족 및 토크컨버터 내 원웨이 클러치 불량

6. 다음 중 요소수를 활용한 디젤 NOx 저감장치는?

① CRT(연속재생식 촉매) ② DPF(디젤 미립자 필터)

③ DOC(디젤 산화 촉매) ④ SCR(선택적 촉매 환원 장치)

> **해설** SCR(Selective Catalytic Reduction, 선택적 촉매 환원 장치)
> SCR(Selective Catalytic Reduction) 시스템은 선택적 촉매 환원 장치로 유해한 배기가스에 있는 질소산화물을 저감하는 장치이다. 즉, 요소수(Urea water solution)를 촉매 전단의 고온의 배기가스에 분사하면 열분해 반응과 가수분해 반응이 일어나 암모니아가 발생하고 발생한 암모니아가 촉매 내에서 산화질소와 반응을 일으켜 인체에 무해한 질소와 물로 환원시키는 장치이다.

7. 라디에이터 캡에 대한 설명으로 옳은 것은?

① 엔진의 열효율을 증대시킨다.

② 냉각수의 비점을 낮춘다.

③ 엔진이 식으면 냉각수가 보조 물탱크로 유출된다.

④ 압력 밸브와 진공 밸브가 일체로 결합된 형태이다.

해설 라디에이터 캡(radiator cap)

냉각수를 주입시키거나 냉각수에 압력을 주어 물의 비등점을 높임으로써 냉각성능을 향상시키는 역할을 한다. 진공 밸브와 압력 밸브가 일체로 되어 있고, 라디에이터 내의 압력을 자동으로 조정해 준다. 냉각수가 뜨거워지면 수증기가 발생하여 라디에이터 캡의 압력 밸브에 압력을 주게 된다. 이 압력이 스프링 장력보다 크게 되면 수증기는 저장 탱크로 가게 되는데, 이 발생압력으로 인해 냉각수의 끓는점이 110℃ 정도로 올라가게 된다. 즉, 온도가 올라가면 냉각수가 보조 물 탱크로 유출되고, 반대로 온도가 내려가면 냉각수가 라디에이터로 되돌아간다.

8. 납산 축전지 충·방전작용에 대한 내용으로 틀린 것은?

① 방전 시 극판은 황산납으로 변한다.

② 묽은 황산은 방전 시 물로 변한다.

③ 방전 시 전해액의 비중은 저하하고, 축전지의 내부저항이 증가하여 전류는 점차 흐르기 어렵게 된다.

④ 충전 시 양극은 해면상납이 된다.

해설 축전지 충·방전 시 화학작용

ㄱ 양극판 : 과산화납(충전) ⇄ 황산납(방전)

ㄴ 음극판 : 해면상납(충전) ⇄ 황산납(방전)

ㄷ 전해액 : 묽은 황산(충전) ⇄ 물(방전)

9. 다음 중 압축비가 가장 큰 기관은?

① 연소실 체적 : 70cc, 행정체적 : 560cc

② 연소실 체적 : 75cc, 행정체적 : 525cc

③ 연소실 체적 : 60cc, 행정체적 : 360cc

④ 연소실 체적 : 55cc, 행정체적 : 385cc

해설 압축비 공식

$$\varepsilon = \frac{V}{V_c} = \frac{V_c + V_s}{V_c} = 1 + \frac{V_s}{V_c}$$

여기서, V_s : 행정체적(배기량)

V_c : 연소실 체적

따라서, ①항 $1 + \dfrac{560}{70} = 9$ ∴ 9 : 1

②항 $1 + \dfrac{525}{75} = 8$ ∴ 8 : 1

③항 $1 + \dfrac{360}{60} = 7$ ∴ 7 : 1

④항 $1 + \dfrac{385}{55} = 8$ ∴ 8 : 1

10. 차량이 주행 시에 한 쪽으로 쏠리게 하는 스러스트 앵글의 발생요인은?

① 캠버각이 정(+)의 캠버 일 때

② 캐스터 경사각이 부(−)의 캐스터일 때

③ 후륜의 좌우 토우가 같지 않을 때

④ 킹핀 경사각이 제로 스크러브일 때

해설 스러스트 또는 트러스트(Thrust)

후륜의 주행 중심선이 차량의 전후 방향의 중심선과 이루는 각을 스러스트 각(Thrust angle)이라고 하며, 후륜의 주행 중심선을 스러스트 선(Thrust line)이라고 한다. 이 스러스트는 후륜의 좌우 토우가 같지 않을 때 발생하며, 차량이 주행 시에 한쪽으로 쏠리게 하는 요인이 된다.

▶ 제로 스크러브(zero scrub)

킹핀축의 연장선과 타이어 접지면의 중심과의 거리를 스크러브 반경(scrub radius)이라고 한다. 일반적으로 킹핀축과 연장선이 안쪽에 있기 때문에 조향 시에는 이 스크러브 반경이 클수록 타이어 접지면의 마찰이 커지고, 조향이 무겁게 된다. 스크러브 반경이 작은 것을 '스몰 스크러브(약 15mm)', 제로의 것을 '제로 스크러브'라고 부르고 조향을 가볍게 하는 것이 가능하다. 이것에 따라 캐스터 각을 강하게 하고 차의 직진성을 좋게 하여 조향을 편리하게 하는 효과를 가진다.

1. 주행 중 조향 핸들이 무거워지는 원인으로 옳지 않은 것은?

① 앞 타이어 공기 빠짐　　　　　② 조향 기어 박스 오일 부족

③ 볼 조인트의 과도한 마모　　　④ 타이어 밸런스 불량

해설 조향 핸들이 무거워지는 원인

 ㉠ 타이어의 공기압력이 낮거나 마모가 과다하다.

 ㉡ 조향 기어 박스의 오일이 부족하다.

 ㉢ 조향 기어의 백래시가 작거나 볼 조인트가 과도하게 마모되었다.

 ㉣ 휠 얼라인먼트가 불량하다.

2. 어느 4행정 사이클 기관의 밸브 개폐 시기가 다음과 같다. 〈보기〉 중 밸브 열림 각도로 맞는 것은?

• 흡기 밸브 열림 : 상사점 전 15°　　• 흡기 밸브 닫힘 : 하사점 후 35°
• 배기 밸브 열림 : 하사점 전 35°　　• 배기 밸브 닫힘 : 상사점 후 10°

① 흡기행정 기간 : 230°, 밸브 오버랩 : 25°

② 흡기행정 기간 : 225°, 밸브 오버랩 : 25°

③ 배기행정 기간 : 230°, 밸브 오버랩 : 45°

④ 배기행정 기간 : 225°, 밸브 오버랩 : 45°

해설 흡기행정 기간 및 밸브 오버랩 각

 ㉠ 흡기행정 기간=흡기 밸브 열림각+180°+흡기 밸브 닫힘각=15+180+35=230

  ∴ 흡기행정 기간=230°

 ㉡ 배기행정 기간=배기 밸브 열림각+180°+배기 밸브 닫힘각=35+180+10=225

  ∴ 배기행정 기간=225°

 ㉢ 밸브 오버랩=흡기 밸브 열림각+배기 밸브 닫힘각=15+10=25

  ∴ 밸브 오버랩 기간=25°

3. 다음 중 전자제어 현가장치의 입력 센서로 옳은 것은?

① 크랭크 각 센서　　　　　　② 캠각 센서

③ 스로틀 위치 센서　　　　　④ 냉각수온 센서

해설 전자제어 현가장치(ECS : Electronic Control Suspension)

(1) 기능

ECU, 각종 센서, 액추에이터 등을 통해 노면의 상태, 주행조건, 운전자의 선택에 따라 차고와 스프링 감쇄력을 제어하는 시스템이다.

(2) 주요 센서

㉠ 차속 센서 : 스프링 정수 및 감쇠력 제어를 이용하기 위한 주행속도를 검출한다.

㉡ 차고 센서 : 차량의 높이를 조정하기 위하여 차체와 차축의 위치를 검출한다. 설치는 자동차 앞, 뒤에 2개 또는 3개가 설치되어 있다.

㉢ 조향 핸들(휠) 각속도 센서 : 차체의 기울기를 방지하기 위해 조향 휠의 작동속도를 감지하고 자동차 주행 중 급선회 상태를 감지하는 일을 한다.

㉣ 스로틀 위치 센서 : 스프링의 정수와 감쇠력 제어를 위해 급 가감속의 상태를 검출한다.

㉤ 중력 센서(G센서) : 감쇠력 제어를 위해 차체의 바운싱을 검출한다.

4. 다음 중 에어백의 구성요소로 속하지 않는 것은?

① 인플레이터 ② 클럭 스프링
③ 토션 스프링 ④ 프리텐셔너

해설 에어백의 주요 구성요소

㉠ 가스 발생기(인플레이터, Inflater or Inflator) : 에어백 시스템의 가스 발생장치로 차량의 충돌 시 센서로 부터 전달되는 신호 전류에 의해 화약이 점화되고, 가스 발생제를 순간적으로 연소시키고 질소가스를 발생시켜 에어백을 부풀게 한다.

㉡ 클럭 스프링(Clock Spring) : 조향 핸들과 스티어링 칼럼 사이에 장착되며, ACU(Air Bag Control Unit, 에어백 ECU)와 모듈 사이 배선을 접속하는 장치이다.

㉢ 프리텐셔너(Pre-tensioner) : 일정 수준 이상의 충격이 감지되었을 때 차량이 작동 신호를 보내 안전벨트를 순간적으로 되감아 탑승자가 앞쪽으로 이동되는 거리를 줄이는 장치이다. 즉, 안전벨트의 안 풀리는 효과에 더 감아주는 효과를 더하는 장치이다.

5. 디젤 엔진의 연소과정으로 맞는 것은?

① 화염 전파 기간 → 직접 연소 기간 → 착화 지연 기간 → 후연소 기간
② 직접 연소 기간 → 착화 지연 기간 → 화염 전파 기간 → 후연소 기간
③ 화염 전파 기간 → 착화 지연 기간 → 후연소 기간 → 직접 연소 기간
④ 착화 지연 기간 → 화염 전파 기간 → 직접 연소 기간 → 후연소 기간

해설 디젤 연소과정(연소의 4단계)

㉠ 착화 지연 기간(연소 준비 기간) : 연료가 연소실 내에 분사되어 착화될 때까지의 기간, 즉 연료가 분사되어 압축열을 흡수, 불이 붙기까지의 기간

㉡ 화염 전파 기간(폭발 연소 기간, 정적 연소 기간) : 연료가 착화되어 폭발적으로 연소하는 기간, 즉 혼합가스에 불이 확산되는 기간

㉢ 직접 연소 기간(제어 연소 기간, 정압 연소 기간) : 분사된 연료가 분사와 동시에 연소되는 기간

㉣ 후기 연소 기간(후연소 기간) : 직접 연소 기간에 연소하지 못한 연료가 연소되는 기간

6. 전자제어기관에서 산소 센서의 설명으로 옳지 않은 것은?

① 흡기다기관에 설치되어 흡입공기를 측정한다.

② 배기 매니폴드에 설치되어 있다.

③ 산소농도를 측정하여 피드백 제어한다.

④ 지르코니아 방식과 티타니아 방식이 있다.

해설 산소 센서(O_2 센서)

공연비를 제어하여 배기가스를 정화하기 위한 목적으로 산소 센서를 배기다기관에 설치하여 배기가스 중의 산소 농도를 검출한다. 또한 검출한 산소농도를 출력 전압으로 변환하여 ECU 에서 공연비를 피드백 제어한다. 산소 센서의 종류에는 지르코니아 방식과 티타니아 방식이 있다.

7. 자동차의 변속 시 운전자의 의지대로 수동으로 변속할 수 있으며, +에서 −쪽으로 밀면 1단 하향 변속이 된다. 이때 이러한 모드를 무엇이라 하는가?

① 스포츠 모드

② 노멀 모드

③ 가속 모드

④ 감속 모드

해설 스포츠 모드(Sports Mode)

운전자가 임의적으로 수동 변속기의 기분을 느낄 수 있도록+(UP SHIFT), −(DOWN SHIFT) 로 조작하면서 임의 변속하는 기능을 말한다.

8. 자동차 에어컨 장치의 냉매 구비조건으로 옳지 않은 것은?

① 비체적이 적을 것

② 증발잠열이 작을 것

③ 화학적으로 안정될 것

④ 임계온도가 높을 것

해설 냉매의 구비조건

　　㉠ 무색·무미 및 무취일 것

　　㉡ 가연성·폭발성 및 사람이나 동물에 피해가 없을 것

　　㉢ 낮은 온도와 대기압력 이상에서 증발하고, 여름철 뜨거운 공기 중의 저압에서 액화가 쉬울 것

　　㉣ 증발잠열이 크고, 비체적이 적을 것

　　㉤ 임계온도가 높고, 응고점이 낮을 것

　　㉥ 화학적으로 안정이 되고, 금속에 대해 부식성이 없을 것

　　㉦ 가스 누출 발견이 쉬울 것

　　㉧ 유동점이 낮고, 인화점이 높을 것

　　㉨ 점성도가 작고, 응축압력이 낮을 것

9. 하이브리드 자동차에서 교류에서 직류로 변화시키는 장치는 무엇인가?

① 인버터   ② 컨버터

③ 고전압 축전지   ④ 스테이터

해설 컨버터(converter)

> 하이브리드 자동차용 컨버터는 인버터와는 반대로 교류를 직류로 변화시키는 정류기이며, 에너지를 회생하는 장치를 지니고 있는 경우에는 감속할 때 모터가 발전기로 변환되어 발전을 한다. 이때 발전한 전류는 교류여서 축전지에 충전할 수 없으므로 교류를 직류로 정류해야 한다.

10. 자동차 타이어에서 노면과 직접 접촉하는 부분으로 제동력과 구동력 및 옆방향 미끄러짐 등과 관계가 있는 부분은?

① 트레드(tread)   ② 카커스(carcass)

③ 사이드 월(side wall)   ④ 브레이커(breaker)

해설 타이어의 구조

> ㉠ 트레드(tread) : 노면과 직접 접촉하며 카커스와 브레이커부를 보호한다. 또한 내마멸성의 두꺼운 고무로 되어 있어 제동력과 구동력을 향상시키며 주행 중에 미끄러짐을 방지한다.
>
> ㉡ 카커스(carcass) : 타이어의 뼈대(골격)가 되는 부분으로, 공기압력과 하중에 의한 일정한 체적을 유지하고 완충작용도 한다.
>
> ㉢ 사이드 월(side wall) : 타이어의 옆부분으로써 카커스를 보호하고 굴신운동을 함으로써 승차감을 좋게 하며, 타이어 규격 등 각종 문자가 이 부위에 표기되어 있다.
>
> ㉣ 브레이커(breaker) : 카커스와 트레드부 사이에 있으며 내열성의 고무로 구성되어 트레드와 카커스가 떨어지는 것을 방지하고 노면에서의 충격을 완화하여 카커스의 손상을 방지한다.

1. 실린더 지름이 8cm, 행정이 9cm인 6기통 기관의 총배기량은 약 몇 cc인가?

① 2,400cc

② 2,700cc

③ 3,000cc

④ 3,300cc

해설 ㉠ $V = 0.785 \times D^2 \times L \times N$

여기서, V : 총배기량

D : 실린더 안지름(내경)

L : 피스톤 행정

N : 실린더 수

㉡ $0.785 \times 8^2 \times 9 \times 6 = 2712.96$cc

∴ 약 2,700cc

2. 다음 중 축전지의 기능이 아닌 것은?

① 점화장치의 점화시기를 적절하게 조절

② 발전기 출력과 부하와의 불균형을 조정

③ 시동장치와 점화장치에 전원을 공급

④ 발전기 고장 시 전원을 공급

해설 축전지의 기능

㉠ 시동 시 전기적 부하 담당

㉡ 발전기 고장 시 전원 부담

㉢ 발전기 출력과 부하와의 밸런스 조정(운전 상태에 따르는 발전기 출력과 부하와의 불균형을 조정)

3. 앞바퀴를 옆에서 보았을 때 조향축이 약간 경사각을 이루며, 주행 중 방향성과 조향 복원성을 부여하는 것은?

① 캐스터(caster)

② 캠버(camber)

③ 토인(toe-in)

④ 휠 밸런스(wheel balance)

해설 앞바퀴(전차륜) 정렬의 요소

(1) 캠버
   ㉠ 정의 : 앞바퀴를 앞에서 보았을 때 수선에 이룬 각
   ㉡ 필요성 : 조작력 감소, 앞차축 휨의 방지, 바퀴의 탈락 방지
(2) 토인
   ㉠ 정의 : 앞바퀴를 위에서 보았을 때 앞바퀴의 앞쪽이 뒤쪽보다 안으로 오므라진 것
   ㉡ 필요성 : 바퀴의 벌어짐 방지, 토아웃 방지, 타이어의 마멸 방지
(3) 캐스터
   ㉠ 정의 : 앞바퀴를 옆에서 보았을 때 킹핀의 수선에 대해 이룬 각
   ㉡ 필요성 : 직진성(방향성), 복원성 부여
(4) 킹핀 경사각
   ㉠ 정의 : 앞바퀴를 앞에서 보았을 때 킹핀이 수선에 대해 이룬 각
   ㉡ 필요성 : 조작력 감소, 복원성, 시미 방지
(5) 선회 시 토아웃
   ㉠ 정의 : 조향이론인 애커먼 장토식의 원리 이용. 선회 시(핸들을 돌렸을 때) 동심원을 그리며 내륜의 조향각이 외륜의 조향각보다 큰 상태
   ㉡ 두는 이유 : 자동차가 선회할 경우에는 토아웃(안쪽 바퀴의 조향각이 바깥쪽 바퀴의 조향각보다 큼)되어야 원활한 회전이 이루어짐

4. 다음 그림을 보고 A, B에 들어갈 용어로 알맞은 것을 고른 것은?

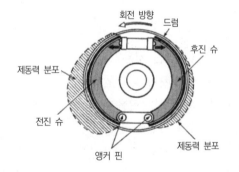

이 브레이크는 제동을 걸 경우 브레이크 슈가 브레이크 드럼에 작용하는 마찰력과 주위에 모멘트에 의하여 드럼에 흡착이 증대되면서 제동력이 자동적으로 증강된다. 이 현상을 (A)이라고 하며, 이때 오른쪽의 브레이크 슈를 (B)라고 한다.

① A : 제동배력, B : 리딩 슈
② A : 자기 작동, B : 트레일링 슈
③ A : 제동배력, B : 트레일링 슈
④ A : 자기 작동, B : 리딩 슈

해설 드럼식 브레이크의 자기 작동 및 트레일링 슈
   ㉠ 자기 작동 작용 : 드럼 타입의 제동장치에서 회전 중인 바퀴에 제동을 걸면 유압에 의해 확장되는 슈는 드럼과의 마찰력에 의해 드럼과 함께 회전하려는 힘이다. 즉, 확장력이 생겨 마찰력이 증대되는 작용을 말한다. 이때 반대쪽 슈는 이 확장력이 감소된다.
   ㉡ 트레일링 슈 : 드럼 타입의 제동장치에서 회전 중인 바퀴에 제동을 걸면 진행 방향 쪽의 슈는 드럼에 접촉되면서 마찰력에 의해 확장력이 증대되는 반면, 진행 방향의 반대쪽의 슈는 확장력이 감소되는데, 이렇게 확장력이 감소되는 슈를 말한다.

5. 자동차가 선회할 때 동력특성으로 옳은 것은?

① 요잉과 롤링 발생   ② 피칭 발생

③ 요잉 발생   ④ 피칭과 롤링 발생

> **해설** 선회 시 롤링과 요잉
>
> ㉠ 롤링 : 자동차 선회 시 롤링과 요잉이 발생한다. 롤링은 자동차가 선회하여 중심에 원심력
> 이 작용했을 때 커브 바깥쪽으로 기우는 움직임이다.
>
> ㉡ 요잉 : 차체의 수직축 둘레에 발생하는 운동이다. 요잉은 차의 앞뒤 부분이 좌우로 움직이는
> 것을 말한다. 자동차가 코너링을 돌 때 차가 기우는 것은 롤링이며, 너무 급히 돌아 차가 스
> 핀하는 것은 요잉이다. 즉, 자동차가 선회를 할 때는 롤링과 요잉이 발생한다.

6. 공기로의 열손실을 이용하여 엔진에 유입되는 공기량을 측정하는 센서는?

① 칼만 와류식 센서

② MAP-n 센서

③ 베인식 센서

④ 핫와이어식 또는 핫필름식 센서

> **해설** 열선식(Hot Wire Type) & 열막식(Hot Film Type)
>
> 질량 유량 검출방식으로 공기가 흐르는 에어클리너 통로 중앙에 설치되어 와어어나 필름을 가열
> 하여 흐르는 공기량에 따라 식으면서 저항이 변하는 방식을 이용하여 공기량을 검출한다.

7. 다음 중 배기후처리 삼원촉매의 역할로 맞는 것은?

① CO, HC, NOx → CO_2, H_2O, N_2, O_2로 산화

② CO, HC → CO_2와 H_2O로 산화, NOx → N_2와 O_2로 환원

③ CO, HC → CO_2와 H_2O로 환원, NOx → N_2와 O_2로 산화

④ CO, HC, NOx → CO_2, H_2O, N_2, O_2로 환원

> **해설** 삼원 촉매 장치의 산화 및 환원 작용
>
> ㉠ 산화 작용 : 배기가스 속의 CO, HC → CO_2와 H_2O로 산화
> ㉡ 환원 작용 : 배기가스 속의 NOx → N_2와 O_2로 환원

8. 디젤 연소과정의 순서로 옳은 것은?

① 화염 전파 기간 → 직접 연소 기간 → 후기 연소 기간 → 착화 지연 기간

② 화염 전파 기간 → 후기 연소 기간 → 직접 연소 기간 → 착화 지연 기간

③ 착화 지연 기간 → 직접 연소 기간 → 화염 전파 기간 → 후기 연소 기간

④ 착화 지연 기간 → 화염 전파 기간 → 직접 연소 기간 → 후기 연소 기간

해설 디젤 연소과정(연소의 4단계)

㉠ 착화 지연 기간(연소 준비 기간) : 연료가 연소실 내에 분사되어 착화될 때까지의 기간, 즉 연료가 분사되어 압축열을 흡수, 불이 붙기까지의 기간

㉡ 화염 전파 기간(폭발 연소 기간, 정적 연소 기간) : 연료가 착화되어 폭발적으로 연소하는 기간, 즉 혼합가스에 불이 확산되는 기간

㉢ 직접 연소 기간(제어 연소 기간, 정압 연소 기간) : 분사된 연료가 분사와 동시에 연소되는 기간

㉣ 후기 연소 기간(후연소 기간) : 직접 연소 기간에 연소하지 못한 연료가 연소되는 기간

9. 다음 중 연료가 연소실 내부에 직접 분사되는 기관은?

① SPI(Single Point Injection)
② MPI(Multi Point Injection)
③ GDI(Gasoline Direct Injection)
④ PFI(Port Fuel Injection)

해설 GDI(Gasoline Direct Injection, 가솔린 직접 분사 방식)

직접 분사식 가솔린 엔진. 직접 분사 방식이란 원래 디젤 기관에서 쓰이는 기술로 연료를 흡기 포트가 아닌 실린더 내로 직접 분사해 연소시키는 엔진 형식이다. 즉, GDI 엔진은 디젤과 가솔린 엔진의 장점만을 모은 것으로 가솔린을 연료로 사용하면서 이를 직접 연소실에 분사해 초희박 연소를 실현함으로써 연비와 출력을 동시에 향상시킨 것이다.

10. 현가장치 스프링 중 긴 막대 형태의 스프링 강으로 비틀림 작용을 이용하여 차체 진동을 억제시키는 스프링은?

① 코일 스프링
② 토션바 스프링
③ 겹판 스프링
④ 공기 스프링

해설 토션바 스프링

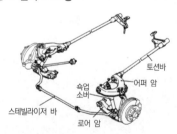

(1) 형태 : 스프링 강을 막대 형식으로 한 것
(2) 특징
㉠ 비틀림 탄성을 이용한다.
㉡ 스프링의 장력(힘)은 단면적과 길이에 의해 정해진다.
㉢ 좌우 구분이 되어 있으므로 설치 시 주의한다.
㉣ 진동의 감쇠작용이 없어 쇽업소버를 병용해야 한다.
㉤ 구조가 간단하다.
㉥ 단위 중량당 에너지 흡수율이 크다.

2018

과년도
기출문제

알짜배기 자동차 구조원리 기출문제 총정리

알짜배기 **자동차** 구조원리 기출문제 총정리

www.cyber.co.kr

1. 교류 발전기의 전류 흐름 순서에서 다음 ( ) 안에 맞는 것은?

> 브러시 → (A) → (B) → 슬립 링 → 브러시

① A : 계자 로터, B : 스테이터

② A : 슬립 링, B : 로터 코일

③ A : 로터 코일, B : 계자 로터

④ A : 계자 로터, B : 로터 코일

해설 교류 발전기의 전류 흐름

로터(rotor)는 자극이 되는 로터 철심, 여자 전류가 흐르는 로터 코일, 로터축, 슬립 링(slip ring) 등으로 구성되어 있으며, 크랭크축 풀리와 V벨트로 연결되어 회전한다. 또한 여자 전류는 브러시 → 슬립 링 → 로터 코일 → 슬립 링 → 브러시의 순서로 슬립 링에 접촉된 브러시를 통해 흐르게 된다.

2. 드라이브 라인에서 슬립 이음이 작동하는 부분으로 알맞은 것은?

① 뒤차축   ② 십자축

③ 추진축   ④ 요크

해설 슬립 이음

㉠ 주행 중 뒤차축의 진동으로 인하여 추진축의 길이 방향의 변화가 발생한다.

㉡ 추진축의 스플라인을 이용하여 길이 변화를 흡수한다.

㉢ 뒤차축 형식에서 사용한다(앞바퀴 구동 차량에는 없음).

3. 유해 배출가스 중 농후한 연료로 인한 불완전 연소 시 생성되는 것은?

① CO(일산화탄소)

② HC(탄화수소)

③ NOx(질소산화물)

④ PM(입자상 물질)

해설 배출가스의 특성

㉠ CO(일산화탄소) : 공기 부족 시(농후) 발생 ⇒ 불완전 연소

㉡ HC(탄화수소) : 공기 부족 시(농후) 또는 공기 과잉 시(희박) ⇒ 미연소

㉢ NOx(질소산화물) : 이론 공연비 영역에서 최대(높은 온도와 관련)

4. 다음 중 디젤 연료의 구비조건이 아닌 것은?

① 세탄가가 높을 것　　　　　② 착화온도가 낮을 것

③ 온도에 따른 점도의 변화가 적을 것　④ 자연 발화점이 높을 것

해설 디젤 연료(경유)의 구비조건

ⓐ 적당한 점도일 것

ⓑ 인화점이 높고 발화점이 낮을 것(착화 지연 기간 단축)

ⓒ 내폭성 및 내한성이 클 것

ⓓ 불순물이 없을 것

ⓔ 카본 생성이 적을 것

ⓕ 온도에 따른 점도의 변화가 적을 것

ⓖ 유해 성분이 적을 것

ⓗ 발열량이 클 것

ⓘ 적당한 윤활성이 있을 것

5. 가솔린 노킹이 엔진에 미치는 영향이 아닌 것은?

① 실린더와 피스톤의 마멸 및 고착 발생

② 엔진 과열 및 출력 저하

③ 배기가스 온도 상승

④ 기계 각부의 응력 증가

해설 가솔린 노킹이 기관에 미치는 영향

ⓐ 기관 과열 및 출력 저하

ⓑ 실린더와 피스톤의 마멸 및 고착 발생

ⓒ 흡·배기 밸브 및 점화플러그 등의 손상

ⓓ 배기가스 온도 저하

ⓔ 기계 각 부의 응력 증가

6. 다음 중 냉방장치에 대한 설명으로 맞는 것은?

① 응축기 : 저온·저압의 기체 냉매를 응축시켜 고온·고압의 액체 냉매로 만든다.

② 압축기 : 고온·고압의 기체 냉매를 저온·저압의 기체로 만들어 응축기에 보낸다.

③ 팽창 밸브 : 저온·저압의 냉매를 증발하기 쉽게 고온·고압의 냉매로 증발기에 공급한다.

④ 증발기 : 저온·저압의 안개 상태 냉매로 공기로부터 열을 흡수한다.

해설 냉방장치

ⓐ 응축기 : 고온·고압의 기체 냉매를 응축시켜 고온·고압의 액체 냉매로 만든다.

ⓑ 압축기 : 저온·저압의 기체 냉매를 고온·고압의 기체로 만들어 응축기에 보낸다.

ⓒ 팽창 밸브 : 고온·고압의 냉매를 증발하기 쉽게 저온·저압의 냉매로 증발기에 공급한다.

7. 4행정 4기통 기관의 점화순서가 1-3-4-2일 때 1번 실린더가 압축 상사점일 때, 크랭크축 방향으로 360° 회전했을 때 배기 상사점에 있는 실린더는?

① 1번 실린더　　　　　　　② 2번 실린더

③ 3번 실린더　　　　　　　④ 4번 실린더

해설 점화순서에 의한 실린더 상사점

4실린더 기관은 크랭크축이 180° 간격으로 행정을 완료하므로, 1번 실린더가 압축 상사점에서 크랭크축이 180° 회전하면 폭발 상사점에 놓이며, 또 다시 크랭크축이 180° 회전(총 360° 회전)하면 1번 실린더는 배기 상사점에 놓이게 된다.

8. 압송식 윤활방식에서 윤활유 공급 경로로 다음 중 맞는 것은?

① 오일펌프 → 오일 여과기 → 오일스트레이너 → 윤활부

② 오일스트레이너 → 오일펌프 → 오일 여과기 → 윤활부

③ 오일스트레이너 → 오일 여과기 → 오일펌프 → 윤활부

④ 오일 여과기 → 오일펌프 → 오일 여과기 → 윤활부

해설 압송식 윤활유 공급 경로

자동차 엔진은 대부분 오일펌프에 의한 압송식을 쓰고 있으며, 압송식의 오일 공급 경로는 맨 처음 오일을 엔진 최하부의 오일 저장통(오일팬)에 저장하고 있다가 스트레이너를 따라서 오일펌프로 들어가게 된다. 이때 유량 조절 밸브에 의해 오일펌프에서 어느 일정한 압력으로 오일 여과기로 보내주게 된다. 또한 이때 오일 여과기에서는 다시 오일을 걸러 각부의 윤활 부위로 오일을 공급하게 된다.

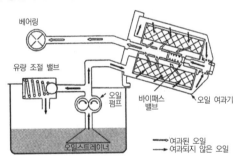

[압송식 윤활유 공급 경로]

9. ABS(Anti Lock Brake System) 장치의 장점이 아닌 것은?

① 제동거리 단축

② 차체의 안전성 증대

③ 급제동 시 바퀴 잠김(Lock) 방지

④ 주행 차량의 가속력 증대

해설 ABS의 역할

    ㉠ 조종성, 방향 안정성 부여

    ㉡ 제동거리 단축

    ㉢ 제동할 때 미끄럼 방지(타이어의 스키드(skid) 현상 방지)

    ㉣ 차체의 안전성 확보(차체 스핀에 의한 전복 방지)

    ㉤ 급제동 시 바퀴 잠김(Lock) 방지를 통한 조향능력 상실 방지

10. 다음 중 점화코일 1차, 2차에 대한 특징을 옳게 설명한 것은?

  ① 1차 코일의 선은 굵고 적게 감겨 있으며, 2차 코일의 선은 얇고 많이 감겨져 있다.

  ② 2차 코일은 0.5~1.0의 굵기로 200~300회 정도 바깥쪽에 감겨 있다.

  ③ 1차 코일은 0.05~0.1의 굵기로 20,000~25,000회 정도 안쪽에 감겨 있다.

  ④ 1차 코일과 2차 코일의 권선비는 약 20~30 : 1 정도로 되어 있다.

해설 점화코일(Ignition coil)

  (1) 기능 : 12V의 축전지 전압을 25,000V의 높은 고전압으로 승압시켜 점화플러그에서 양질
    의 불꽃 방전을 일으키도록 한 장치로, 일종의 승압기이다.

  (2) 점화코일의 구조

    ㉠ 규소 철심 둘레에 1차 코일과 2차 코일을 겹쳐 감은 형태

    ㉡ 1차 코일은 0.5~1.0mm의 굵기로 200~300회 정도 바깥쪽에 감겨 있다(방열을 위
      해서).

    ㉢ 2차 코일은 0.05~0.1mm의 굵기로 20,000~25,000회 정도 안쪽에 감겨 있다.

    ㉣ 1차 코일과 2차 코일의 권선비는 200~300 : 1 정도로 되어 있다.

    ㉤ 1차 코일의 저항은 3.3~3.4Ω, 2차 코일의 저항은 10,000Ω 정도이다.

1. 전자제어 연료 분사 장치의 센서에 대한 설명으로 옳은 것은?

① 맵 센서는 흡입공기량을 질량으로 측정한다.

② 스로틀 포지션 센서는 브레이크 페달의 개도량을 검출한다.

③ 수온 센서는 냉각수 온도가 높아지면 저항값이 낮아지는 부특성 서미스터를 사용한다.

④ 캠샤프트 포지션 센서는 1번 실린더의 하사점을 검출한다.

해설 ①항 맵 센서(MAP : Manifold Absolute Pressure Sensor) : 맵 센서는 D-제트로닉에 쓰이며, 흡기다기관의 절대압력 변동(부압)에 따른 흡입공기량을 간접 계측하여 ECU로 전송 엔진의 연료분사량 및 점화시기를 조절하는 신호로 이용한다. 또한 흡기공기량을 질량으로 측정하는 방식은 L-제트로닉의 직접 계측 방식인 핫와이어식이나 핫필름식이 있다.

②항 스로틀 포지션 센서(TPS : Throttle Position Sensor) : 스로틀 밸브축이 회전하면 출력 전압이 변화하여 기관 상태를 판정하고 감속 및 가속 상태에 따른 연료분사량을 결정(가속 상태에 따른 연료량 보정)한다.

④항 캠샤프트 포지션 센서(CMPS : Camshaft Position Sensor) : CMPS는 엔진 제어 시스템에 1번 실린더의 상사점(No.1 TDC)을 알려주는 센서로 점화순서와 인젝터의 연료 분사 순서를 결정한다.

2. 다음 중 현가장치에 대해 바르게 설명한 것은?

① 코일 스프링은 단위 중량당 에너지 흡수율이 작아야 한다.

② 독립현가방식은 스프링 아래 질량이 커서 승차감이 좋지 않다.

③ 스프링 정수가 작을 때 저속 시미의 원인이 된다.

④ 스테빌라이저는 커브 길을 선회할 때 차체가 상하로 진동하는 것을 잡아준다.

해설 저속 시미(shimimy)의 원인

㉠ 스프링 정수가 작을 때

㉡ 타이어 공기 압력이 낮을 때

㉢ 링키지의 연결부가 헐거울 때

㉣ 쇽업소버의 작동이 불량할 때

㉤ 앞 현가 스프링이 쇠약할 때

㉥ 바퀴의 평형이 불량할 때

3. 분사된 경유가 화염 전파 기간에서 발생한 화염으로 분사와 거의 동시에 연소하는 기간은?

① 직접 연소 기간
② 화염 전파 기간
③ 착화 지연 기간
④ 후연소 기간

해설 디젤 기관의 연소과정

착화 지연 기간 – 화염 전파 기간 – 직접 연소 기간 – 후기 연소 기간
㉠ 착화 지연 기간 : 연료가 분사되어 압축열을 흡수, 불이 붙기까지의 기간(※ 자연발화가 일어나기까지의 기간)
㉡ 화염 전파 기간(폭발 연소 기간, 정적 연소 기간) : 연료가 착화되어 불이 확산되기까지의 기간(※ 압력이 급격히 상승)
㉢ 직접 연소 기간(제어 연소 기간, 정압 연소 기간) : 연료가 분사와 동시에 연소하는 기간(※ 이때 압력이 최고점에 달함)
㉣ 후기 연소 기간(후연소 기간) : 직접 연소 기간 중에 미연소된 연료가 연소되는 기간(※ 후기 연소 기간이 길어지면 연료소비율이 커지고, 배기온도가 급격하게 높아짐)

4. 커먼레일 연료 분사(Common Rail Injection) 장치에 대한 설명으로 맞는 것은?

① 속도가 증가하면 분사압력과 분사량이 같이 증가한다.
② 파일럿 분사를 하지 않는다.
③ 분사압력의 발생과 분사과정이 독립적으로 수행된다.
④ 캠축을 사용하여 구동하므로 구조가 매우 단순하다.

해설 커먼레일 연료 분사(CRDI : Common Rail Direct Injection) 장치

①항 엔진의 회전수나 속도와는 관계없이 분사압, 분사량, 분사율, 분사시기를 독립적으로 제어할 수 있다.
②항 파일럿 분사(예비 분사)를 통해 주분사가 이루어지기 전 연료를 분사하여 주분사의 착화 지연 시간을 짧게 하여 연소효율을 높여 출력을 향상시키고, 유해물질의 배출량을 줄일 수 있다.
④항 기존의 디젤 연료 분사 장치는 분사압력을 얻기 위하여 캠 구동장치를 사용하였으나, 커먼레일 분사장치는 기존의 캠 구동방식과는 달리 분사압력의 발생과 분사과정이 완전히 별개로 이루어진다. 이러한 이유로 커먼레일 장치는 고압을 유지할 수 있는 고압 어큐뮬레이터나 레일, 고압 인젝터, 고압펌프 등이 장착되기 때문에 연료 분사 시스템의 구조가 다소 복잡하다.

5. ABS에서 펌프로부터 토출된 고압의 오일을 일시적으로 저장 및 맥동을 완화시켜 주는 것은?

① 어큐뮬레이터
② 하이드롤릭 유닛
③ 프로포셔닝 밸브
④ 솔레노이드 밸브

해설 어큐뮬레이터(accumulator)

어큐뮬레이터는 ABS 시스템의 하이드롤릭 유닛(HCU, 유압 조정기 또는 모듈레이터)에 들어가는 장치로 감압 시에는 일시적으로 오일을 저장하고, 증압 시에는 휠 실린더로 오일을 공급하는 장치이다. 또한 이 과정에서 발생되는 브레이크 오일의 파동이나 진동을 흡수하는 일도 한다.

6. 토크컨버터(torque converter)의 록업(lock-up) 장치에 대한 설명으로 맞는 것은?

① 펌프와 터빈을 기계적으로 직결하여 전달효율을 높인다.

② 유체의 흐름을 펌프의 회전하는 방향으로 전환시킨다.

③ 터빈이 고속으로 회전 시 스테이트를 공전시켜 유체 운동에 방해되지 않게 한다.

④ 펌프의 유체 운동을 받아 회전하여 토크를 전달한다.

해설 록업(lock-up) 장치

토크컨버터의 록업(Lock-up) 장치는 급가속 등 엔진이 순간적으로 큰 힘이 필요할 때, 유체 클러치인 토크컨버터의 펌프와 터빈을 기계적으로 직결시켜 전달효율을 높이고, 가속성능을 향상시켜 주는 장치이다.

7. 다음 중 엔진 본체 구성품에 대한 설명으로 틀린 것은?

① 실린더는 연료와 공기의 폭발로부터 얻은 열에너지를 기계적 에너지로 바꾸는 역할을 한다.

② 크랭크 케이스는 실린더를 지지하고 엔진을 프레임에 고정시키는 역할을 한다.

③ 커넥팅로드는 피스톤의 왕복운동을 크랭크축의 직선으로 바꾸어 준다.

④ 커넥팅로드는 피스톤과 크랭크축을 연결한다.

해설 커넥팅로드의 기능

피스톤과 크랭크축을 연결하여 피스톤의 직선운동을 크랭크축의 회전운동으로 변환시키고, 피스톤에 작용하는 힘을 크랭크축에 전달하여 크랭크축에 회전토크가 발생되도록 한다.

8. 다음 중 동력 전달 장치의 전달 경로로 옳은 것은?

㉠ 변속기	㉡ 추진축	㉢ 최종 감속 기어
㉣ 구동바퀴	㉤ 클러치	㉥ 유니버설 조인트
㉦ 차동 기어		

① ㉠ → ㉤ → ㉡ → ㉥ → ㉢ → ㉦ → ㉣

② ㉤ → ㉠ → ㉥ → ㉡ → ㉢ → ㉦ → ㉣

③ ㉤ → ㉠ → ㉥ → ㉡ → ㉦ → ㉢ → ㉣

④ ㉡ → ㉤ → ㉠ → ㉥ → ㉢ → ㉦ → ㉣

해설 FR 방식(앞엔진 뒷바퀴 구동방식)의 동력 전달 경로

FR 방식은 엔진, 클러치, 변속기는 앞 차축 부근에, 종감속 장치와 차동장치는 뒤차축 부근에 설치되어 있다. FR 방식의 동력 전달 경로는 엔진에서 동력을 발생 → 클러치와 변속기에서 동력을 전달 → 십자축이 들어가는 축이음(커플링) 형태의 유니버설 조인트를 거쳐 → 동력을 전달하는 추진축 → 차동 기어를 통해 뒤 양쪽 구동바퀴로 동력 전달

9. 다음 중 자동차용 납산 축전지에 대한 설명으로 바르지 못한 것은?

① 전해액의 비중이 크면 방전량도 크다.

② 전해액이 수산화나트륨인 알칼리 축전지이다.

③ 충·방전이 가능한 2차 전지이다.

④ 축전지의 용량은 방전 전류와 방전 시간의 곱이다.

> **해설** 2차 전지의 대표적인 것이 자동차에서 쓰이는 납산 축전지이다. 납산 축전지는 2개의 전극으로 구성되어 있고 양극판은 과산화납, 음극판은 해면상납이며, 전해액으로는 묽은 황산을 사용한다. 또한 알칼리 축전지는 양극에 수산화니켈, 음극에 카드뮴, 전해액으로는 가성 알칼리(KOH) 수용액을 사용한 2차 전지이다.

10. 다음 중 차동장치에 대한 설명으로 틀린 것은?

① 좌측 바퀴만 매끄러운 노면에 빠지면 저항이 작은 왼쪽 사이드 기어만 회전하게 된다.

② 자동차가 직진할 때 차동 사이드 기어는 차동 기어 케이스와 동일하게 회전한다.

③ 자동차가 선회할 때 바깥쪽 바퀴가 안쪽 바퀴보다 더 많이 회전하도록 한 장치가 차동장치이다.

④ 차동 피니언은 좌우 사이드 기어에 물려 있으면 직진 시 자전, 선회 시 공전한다.

> **해설** 차동장치의 원리 및 구조
> ㉠ 차동 기어 케이스 : 종감속 기어의 링 기어와 동일한 회전을 한다.
> ㉡ 차동 피니언축 : 차동 기어 케이스에 차동 피니언을 지지한다.
> ㉢ 차동 피니언 : 직진 주행 시 공전하고 선회 시는 자전하여, 좌우 사이드 기어의 회전속도를 변화시켜 선회할 때 원만한 주행을 가능하도록 한다.
> ㉣ 차동 사이드 기어 : 차동 피니언과 맞물려 있으며, 중앙부의 스플라인은 차축과 접속되어 있다. 직진할 때 좌우 사이드 기어는 차동 기어 케이스와 동일하게 회전한다.

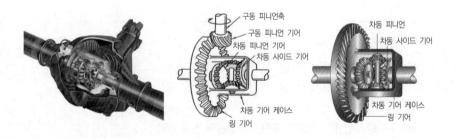

[차동 기어 장치의 구조]

11. GDI(Gasoline Direct Injection) 엔진에 대한 설명으로 틀린 것은?

① 연비를 향상시키기 위해 초희박 연소가 가능하다.

② 연료를 연소하기 위해 전기방전 불꽃을 이용한다.

③ 연료를 직접 연소실에 분사한다.

④ 기화기가 구성요소로 사용된다.

해설 GDI(Gasoline Direct Injection, 가솔린 직접 분사 방식)의 특징

ㄱ 더 많은 공기를 흡입하여 높은 압축비 구현을 통해 출력특성 향상

ㄴ 초희박 공연비(약 35~40 : 1)로 연비 개선효과가 매우 큼

ㄷ 연소효율을 높이고 촉매 활성화 시간을 크게 줄여 유해 배기가스를 저감

ㄹ 연료를 실린더로 직접 분사하기 때문에 연료량을 정밀하게 제어 가능

ㅁ 운전 시 가속 응답성 크게 향상

ㅂ 시스템 각 부의 부품이 고가이므로, 기존 전자제어 시스템 대비 차량 가격이 매우 높아지는 단점이 있음

(a) MPI

(b) GDI

[MPI와 GDI 분사 방식의 비교]

1. 뒤엔진 뒷바퀴 구동방식(RR : Rear engine Rear drive)의 장점으로 맞는 것은?

① 차량 아래쪽을 종단하는 추진축이 필요하지 않으므로, 차량 실내공간의 활용성
이 높아 여유공간이 많다.

② 주로 화물차에 많이 접목되는 구동방식으로, 적재공간의 활용성이 좋다.

③ 도로 노면의 상태가 좋지 않더라도 안정적인 조향을 할 수 있다.

④ 차량의 무게 배분 및 밸런스가 좋아 순간 가속력 및 구동력이 뛰어나다.

해설 뒷기관 후륜구동방식(RR type)
  • 주로 중형 이상의 대형차(버스 등)에 사용한다.
  (1) 장점
    ㉠ 변속기나 추진축의 용적이 불필요
    ㉡ 안정성, 거주성이 양호
    ㉢ 시계가 넓고 차실을 크게 할 수 있음
    ㉣ 기관, 변속기의 소음이나 냄새가 차실에 들어오지 않음
  (2) 단점
    ㉠ 무게의 불균형으로 인해 오버스티어링의 경향
    ㉡ 트렁크 체적이 작고, 엔진 냉각에 문제가 있어 승용차나 트럭용으로 부적합
    ㉢ 구조가 복잡
    ㉣ 냉각기구가 복잡
    ㉤ 동력 전달 경로가 짧으나, 적재공간이 적고 변속 링크 기구가 길어지는 단점

2. 다음 중 공차 상태에 대한 설명으로 틀린 것은?

① 연료냉각수 및 윤활유를 만재한 상태이다.

② 예비 부분품 및 공구도 공차 중량에 포함이 된다.

③ 사람이 승차하지 않은 상태이다.

④ 예비 타이어가 있는 차량에서는 예비 타이어의 무게도 공차 중량에 포함이 된다.

해설 「자동차 및 자동차부품의 성능과 기준에 관한 규칙」 제2조 제1호(공차 상태의 정의)
  자동차에 사람이 승차하지 아니하고 물품(예비 부분품 및 공구 기타 휴대물품을 포함한다)을 적재
  하지 아니한 상태로서 연료·냉각수 및 윤활유를 만재하고 예비 타이어(예비 타이어를 장착한
  자동차만 해당한다)를 설치하여 운행할 수 있는 상태를 말한다.

3. 다음 중 일산화탄소를 정화하기 위한 장치로만 짝지어진 것은?

㉮ 배출가스 재순환 장치	㉯ 연료증발가스 제어장치
㉰ PCV(Positive Crankcase Ventilation)	㉱ 2차 공기공급 장치
㉲ 촉매 변환기	

① ㉮, ㉯   ② ㉮, ㉰, ㉲
③ ㉯, ㉰   ④ ㉱, ㉲

해설 2차 공기공급 장치와 촉매 변환기
   ㉠ 2차 공기공급 장치(secondary air supply system)
      촉매 변환기 등의 배기가스 제어장치에서 일산화탄소, 탄화수소의 산화를 돕기 위해서 배기관에 2차 공기를 공급하는 장치를 말한다. 주로 용적이 큰 엔진, 6기통 이상의 엔진 등 2차 공기량이 크게 요구되는 엔진에 사용된다.
   ㉡ 촉매 변환기(catalytic converter)
      자동차의 배기가스에 있는 유해물질을 촉매작용을 이용해 인체에 무해한 성분으로 바꾸는 장치를 의미한다. 자동차의 배기가스에는 인체에 무해한 성분인 탄화수소(HC), 일산화탄소(CO), 질소산화물(NO)이 백금(Pt)과 로듐(Rh)을 이용해 인체에 무해한 성분인 질소(N_2)와 산소(O_2), 이산화탄소(CO_2), 물(H_2O)로 변환시켜 준다.

4. 다음 중 옥탄가 60에 대한 설명으로 옳은 것은?

① 이소옥탄 60에, 세탄 60의 비율을 뜻한다.
② 정헵탄 60에, 이소옥탄 40의 비율을 뜻한다.
③ α-메틸나프탈렌 40에, 이소옥탄 60의 비율을 뜻한다.
④ 노멀헵탄 40에, 이소옥탄 60의 비율을 뜻한다.

해설 옥탄가 60
      옥탄이라는 휘발유 내 물질은 C_8H_{18}의 분자 구조를 가진 탄화수소를 일컫는다. 휘발유에서의 옥탄가는, 옥탄의 이성질체(분자구조는 같으나 구성 원자의 배열 등이 다른 물질)인 이소옥탄과 노멀헵탄을 섞은 표준 연료 중 이소옥탄의 백분율값을 가리킨다. 즉, 옥탄가가 60이라는 것은 이소옥탄이 60%, 노멀헵탄이 40% 포함되어 있다는 의미다.

5. 라디에이터 압력 캡에 대한 설명으로 거리가 먼 것은?

① 운행 중 냉각수가 부족할 경우 즉시 압력 캡을 이용하여 냉각수를 보충할 수 있다.
② 냉각수 비등점이 112℃ 정도로 높이기 위해 사용된다.
③ 압력 밸브와 진공 밸브로 구성되며 보조 물탱크를 활용할 수 있도록 해 준다.
④ 압력 캡에 의한 압력은 게이지 압력으로 0.2~1.05kgf/cm^2 정도 된다.

해설 냉각수 보충
      운행 중 냉각수가 부족할 경우에는 엔진이 충분히 식을 때까지 기다렸다가 냉각수 보조 탱크 캡을 열고 물을 조금씩 서서히 보충해야 한다.

▶ 압력 캡은 압력 밸브와 진공 밸브의 작용으로 냉각 범위를 넓힐 수 있으며, 압력이 높으면 압력 밸브가 작동하고 압력이 낮으면 진공 밸브가 작동한다. 규정압력은 $0.2 \sim 1.05 \mathrm{kgf/cm}^2$ 이다.

6. 다음 중 동력 조향 장치의 장점과 거리가 먼 것은?

① 차량의 무게에 상관없이 조향 기어비를 작게 만들 수 있다.

② 고속에서 조향 핸들의 조작력이 가볍다.

③ 조향 핸들 조작 시 조향바퀴의 선회반응이 빠르다.

④ 조향 핸들 조작 시 유체가 완충 역할을 해 충격을 흡수하고, 작동이 부드럽다.

해설 동력 조향 장치의 장단점

  (1) 장점

    ① 저속에서 조향 조작력이 작아도 된다.

    ② 조향 조작력에 관계없이, 조향 기어비를 선정할 수 있다.

    ③ 노면으로부터의 충격 및 진동을 흡수한다.

    ④ 앞바퀴의 시미 현상을 방지할 수 있다.

    ⑤ 조향 조작이 경쾌하고 신속하다.

    ⑥ 동력 조향의 고장 시 수동 전환이 가능하다.

  (2) 단점

    ① 구조가 복잡하고 값이 비싸다.

    ② 고장이 발생한 경우에는 정비가 어렵다.

    ③ 오일펌프 구동에 기관의 출력이 일부 소비된다.

7. 다음 중 하이브리드 자동차에 대한 설명으로 바르지 못한 것은?

① 마일드(소프트) 타입은 모터 단독 주행이 불가능하나 풀(하드) 타입은 모터 단독 주행이 가능하여 내연기관의 연료소비율을 낮출 수 있다.

② 병렬형은 모터의 위치에 따라 마일드(소프트) 타입과 풀(하드) 타입으로 나뉜다.

③ 2개의 동력원을 이용하여 구동되는 차량을 말하며 일반적으로 내연기관과 전기모터를 함께 사용한다.

④ 제동 시에는 회생 제동 브레이크 시스템을 사용하여 차량의 전기에너지를 모터를 통해 운동에너지로 전환하여 배터리를 충전한다.

해설 회생 재생 모드(감속모드)

회생 제동은 운동에너지를 전기에너지로 변환하는 기술이다. 주행 중 가속 페달에서 발을 떼면(감속 시) 바퀴를 돌리던 전기모터가 거꾸로 바퀴에 의해 강제로 돌아가면서 발전이 일어나 배터리를 충전하는 방식이다.

8. 다음 중 디젤 연소실 중 직접분사실식의 특징으로 거리가 먼 것은?

① 연소실 체적에 대한 표면적 비가 작아 냉각 손실이 적다.

② 열효율이 높고, 구조가 간단하며, 기동이 쉽다.

③ 복실식으로 구성되며, 분사개시압력이 130kgf/cm^2 정도 된다.

④ 사용 연료에 민감하고, 노크 발생이 쉽다.

> **해설** 직접분사실식의 장단점
>
> (1) 장점
>> ㉠ 구조가 간단하며, 열효율이 높다.
>> ㉡ 연료소비가 매우 적다.
>> ㉢ 실린더 헤드가 간단하여 열변형이 적다.
>> ㉣ 연소실 체적이 작아 냉각 손실이 적다.
>> ㉤ 시동이 쉬우며, 예열 플러그가 필요 없다.
>
> (2) 단점
>> ㉠ 복실식에 비하여 공기의 소용돌이가 약하므로 공기의 흡입률이 나쁘고 고속 회전에 적합하지 않다.
>> ㉡ 분사압력이 높아 분사 펌프와 노즐 등의 수명이 짧다.
>> ㉢ 사용 연료의 변화에 민감하여 노크를 일으키기 쉽다.
>> ㉣ 다공형 노즐을 사용하므로 비싸다.
>
> ▶ 연소실의 종류별 연료소비율(g/ps-h)
>> • 직접분사실식 : 150~300kgf/cm^2
>> • 예연소실식 : 100~130kgf/cm^2
>> • 와류실식 : 100~140kgf/cm^2
>> • 공기실식 : 100~140kgf/cm^2

9. 고에너지식 점화방식(HEI : High Energy Ignition)에서 사용되는 반도체 파워 트랜지스터(Power TR)의 장점이 아닌 것은?

① 기계적으로 강하고 수명이 길며, 예열하지 않아도 곧바로 작동된다.

② 내부에서의 전압강하와 전력 손실이 극히 적다.

③ 내열성이 좋으며, 순간적인 전기적 충격에 강하다.

④ 진동에 잘 견디고, 극히 소형이고 가볍다.

> **해설** 파워 트랜지스터(Power TR)의 장단점
>
> (1) 장점
>> ㉠ 내구성이 높고 수명이 길다.
>> ㉡ 부피가 작으므로 공간에 대한 경제성이 좋다.
>> ㉢ 진동에 잘 견디는 내진성이 크다.
>> ㉣ 예열하지 않고 곧 작동한다.
>> ㉤ 내부에서 전압강하가 매우 적다.
>> ㉥ 저전압, 소전력으로 동작시킬 수 있다(즉, 구동이 용이함)

(2) 단점

  ㉠ 정격 값 이상으로 사용하면 파손되기 쉽다.

  ㉡ 외부 요인, 특히 온도에 민감하여 특성이 온도의 지배를 받기 쉽다.

  ㉢ 고온에서는 동작 상태가 고르지 못하다.

  ㉣ 초고주파에서는 전력이 약하다.

10. 다음 중 자동 변속기 킥다운(Kick-Down)에 대한 설명으로 옳은 것은?

① 스로틀 밸브의 열림 정도가 같아도 업시프트와 다운시프트의 변속점에는 7~15 km/h 정도의 차이를 두는데 이렇게 변속충격을 다운시키기 위한 것을 말한다.

② 브레이크 페달을 급하게 밟았을 때 ABS가 작동되면서 페달을 쳐올리는 충격을 발생시키는 것을 의미한다.

③ 가속 페달을 80% 이상 급격하게 밟았을 때 강제적으로 다운시프트 되는 현상을 말한다.

④ 가속 페달에서 갑자기 발을 떼서 속도가 떨어지면서 다운시프트 되는 현상을 말한다.

<u>해설</u> 킥다운(kick-Down)

자동 변속기 자동차에서 'D' 레인지로 주행 중 엑셀 페달을 급격하게 밟아(스로틀 밸브를 80~85% 이상) 자동적으로 다운시프트(감속) 되어 순간적으로 1속 낮은 저속 기어로 변속되면서 급가속 되는 현상이며, 또한 어느 속도에 이르면 자동적으로 업시프트(증속) 된다.

11. 다음 중 교류 발전기에 대해 바르게 설명한 것은?

① 과충전을 막기 위해 전압 조정기 내 정류자를 이용한다.

② 플레밍의 왼손법칙에 따라 충전 전류의 방향이 결정된다.

③ 전기자, 정류자, 오버러닝클러치는 회전하고, 계자 코일, 브러시, 전자클러치는 회전하지 않는다.

④ 처음 발전 시에는 타여자 방식이며, 일정 이상 충전 후에는 자여자 방식을 사용한다.

<u>해설</u> 교류 발전기의 작동

시동을 위한 여자 : 축전지, 시동 후 : 자기여자(자여자)

▶ 교류 발전기는 처음에는 외부의 배터리에서 여자 전류를 공급하는 타여자 방식으로 작동한다. 또한 엔진이 작동한 후(시동 이후)에는 로터가 회전하면 로터의 자속이 스테이터 코일을 끊어 스테이터 코일에 교류 기전력이 발생하기 때문에 여자회로를 통해 스스로 자여자한다.

12. 잠김 방지 브레이크 시스템(ABS : Anti-lock Brake System)에 대한 설명으로 맞는 것은?

① 모듈레이터의 조절 상태에는 감압 상태, 유지 상태 2가지가 있다.

② 제동 시 타이어의 미끄럼 방지, 조향성, 안정성을 확보하고 제동거리를 단축시킨다.

③ 모든 바퀴가 슬립률이 50%가 넘지 않도록 제어한다.

④ 각 바퀴가 미끄러질 때 바퀴로 가는 유압을 공급하는 역할을 한다.

해설 ①항 모듈레이터의 조절 상태에는 ABS가 작동할 때 휠 실린더에 가해지는 유압을 증압, 유지, 감압하여 3가지 형태로 압력을 제어한다.

③항 노면 상태에 따라서 차이가 있지만 슬립률이 15~20%일 때 제동력이 최고가 된다. 결과적으로 ABS는 제동력이 최대가 되는 슬립률이 유지되도록 ABS ECU와 유압제동장치가 각 바퀴의 회전속도를 조절하는 장치이다(슬립률 : 타이어와 노면 사이에 생기는 미끄럼 정도를 나타내는 것. 주행속도와 타이어 주속도의 차이를 주행속도로 나눈 수치로, 여기에 100배 하여 %로 나타낸 것을 슬립률이라고 함).

④항 각 바퀴가 미끄러질 때 바퀴로 가는 유압을 차단하는 역할을 한다.

1. 다음 중 피스톤에 대한 설명으로 거리가 먼 것은?

① 피스톤 링의 내마모성을 키우기 위해 크롬으로 도금하기도 한다.

② 고정식은 고정 볼트로 피스톤과 피스톤 핀을 고정한 방식이다.

③ 전부동식은 커넥팅로드의 소단부와 피스톤 핀을 클램프로 고정해서 사용하는 방식이다.

④ 피스톤 간극이 커지면 피스톤 슬랩이 발생하고 블로바이가 증대된다.

해설 피스톤 핀 설치 방법

(1) 고정식
 ㉠ 피스톤 보스에 볼트로 고정
 ㉡ 커넥팅로드 소단부에 부싱 사용

(2) 반부동식(요동식)
 ㉠ 커넥팅로드 소단부에 클램프 볼트로 고정
 ㉡ 근래에는 열박음 방식을 사용

(3) 전부동식(부동식)
 ㉠ 피스톤과 커넥팅로드 어디에도 고정시키지 않은 것
 ㉡ 핀 보스부 양쪽에 스냅 링을 설치(핀이 빠져나오는 것을 방지)

 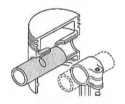 

(a) 고정식   (b) 반부동식(요동식)   (c) 전부동식(부동식)

[피스톤 핀 설치 방법]

2. 실린더 헤드에 위치한 흡·배기 밸브에 관한 설명 중 거리가 먼 것은?

① 실린더 헤드에 설치된 밸브 스프링이 밸브를 여는 역할을 한다.

② 배기 말에서 흡기 초의 행정에서 흡·배기 밸브를 동시에 여는 오버랩을 두어 충진효율을 향상시킬 수 있다.

③ 밸브의 헤드에서 발생된 열은 밸브 면을 통해 실린더 헤드의 시트로 전달된다.

④ 흡입효율을 높이기 위해 흡기 밸브의 헤드를 배기 밸브의 헤드보다 크게 제작한다.

해설 **밸브 개폐 기구**

캠축은 로커 암축에 설치된 로커 암을 작동시켜 밸브를 피스톤 운동에 따라 개폐하는 역할을 한다.

3. ABS 시스템(Anti-lock Brake System)에 대한 설명으로 옳은 것은?

① 전방 차량과 거리가 가까워졌을 때 경고를 해 주고 상황에 따라 제동을 해 준다.
② 가속하여 바퀴가 미끄러질 때 제동을 해준다.
③ 제동 시 바퀴가 미끄러질 때 브레이크를 풀었다가 잠그는 작업을 반복한다.
④ 급제동 시 후방 추돌을 방지하기 위해 비상등을 점등시킨다.

해설 ABS는 타이어와 노면 사이의 마찰력을 유지시켜주는 역할을 하며, 제동 시 바퀴가 미끄러질 때 빠른 속도로 브레이크를 잡았다, 놓았다를 반복하여 바퀴를 지속적으로 굴려주어 바퀴와 노면 사이의 접지력을 유지시키는 작용을 한다.

4. 자동차가 주행 중 언더스티어 현상이 발생될 때 제어하는 것으로 맞는 것은?

① 회전 방향 바깥쪽 앞바퀴에 제동력을 가한다.
② 회전 방향 바깥쪽 뒷바퀴에 제동력을 가한다.
③ 회전 방향 안쪽 앞바퀴에 제동력을 가한다.
④ 회전 방향 안쪽 뒷바퀴에 제동력을 가한다.

해설 **언더스티어(Under-Steer) 현상 제어 방법**

선회주행 시 언더스티어(일정한 조향각으로 선회하여 속도를 높였을 때, 선회반경이 커지는 현상)가 일어날 경우에는 회전 방향 후륜 내측 차륜에 제동력을 가함으로써 차량의 조향성 상실을 방지할 수 있다.

5. 다음 중 엔진오일에 대한 설명으로 틀린 것은?

① 오일의 색깔이 우유색일 경우 냉각수가 유입된 것이다.
② 윤활유의 작용에는 밀봉작용, 응력분산 및 열전도 작용 등이 있다.
③ 온도가 낮으면 오일 점도와 유압이 낮아진다.
④ 냉각수 등에 희석되면 유압이 낮아진다.

해설 **엔진오일 유압 상승 및 저하 원인**

유압이 높아지는 원인	유압이 낮아지는 원인
• 엔진의 온도가 낮아 오일의 점도가 높음 • 윤활 회로 내의 막힘 • 유압 조절 밸브 스프링의 장력이 과다 • 유압 조절 밸브가 막힌 채로 고착 • 각 마찰부의 베어링 간극이 적을 때	• 엔진오일의 점도가 낮음 • 오일팬의 오일량이 부족함 • 유압 조절 밸브 스프링의 장력이 과소 • 유압 조절 밸브가 열린 채로 고착 • 각 마찰부의 베어링 간극이 클 때 • 오일펌프의 마멸 또는 고장

6. **뒷바퀴 액슬축의 지지방식 중 전부동식에 대한 설명으로 맞는 것은?**

① 뒤차축 하우징과 차축 사이에 베어링을 연결하여 사용한다.

② 바퀴를 떼지 않고 액슬축을 분리할 수 있다.

③ 바퀴의 하중은 모두 차축이 부담한다.

④ 한쪽 휠의 지지에 1개의 볼 베어링을 사용한다.

> **해설** 전부동식
> ㉠ 액슬축은 구동만하고 하중은 모두 액슬 하우징이 지지하는 형식
> ㉡ 바퀴를 떼어내지 않아도 액슬축 분리 가능
> ㉢ 허브 베어링으로 테이퍼 롤러 베어링 2개 사용
> ㉣ 대형차에서 주로 사용

7. **다음 중 구동력이 가장 큰 경우는 몇 번인가?**

① 차량 중량 : 1,200kg, 바퀴 회전력 : 60kgf·m, 바퀴 반지름 : 0.4m

② 차량 중량 : 1,000kg, 바퀴 회전력 : 50kgf·m, 바퀴 반지름 : 0.5m

③ 차량 중량 : 1,200kg, 바퀴 회전력 : 50kgf·m, 바퀴 반지름 : 0.4m

④ 차량 중량 : 1,000kg, 바퀴 회전력 : 60kgf·m, 바퀴 반지름 : 0.5m

> **해설** 구동력 공식
>
> $$구동력(kgf) = \frac{회전력(t)}{타이어\ 반경(r)} \times 100$$
>
> 위 공식에 따라 계산한 결과 ①항의 구동력은 150kgf, ②항은 100kgf, ③항은 125kgf, ④항은 120kgf, 그러므로 ①항의 구동력이 가장 크다.

8. **다음 중 일체차축 현가방식에 대한 장점으로 옳은 것은?**

① 시미 현상에 대한 대응이 좋다.

② 스프링 정수가 작은 것을 사용할 수 있다.

③ 경량화 된 스프링을 사용할 수 있어 승차감이 우수하다.

④ 선회 시 차체의 기울기가 작다.

> **해설** 일체차축 현가방식의 특징
> ㉠ 부품수가 적고 구조가 간단하다.
> ㉡ 선회 시 차체의 기울기가 작다.
> ㉢ 스프링 밑 질량이 커 로드 홀딩이 좋지 못하고 승차감이 나쁘다.
> ㉣ 스프링 정수가 커야 한다.
> ㉤ 앞바퀴에 시미 현상이 일어나기 쉽다.

9. 앞바퀴 얼라인먼트에 대한 설명으로 맞는 것은?

① 캠버와 캐스터의 각을 합한 것이 협각 혹은 인클루디드 각이라 한다.

② 토인을 조정하기 위해 타이로드의 길이를 수정하면 된다.

③ 지면의 수선과 타이어 중심선이 만드는 각을 캐스터라고 한다.

④ 차량을 옆면에서 보았을 때 타이어 중심선의 수직선과 조향축의 중심이 만드는 각을 캠버라 한다.

> **해설** ①항 캠버각과 킹핀 경사각을 합친 각을 협각 또는 인클루디드 각(included angle)이라 한다.
> ③항 앞바퀴를 옆에서 보았을 때 킹핀(조향축)이 수선에 대해 이룬 각을 캐스터라고 한다.
> ④항 앞바퀴를 앞에서 보았을 때 바퀴가 수선에 이룬 각을 캠버라고 한다.

10. 다음 중 축전지 방전에 대한 설명으로 틀린 것은?

① 배터리의 용량이 크면 자기방전율도 커진다.

② 축전지의 방전은 화학에너지를 전기에너지로 바꾸는 것이다.

③ 온도가 낮으면 축전지의 자기 방전율이 높아져 용량이 작아진다.

④ 축전지 셀당 기전력이 1.75V일 경우 방전 종지 전압에 해당된다.

> **해설** 전해액 온도와 비중, 용량의 관계 및 자기방전의 크기
> ㉠ 온도↑=비중↓=용량↑, 온도↓=비중↑=용량↓
> (※ 전해액 온도가 올라가면 화학작용이 활발해져 용량이 커지고, 온도가 내려가면 화학작용이 완만하게 진행되어 용량이 작아진다.)
> ㉡ 자기방전의 크기
> • 전해액의 온도에 비례
> • 불순물의 양에 비례
> • 전해액의 비중에 비례

11. HEI 방식(High Energy Ignition, 고강력 점화방식)에 대한 설명으로 맞는 것은?

① 컬렉터와 연결된 것은 접지이다.

② 게이트는 배터리의 본선과 연결되어 있는 단자이다.

③ 이미터 단자와 연결된 것은 점화코일 (−)단자이다.

④ NPN형 트랜지스터에서 ECU와 연결된 단자는 베이스 단자이다.

> **해설** 파워 트랜지스터(NPN형)
> 컴퓨터(ECU)의 제어 신호에 의해 점화 1차 코일에 흐르는 전류를 단속하는 역할을 한다.
> ㉠ 베이스 단자 : 컴퓨터(ECU)에 접속되어 컬렉터 전류를 단속한다.
> ㉡ 컬렉터 단자 : 점화코일 (−)단자에 접속되어 있다.
> ㉢ 이미터 단자 : 차체에 접지되어 있다.

12. 엔진이 3,000rpm에서 40kgf·m의 회전력이 발생되었을 때, 클러치의 회전수는 2,500rpm이다. 이때 클러치에 전달되는 토크는 얼마인가? (단, 클러치에 전달효율은 80%이다.)

① 58.8kgf·m

② 41.6kgf·m

③ 38.4kgf·m

④ 25.3kgf·m

해설 클러치 전달 토크

ㄱ 클러치 판의 전달효율

$$\eta = \frac{클러치에서\ 나온\ 동력}{클러치로\ 들어간\ 동력} \times 100$$

ㄴ 회전 동력

$$P_r = \frac{T_2 \times N_2}{T_1 \times N_1}$$

여기서, T_1 : 엔진 발생 회전력(m-kgf)

N_1 : 엔진 회전수(rpm)

T_2 : 클러치의 출력 회전력(m-kgf)

N_2 : 클러치 회전 출력 회전수(rpm)

위 공식에 의해

$$0.8 = \frac{x \times 2,500}{40 \times 3,000}$$

$3,000 \times 40 \times 0.8 = 2,500 \times x$

$x = 38.4$

∴ 클러치 전달 토크=38.4kgf·m

13. 다음 중 기관 분해 정비 기준으로 맞는 것은?

① 각 실린더의 압축압력의 차이가 20% 이상일 때

② 연료소비율이 표준소비율의 50% 이상일 때

③ 오일 소비량이 표준소비율의 50% 이하일 때

④ 압축압력이 규정값의 70% 이하일 때

해설 엔진 해체 정비 시기

ㄱ 압축압력이 규정압력의 70% 이하 시

ㄴ 연료소비율이 표준소비율의 60% 이상 시

ㄷ 오일 소비율이 표준소비율의 50% 이상 시

1. 전자제어 연료 분사 장치의 센서 중 부특성 서미스터를 이용하는 것은?

① MAP 센서   ② 산소 센서

③ 노크 센서   ④ 수온 센서

해설 서미스터

㉠ 온도 변화에 대하여 저항값이 크게 변화되는 반도체의 성질을 이용

㉡ 부특성 서미스터 : 온도가 상승하면 저항값이 감소

㉢ 정특성 서미스터 : 온도가 상승하면 저항값이 증가

▶ **부특성 서미스터를 이용한 센서**

• 냉각수 온도 센서(C.T.S, W.T.S) : 부특성 서미스터로 냉각수 온도를 검출하여 컴퓨터 (ECU)로 전송

• 흡기온도 센서(ATS) : 부특성 서미스터로 흡입공기온도를 검출하여 컴퓨터(ECU)로 전송

※ 위의 2개 센서가 대표적이며, 이외에 연료 잔량 경고등 센서, 온도 메터용 수온 센서, EGR 가스 온도 센서, 배기온도 센서, 증발기 출구 온도 센서, 유온 센서 등에 다양하게 사용된다.

2. 배출가스 저감장치 중 삼원 촉매(Catalytic Convertor) 장치를 사용하여 저감할 수 있는 유해가스의 종류를 바르게 짝지은 것은?

① CO(일산화탄소), HC(탄화수소), NOx(질소산화물)

② CO(일산화탄소), NOx(질소산화물), 흑연

③ CO(일산화탄소), HC(탄화수소), 흑연

④ NOx(질소산화물), HC(탄화수소), 흑연

해설 삼원 촉매 장치의 정화

㉠ $CO \rightarrow CO_2$(산화)

㉡ $HC \rightarrow H_2O$(산화)

㉢ $NOx \rightarrow N_2, O_2$(환원)

3. 역방향 전압을 증가시켜 일정한 값에 이르게 되면 역방향으로도 전류가 흐를 수 있는 다이오드는?

① 포토 다이오드(photo diode)   ② 발광 다이오드(light emitting diode)

③ 제너 다이오드(zener diode)   ④ 서미스터(thermistor)

해설 제너 다이오드(zener diode)
　　ⓐ 역방향 특성을 이용하기 위한 다이오드
　　ⓑ 역방향의 전압이 어떤 값에 이르면 역방향으로 전류가 흐름(제너 현상)
　　ⓒ 역방향으로 전류가 흐를 때의 전압(브레이크다운 전압)

4. 차량이 곡선도로를 주행하거나 회전할 때 안쪽 바퀴와 바깥쪽 바퀴의 회전거리가
달라진다. 이를 조정하는 역할을 하는 장치는?

① 차동 기어 장치(differential gear system)
② 토크컨버터(torque convertor)
③ 종감속 기어 장치(final reduction gear system)
④ 유성 기어 장치(planetary gear system)

해설 차동 기어 장치(differential gear system)
　　자동차가 선회할 때 양쪽 바퀴가 미끄러지지 않고 원활하게 선회하려면 바깥쪽 바퀴가 안쪽
　　바퀴보다 더 많이 회전해야 하고, 또 요철 구간에서도 양쪽 바퀴의 회전속도가 달라져야 하
　　며, 이때 양쪽 바퀴의 회전속도를 다르게 만들어주는 장치가 차동 기어 장치이다.

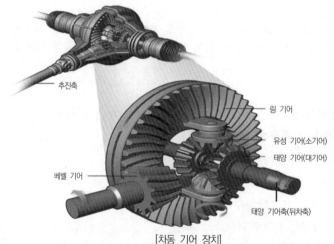

[차동 기어 장치]

5. 축전지의 방전이 계속되면 전압이 급격히 강하하여 방전능력이 없어진다. 이와 같
이 방전능력이 없어지는 전압을 나타내는 용어는?

① 베이퍼 록(vapor lock)
② 자기 방전 전압(self discharge voltage)
③ 방전 종지 전압(final discharge voltage)
④ 설페이션(sulfation)

해설 방전 종지 전압(final discharge voltage)

　㉠ 2차 전지는 방전을 계속하면 단자 전압이 점차 저하해 어느 시점에 오면 급격히 저하하는 곳이 존재하는데 이때의 전압을 방전 종지 전압이라 한다. 방전 종지 전압 이하로 내려가면 유효한 전류를 꺼낼 수 없으며, 그 이상 방전시키면 짧은 시간에 전압의 하강이 급격히 발생하고, 이를 장기간 방치할 경우 전극판에 산화(부식) 현상 발생이 빠르게 진행하여 충전에 의한 기전력 회복을 불가능하게 할 우려가 있다.

　㉡ 방전 종지 전압은 단전지(셀)당 1.75V(단자 전압 10.5V)이다.

6. 라이너 방식 실린더 중 습식 라이너 방식에 대한 설명으로 가장 옳지 않은 것은?

① 물재킷 부분의 세척이 쉽다.

② 냉각수가 새는 것을 방지하기 위해 실링(seal ring)을 사용한다.

③ 실린더 블록이 라이너 전체를 받쳐줘서 라이너의 두께가 얇다.

④ 냉각 효과가 커서 열로 인한 실린더 변형이 적다.

해설 습식 라이너(Wet Type Liner)

　㉠ 냉각수가 라이너 외벽을 직접 냉각

　　• 라이너 바깥 면이 물통로를 구성한다.

　　• 냉각수가 직접 접촉하여 냉각하므로 냉각 효과가 우수하다.

　㉡ 삽입압력 : 가볍게 눌러 삽입할 정도

　㉢ 냉각수가 누설될 우려가 있다.

　㉣ 라이너 상부에 플랜지를 둔다. 라이너를 끼웠을 때 플랜지가 실린더 블록 윗면보다 조금 높아야 한다.

　㉤ 하부에 고무제 실링을 2~3개 설치한다.

　　• 실린더 블록과 라이너 사이를 통하여 냉각수 누출 방지

　　• 라이너의 열에 의한 변형 방지

　㉥ 라이너 두께 : 5~8mm

　㉦ 삽입 시 표면에 진한 비눗물을 바른다.

7. LPG 기관에서 액체 상태의 연료를 기체 상태로 전환하는 장치는?

① 봄베

② 믹서

③ 베이퍼라이저

④ 솔레노이드 밸브

해설 베이퍼라이저(베이퍼라이저의 3대 기능)

　㉠ 감압(압력을 낮춤)

　㉡ 기화(액체 → 기체화)

　㉢ 조압(엔진 출력 및 연비를 향상시킬 수 있도록 압력을 조절하는 기능)

8. 제동장치에서 ABS 컴퓨터를 이용하여 이상적인 제동력 배분곡선에 맞도록 전륜과 후륜의 제동압력을 제어하는 것은?

① EPS(Electronic Power Steering)

② TCS(Traction Control System)

③ ASCC(Advanced Smart Cruise Control)

④ EBD(Electronic Brake-force Distribution)

해설 EBD(Electronic Brake-force Distribution)

주행 중 제동 시 차량의 무게중심은 앞으로 이동하게 되고 차량의 탑승인원 및 적재량에 따라 앞쪽 뒤쪽의 제동력이 균일하지 않아 조기에 잠기는 현상이 발생할 수 있다. 이 현상을 예방하기 위해 EBD 시스템은 앞과 뒤쪽(슬립량, 속도 등)을 측정하여 휠에 최적의 브레이크 제동력을 분배하는 장치이다.

9. 〈보기〉에서 자동차 무게와 비례관계에 있는 주행저항을 모두 고른 것은?

㉠ 구름저항	㉡ 공기저항
㉢ 등판저항	㉣ 가속저항

① ㉠, ㉡, ㉢ ② ㉠, ㉡, ㉣

③ ㉠, ㉢, ㉣ ④ ㉡, ㉢, ㉣

해설 자동차 주행저항

• 구름저항(Rolling Resistance : Rr) : 타이어에서 발생하는 저항으로 중량에 비례하며, 구름저항계수는 저속에서는 일정하지만 고속에서는 급속히 증가한다.

  ※ 구름저항 = μ(구름저항계수) × 차량 중량

• 공기저항(Air Resistance : Ra) : 공기 중에서 움직일 때 발생하는 저항으로 전면 투영 면적과 공기에 대한 자동차 상대 속도의 제곱에 비례한다.

• 구배저항(Gradient Resistance : Rg) : 언덕길을 오를 때 자동차를 당기려는 힘으로 중량과 언덕 경사도에 비례한다.

• 가속저항(Acceleration Resistance : Ri) : 자동차의 속도가 변화할 때, 즉 가속도가 생길 때 자동차에는 중량(차량 중량 + 회전 부분 상당 중량)과 가속도에 비례하는 가속저항(관성저항)이 생긴다.

10. 엔진의 회전수 3,000rpm에서 회전력은 60kgf·m이다. 이때 클러치의 출력 회전수가 2,400rpm이고 출력 회전력이 50kgf·m이라면, 클러치의 전달효율(%)은?

① 68.67 ② 64.67

③ 66.67 ④ 62.67

해설 클러치 전달효율

전달효율(η)$= \dfrac{T_2 \times N_2}{T_1 \times N_1} \times 100\%$

여기서, T_1 : 엔진토크(m-kgf)

T_2 : 클러치 출력 토크(m-kgf)

N_1 : 엔진 회전수(rpm)

N_2 : 클러치 회전수(rpm)

위 공식에 의해,

전달효율(η)$= \dfrac{50 \times 2400}{60 \times 3000} \times 100$

$= 66.6666667$

전달효율$=66.67\%$

2019

과년도
기출문제

알짜배기 자동차 구조원리 기출문제 총정리

알짜배기 **자동차** 구조원리 기출문제 총정리

www.cyber.co.kr

1. 다음 중 엔진에 사용되는 윤활유 작용이 아닌 것은?

① 가스 누출 방지 작용   ② 냉각작용

③ 응력집중작용   ④ 마찰 및 마멸 방지 작용

해설 윤활유의 6대 기능

    ㉠ 감마작용 : 마찰 및 마멸 감소

    ㉡ 밀봉작용 : 틈새를 메꾸어 줌

    ㉢ 냉각작용 : 기관의 열을 흡수하여 오일팬에서 방열

    ㉣ 세척작용 : 카본, 금속 분말 등을 제거

    ㉤ 방청작용 : 작동 부위의 부식 방지

    ㉥ 응력분산작용 : 충격하중 작용 시 유막 파괴를 방지

2. 다음 중 배출가스 색에 의한 엔진 상태 구분이 잘못 짝지어진 것은?

① 엷은 자색 – 희박 연소일 때

② 무색 – 정상 연소

③ 검은색 – 공연비가 농후할 때

④ 백색 – 많은 양의 연료가 연소되었을 때

해설 배기가스 색에 의한 엔진 상태

    ㉠ 무색 또는 담청색 : 정상(완전연소)

    ㉡ 검은색 : 진한 혼합비(농후한 혼합기)

    ㉢ 연한 황색(엷은 자색) : 엷은 혼합비(희박한 혼합기)

    ㉣ 백색 : 윤활유 연소(엔진오일 연소실 유입)

    ㉤ 회색 : 농후한 혼합이고, 윤활유 연소

3. 점화장치의 작동순서를 설명한 것으로 맞는 것은?

① 크랭크 각 센서 → 파워 TR → ECU → 점화코일

② 크랭크 각 센서 → ECU → 파워 TR → 점화코일

③ 파워 TR → 크랭크 각 센서 → ECU → 점화코일

④ 파워 TR → ECU → 크랭크 각 센서 → 점화코일

해설 파워 트랜지스터(NPN형)
  (1) 기능
    컴퓨터(ECU)의 제어 신호에 의해 점화 1차 코일에 흐르는 전류를 단속하는 역할을 한다.
  (2) 작동순서
    센서 → ECU → 파워 트랜지스터 → 점화코일

4. 종감속 장치 접촉 상태 중 이 뿌리와 접촉하는 것은?
  ① 토우   ② 플랭크
  ③ 페이스   ④ 힐

해설 종감속 기어의 접촉 상태 및 수정

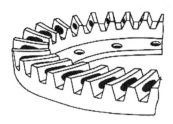

  (1) 정상 접촉 : 링 기어 중심(피치원)에서 접촉
    (1/2 이상)
  (2) 힐 접촉
    ㉠ 기어의 선단부가 접촉
    ㉡ 구동 피니언이 링 기어에 가까워지도록
  (3) 토 접촉
    ㉠ 기어의 후단부가 접촉
    ㉡ 구동 피니언이 링 기어에서 멀어지도록

[정상 접촉]

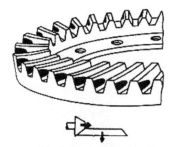

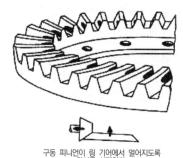

구동 피니언이 링 기어에서 가까워지도록 와셔를 선택한다.

구동 피니언이 링 기어에서 멀어지도록 와셔를 선택한다.

      (a) 힐 접촉   (b) 토 접촉

[종감속 기어의 접촉 상태 – 1]

  (4) 페이스 접촉
    ㉠ 기어의 이끝 부분이 접촉
    ㉡ 링 기어를 구동 피니언에 가깝게
  (5) 플랭크 접촉
    ㉠ 기어의 이뿌리 부분이 접촉
    ㉡ 링 기어를 구동 피니언에서 멀게

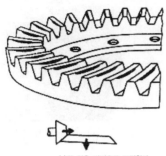
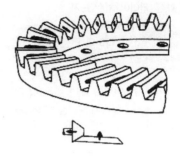

(a)와 같은 방법으로 조정한다.　　　　　(b)와 같은 방법으로 조정한다.

(c) 페이스 접촉　　　　　　　　(d) 플랭크 접촉

[종감속 기어의 접촉 상태-2]

5. 다음 중 가솔린 엔진에서 노킹의 원인으로 틀린 것은?

① 화염 전파 속도가 느릴 때
② 규정의 점화시기보다 점화시기를 빠르게 했을 때
③ 옥탄가가 낮은 연료를 사용했을 때
④ 농후한 혼합비로 연소했을 때

해설 노킹 발생 원인(가솔린 기관)
　㉠ 기관에 과부하가 걸렸을 때
　㉡ 기관이 과열되거나 압축비가 급격히 증가 시
　㉢ 점화시기가 너무 빠를 때
　㉣ 혼합비가 희박할 때
　㉤ 낮은 옥탄가의 가솔린을 사용하였을 때
　㉥ 연료에 이물질 또는 불순물이 포함되었을 때

6. 타이어 측면에 다음과 같이 표기되어 있다. 이 표기에서 밑줄 친 H가 뜻하는 것으로 맞는 것은?

205/60R 17 84<u>H</u>

① 속도기호
② 하중지수
③ 편평비
④ 타이어 단면폭

해설 타이어 치수 표기

▶ 205/60R 17 84H

- 205 : 타이어 단면폭(mm)
- 60 : 편평비(%)
- R : 레이디얼 타이어(R)
- 17 : 타이어 내경 또는 림 직경(inch)
- 84 : 하중지수(허용최대하중)
- H : 속도기호(허용최고속도)

[타이어 치수 표기]

7. 압연에 의해 휨 변형, 넓게 퍼지는 성질을 무엇이라 하는가?

① 전성　　　　　　　　　② 연성

③ 인성　　　　　　　　　④ 취성

해설 금속 재료의 성질

㉠ 전성 : 압축력에 대하여 물체가 부서지거나 구부러짐이 일어나지 않고, 물체가 얇게 영구 변형이 일어나는 성질(즉, 금속에 힘을 가할 때 넓게 퍼지는 성질)

㉡ 연성 : 파괴 시 탄성 한도를 넘어서 항복점 이후에 소성 구간에 접어들면서 하중능력을 잃지 않으면서 영구 변형이 어느 정도 지속되는 성질(즉, 잡아당길 때 늘어나는 성질)

㉢ 인성 : 재료의 질긴 성질, 파괴에 이르기까지 응력을 흡수할 수 있는 능력(즉, 파괴에 저항하는 힘)

㉣ 취성 : 외부에서 힘을 받았을 때 물체가 소성 변형을 거의 보이지 아니하고 파괴되는 현상

8. 다음 중 LPG 연료 공급 순서로 맞는 것은?

① 연료 탱크 → 베이퍼라이저 → 믹서 → 연료 여과기 → 연료 차단 밸브

② 연료 탱크 → 믹서 → 베이퍼라이저 → 연료 차단 밸브 → 연료 여과기

③ 연료 탱크 → 연료 여과기 → 연료 차단 밸브 → 베이퍼라이저 → 믹서

④ 연료 탱크 → 연료 차단 밸브 → 연료 여과기 → 믹서 → 베이퍼라이저

해설 LPG 연료 공급 순서

LPG 탱크(액체 상태) → 여과기(액체 상태) → 솔레노이드 밸브(연료 차단 밸브) → 프리히터 → 베이퍼라이저(기화, 감압 및 조압) → 믹서 → 실린더

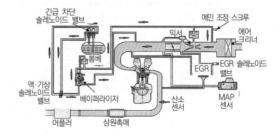

[LPG 연료장치 계통도]

9. 최대 분사량이 57, 최소 분사량이 45, 평균 분사량이 50일 때, +불균율과 −불균율의 차는 몇 %인가?

① 12% ② 8%

③ 4% ④ 2%

해설 분사량 불균형률(불균율)

각 실린더의 분사량의 차이가 있으면 연소압력의 차이로 진동 발생

※ 분사량의 불균율의 허용 범위와 공식

㉠ 규정 : ±3% 이내

㉡ (+)불균율 = $\dfrac{\text{최대 분사량} - \text{평균 분사량}}{\text{평균 분사량}} \times 100$

㉢ (−)불균율 = $\dfrac{\text{평균 분사량} - \text{최소 분사량}}{\text{평균 분사량}} \times 100$

위 공식에 의해 계산한 결과 (+)불균율은 14%, (−)불균율은 10%이다.

∴ 14−10=4%

10. 실린더에서 압력을 직접 측정한 마력을 다음 중 무엇이라 하는가?

① 제동마력 ② 연료마력

③ 지시마력 ④ 손실마력

해설 엔진의 마력

㉠ 제동마력(B.H.P, 정미마력, 축마력) : 실제로 일로 변화되는 크랭크축에서 측정한 마력

㉡ 연료마력(P.H.P) : 연료소비량에 따른 기관의 출력을 측정한 마력

㉢ 지시마력(I.H.P, 도시마력) : 기관 실린더 내의 폭발압력으로부터 직접 측정한 마력

㉣ 손실마력(F.H.P, 마찰마력) : 기관의 각부 마찰에 의하여 손실되는 마력

1. 다음 중 밸브 기구의 구비조건을 잘못 설명한 것은?

① 고온가스에 부식되지 않을 것 ② 열전도율이 클 것

③ 관성력이 커지게 할 것 ④ 장력과 충격에 대한 저항력이 클 것

해설 밸브 기구의 구비조건

    ㉠ 고온 고압에 충분히 견딜 수 있는 강도가 있을 것
    ㉡ 방열이 잘 될 것(열전도성이 좋을 것)
    ㉢ 높은 온도에서의 장력과 충격에 대한 저항력이 클 것
    ㉣ 무게가 가볍고, 내구성이 클 것
    ㉤ 고온 가스에 부식되지 않을 것
    ㉥ 가열이 반복되어도 물리적 성질이 변화하지 않을 것
    ㉦ 흡·배기 가스 통과에 대한 저항이 적은 통로를 만들 것
    ㉧ 관성력이 커지는 것을 방지하기 위하여 무게가 가볍고, 내구성이 클 것

2. 다음 중 디스크 브레이크의 특징을 잘못 설명한 것은?

① 브레이크 작동압력이 높아 마찰에 의한 열 변형이 크다.

② 제동성능이 안정되고 한쪽만 제동되는 일이 적다.

③ 고속에서 반복 사용하여도 안정된 제동력을 얻을 수 있다.

④ 디스크에 물이 묻어도 제동력 회복이 빠르다.

해설 디스크 브레이크의 특징

    ㉠ 방열이 잘되므로 베이퍼 록이나 페이드 현상의 발생이 적다.
    ㉡ 회전 평형이 좋다.
    ㉢ 물에 젖어도 회복이 빠르다.
    ㉣ 한쪽만 브레이크 되는 일이 없다(편제동이 없음).
    ㉤ 고속에서 반복 사용하여도 제동력이 안정된다.
    ㉥ 패드와 디스크 사이의 간극 조정이 필요 없다.
    ㉦ 마찰면이 작아 패드의 압착력이 커야 한다.
    ㉧ 자기 작동이 없어 페달 조작력이 커야 한다.

3. 다음 중 독립식 현가장치의 구성부품으로 틀린 것은?

① 스테빌라이저 ② 스트럿

③ 코일 스프링 ④ 평행판 스프링

해설 독립식 현가장치는 프레임(또는 차체)에 컨트롤 암을 설치하고, 이것에 조향 너클을 결합한 것으로서, 양쪽 바퀴가 서로 관계없이 독립적으로 움직이게 한 방식이다. 주요 부품으로는 코일 스프링, 쇽업소버, 스테빌라이저, 스트럿 바 등이 있다.

4. 다음 중 현가장치 구성품에 해당하는 것은?

① 쇽업소버   ② 타이로드

③ 아이들러 암   ④ 너클 암

해설 ②항 타이로드 : 피트먼 암 또는 드래그 링크의 움직임을 조향 너클에 전달하는 기능을 하며, 토인을 조정할 수 있는 나사가 설치되어 있다. ☞ 조향장치 구성부품

    ③항 아이들러 암(또는 삼각암) : 릴레이 로드(중심 링크 또는 아이들러 로그)를 평행으로 유지하기 위한 암 ☞ 조향장치 구성부품

    ④항 너클 암 : 너클과 타이로드를 연결하는 연결대 ☞ 조향장치 구성부품

5. 다음 중 저항플러그의 역할을 바르게 설명한 것은?

① 오손된 점화플러그에서도 실화되지 않도록 한다.

② 플러그의 열 방출 능력을 높여준다.

③ 라디오나 무선 통신기에 고주파 소음의 발생을 제어한다.

④ 고전압 발생을 느리게 한다.

해설 저항플러그(resistor plug)

    ㉠ 불꽃 종류 : 용량 불꽃, 유도 불꽃

    ㉡ 유도 불꽃은 용량 불꽃 다음에 일어나며 기간도 길고, 라디오를 간섭함

    ㉢ 유도 불꽃 기간을 짧게 하여 라디오 간섭이나 고주파 소음을 억제하기 위한 것

    ㉣ 중심 전극에 10,000Ω(10KΩ) 정도의 저항이 들어 있음

6. 수동 변속기에 사용되는 클러치에 대한 설명으로 틀린 것은?

① 막스프링 형식에서 스프링 핑거가 릴리스 레버의 역할을 대신한다.

② 클러치판이 마모되면 유격은 작아진다.

③ 클러치에서 동력 차단이 불량하면 변속이 원활하지 못하다.

④ 동력 전달 및 발진 시 빠르게 작동되어야 한다.

해설 클러치의 구비조건

    ㉠ 동력 차단이 신속하고 확실할 것

    ㉡ 회전 부분의 평형이 좋을 것

    ㉢ 회전관성이 작을 것

    ㉣ 방열이 양호하여 과열되지 않을 것

    ㉤ 구조가 간단하고 고장이 적을 것

    ㉥ 접속된 후에는 미끄러지지 않을 것

    ㉦ 동력의 전달을 시작할 경우에는 미끄러지면서 서서히 전달될 것

7. 타이어의 공기압 부족으로 고속 주행 시 타이어에 물결무늬가 생기는 현상을 무엇이라고 하는가?

① 로드 스웨이(road sway)

② 트램핑(tramping)

③ 스탠딩 웨이브(standing wave)

④ 하이드로플래닝(hydroplaning)

> **해설** 스탠딩 웨이브(Standing Wave)
> 고속 주행 시 공기가 적을 때 트레드가 받는 원심력과 공기압력에 의해 트레드가 노면에서 떨어진 직후에 찌그러짐이 생기는 현상이며, 타이어 파손이 쉽고 구름저항(전동저항)이 증가되며 트레드부가 파도 모양으로 마멸된다. 스탠딩 웨이브 현상을 방지하기 위해서는 타이어의 공기압을 표준공기압보다 10~15% 높여주거나, 강성이 큰 타이어를 사용하면 된다. 또한 레이디얼 타이어를 적용하거나 주행 시 감속 주행하는 방법 등이 있다.

8. 다음 중 덤프트럭의 적재함 경사 방향에 따른 종류가 아닌 것은?

① 2방향 열림형　　　　　　② 3방향 열림형

③ 리어형　　　　　　　　　④ 사이드형

> **해설** 덤프트럭의 적재함 경사 방향에 따른 종류
> ㉠ 사이드 덤프트럭 : 적재함의 옆쪽이 섀시에 붙어 있어서 적재함을 옆으로 기울일 수 있는 구조의 트럭이다.
> ㉡ 리어 덤프트럭 : 적재함의 뒤쪽이 섀시에 붙어 있어서 뒤쪽으로 적재함을 기울일 수 있는 구조의 트럭으로 가장 많이 사용된다.
> ㉢ 3방향 열림 덤프트럭 : 짐칸의 좌우나 뒤쪽 어느 쪽으로도 기울일 수 있는 구조의 트럭이다.
> ㉣ 바텀 덤프트럭 : 적재함의 밑 부분이 열려 짐을 아래로 부릴 수 있는 구조로, 트레일러 덤프트럭에 많이 사용된다.

9. 주행 중 차량의 무게중심 변화에 차고를 일정하게 유지시켜 주기 위한 현가장치로 적합한 것은?

① 공기 스프링　　　　　　② 고무 스프링

③ 금속 스프링　　　　　　④ 유체 스프링

> **해설** 공기 스프링의 특징
> ㉠ 다른 스프링에 비해 비교적 유연
> ㉡ 진동 흡수율이 양호
> ㉢ 무게 증감에 관계없이 차체 높이를 일정하게 유지
> ㉣ 스프링의 세기(탄력)가 하중에 좌우
> ㉤ 구조가 복잡하고 제작비가 고가
> ㉥ 버스 등에서 사용

10. 다음 중 디젤 감압장치에 대한 설명으로 잘못된 것은?

① 냉간 시 엔진의 시동을 쉽게 해 준다.

② 압축행정 시 압축압력을 높여 착화 지연으로 인한 노킹을 줄여준다.

③ 엔진을 멈추기 위해서 사용된다.

④ 고장 시 정비를 용이하게 할 수 있게 해 준다.

해설 감압장치(De-Compression Device)

디젤 기관의 시동저항을 감소시키기 위해 시동 시 흡입 밸브 또는 배기 밸브를 약간 열어 압축압력을 감소시키는 장치

11. 다음 중 자동 변속기 스톨 테스트로 이상 유무를 확인할 수 없는 사항은?

① 엔진 출력   ② 댐퍼 클러치

③ 전진 클러치   ④ 후진 클러치

해설 스톨 테스트(stall test, 정지 회전력 시험)

자동 변속기의 'D', 'R' 위치에서 엔진의 최대 회전속도를 측정하여 엔진과 변속기의 종합적인 상태를 측정하는 것을 말한다. 즉, 스톨 테스트를 하는 목적은 토크컨버터의 동력 전달 기능, 클러치(앞·뒤 및 오버러닝) 및 브레이크 밴드의 미끄러짐 유무, 라인 압력 저하, 기관의 구동력 시험 등이다.

※ 스톨 테스트 판정

ㄱ 'D', 'R' 레인지 모두 스톨 회전수가 기준치 이상일 때 : 라인압이 낮다, 로우·리버스 브레이크 미끄러짐

ㄴ 'D', 'R' 레인지 모두 스톨 회전수가 기준치 이하일 때 : 엔진 출력 부족 및 토크컨버터의 불량

ㄷ 'D' 레인지에서의 스톨 회전수가 기준치 이상일 때 : 리어 클러치나 오버러닝 클러치의 미끄러짐

ㄹ 'R' 레인지에서의 스톨 회전수가 기준치 이상일 때 : 프론트 클러치나 로우·리버스 브레이크 미끄러짐

1. 다음 중 LNG 엔진의 연료인 액화천연가스의 일반적인 주성분은?

① 메탄   ② 올레핀

③ 부탄   ④ 프로판

> **해설** 액화천연가스(LNG : Liquefide Natural Gas)
> 지하 또는 해저의 가스전(석유광상)에서 뽑아내는 가스 중 상온에서 액화하지 않는 성분이 많은 건성가스(Dry Gas)를 수송 및 저장의 용이성을 위해 액화한 것으로 보통 '천연가스'라 불린다. 주성분은 메탄(약 90% 정도)으로 -162℃로 액화하면 체적은 원래의 1/600로 되어, 그 상태로 전용 탱크에 수송되어 반지하 또는 지상의 대형 단열 탱크에 저장된다.

2. 기관의 엔진오일 압력이 증가하는 원인이 아닌 것은?

① 저온에서 엔진오일의 점도가 증가되었을 때

② 릴리프 밸브 스프링의 장력이 높을 때

③ 실린더 헤드의 윤활 경로가 막혔을 때

④ 베어링과 축간 거리가 커졌을 때

> **해설** 엔진오일 유압 상승 및 저하 원인

유압이 높아지는 원인	유압이 낮아지는 원인
• 엔진의 온도가 낮아 오일의 점도가 높음 • 윤활 회로 내의 막힘 • 유압 조절 밸브 스프링의 장력이 과다 • 유압 조절 밸브가 막힌 채로 고착 • 각 마찰부의 베어링 간극이 적을 때	• 엔진오일의 점도가 낮음 • 오일팬의 오일량이 부족함 • 유압 조절 밸브 스프링의 장력이 과소 • 유압 조절 밸브가 열린 채로 고착 • 각 마찰부의 베어링 간극이 클 때 • 오일펌프의 마멸 또는 고장

3. 조향비가 15:1일 때 피트먼 암이 20° 움직였다면, 조향 핸들이 회전한 각도는 얼마인가?

① 300°   ② 280°

③ 120°   ④ 60°

해설 조향 기어비(감속비)

ㄱ 조향 기어비＝ $\dfrac{조향\ 핸들이\ 회전한\ 각도}{피트먼\ 암이\ 움직인\ 각도}$

ㄴ $15 = \dfrac{x}{20}$

∴ 조향 핸들이 회전한 각도＝300°

---

4. 실린더의 체적이 200cc, 연소실의 체적이 20cm³인 기관의 압축비는?

① 9 : 1　　　　　　　　　② 10 : 1

③ 11 : 1　　　　　　　　④ 12 : 1

해설 압축비 계산

ㄱ $V = V_c + V_s$

$200 = 20 + V_s$

$V_s = 180$

ㄴ $\varepsilon = 1 + \dfrac{V_s}{V_c}$

$1 + \dfrac{180}{20} = 10$

∴ 압축비(ε)＝ 10 : 1

여기서, ε : 압축비
V_s : 실린더 배기량(행정체적)
V_c : 연소실 체적

---

5. 하이브리드 자동차에서 전기차(EV) 주행모드가 주로 사용되는 경우는?

① 급가속하여 다른 차량을 추월할 때

② 고속으로 주행할 때

③ 급격한 오르막을 등판할 때

④ 차량 출발 시나 저속으로 주행할 때

해설 하이브리드 운행 시스템(예 병렬형 Hard Type 경우)

ㄱ 출발 및 저속 주행 : 전기모터만 이용

ㄴ 부하가 적은 평탄한 도로 : 기관의 동력만을 이용

ㄷ 가속 및 등판주행(큰 출력이 요구되는 주행) : 기관과 모터를 동시에 이용

ㄹ 감속 시 : 모터를 이용하여 브레이크에서 발생하는 열에너지를 전기적 에너지로 변환하여 배터리 충전

ㅁ 신호 대기 등에 의한 정차 상태 : 기관의 가동을 정지시키는 auto stop으로 연료소비 절감

---

6. 토크컨버터의 주요 3가지 구성요소로 거리가 먼 것은?

① 스테이터　　　　　　② 펌프(임펠러)

③ 가이드 링　　　　　　④ 터빈(러너)

해설 토크컨버터의 구성

    ㉠ 펌프 임펠러 : 엔진 크랭크축과 연결되어 유체의 운동에너지를 발생

    ㉡ 터빈러너 : 유체의 운동에너지에 의하여 회전되며, 변속기 입력축 스플라인에 연결

    ㉢ 스테이터 : 터빈에서 되돌아오는 오일의 흐름 방향을 바꾸어 회전력 증대

[토크컨버터의 구성]

7. 자동차 배선색을 표현하는 기호 중 빨강 바탕에 회색 줄선을 나타내는 기호로 맞는 것은?

① G R   ② L B

③ R Gr   ④ Gr R

해설 배선 색상 약자 표시

기호	배선 색상	기호	배선 색상
B	검정색(Black)	O	오렌지색(Orange)
Br	갈색(Brown)	P	분홍색(Pink)
G	초록색(Green)	R	빨강색(Red)
Gr	회색(Gray)	W	흰색(White)
L	파랑색(Blue)	Y	노랑색(Yellow)
Lg	연두색(Light Green)	Pp	자주색(Purple)
T	황갈색(Tawny)	Li	하늘색(Light Blue)

☞ R Gr 경우 : 빨강 바탕에 회색 줄무늬선(2가지 색)

8. 타이어 공기압이 규정보다 높을 때의 현상으로 맞게 설명한 것은?

① 구름저항이 증가한다.

② 고속 주행 시 스탠딩 웨이브 현상이 잘 발생된다.

③ 주행 시 진동저항 증가로 승차감이 저하된다.

④ 노면 충격의 흡수력은 증가되지만, 트레드의 마모도가 높아진다.

해설 타이어 공기압 과다 시 영향

    ㉠ 노면 충격 흡수력이 약해져 타이어 트레드 중심부가 쉽게 파열

    ㉡ 돌 등으로 인해 생긴 상처가 커져 홈 안의 고무가 갈라짐

    ㉢ 림과의 과도한 접촉으로 비드부 파열

    ㉣ 충격에 약하고 거친 길에서 튀어 올라 미끄러짐 유발

    ㉤ 조향 핸들이 가벼워지나, 주행 시 진동저항 증가로 승차감 저하

    ㉥ 일반적으로 공기압을 규정치보다 다소 높게 할 경우 연비가 향상되나 향상 폭은 매우 미미함

       (※ 그러나 규정 공기압에서 $1kgf/cm^2$ 정도 떨어지면 약 15% 정도 연비가 나빠짐)

  ▶ **타이어 공기압 과소 시 영향**

    • 트레드 양쪽 가장자리가 무리하게 힘을 받게 되어 양쪽 가장자리 부 마모 촉진

    • 과다한 열에 의한 고무와 코드층 사이가 분리

    • 사이드 월 부위가 지면과 가까워지므로 돌출물 등의 충격으로 타이어 손상 심화

    • 심한 굴신운동으로 열 발생이 가중되고, 타이어의 옆면 코드가 절단

    • 고속 주행 시 스탠딩 웨이브 현상 발생

    • 주행 시 로드 홀딩이 나빠지며, 승차감 저하

    • 공기압이 낮을수록 연비가 나빠져 연료소비량 증가

9. 다음 중 옥탄가가 높은 연료의 특징을 설명한 것으로 맞는 것은?

① 노멀헵탄의 함유량이 높다.

② 자연 발화점을 높인다.

③ 이소옥탄의 함유량이 낮다.

④ 발화점이 낮다.

해설 발화점이란 자연 발화가 되는 온도로, 즉 불을 붙이지 않았지만 온도가 높아져 스스로 폭발을 일으키는 온도이다. 옥탄은 이와 같이 노킹이 발생할 수 있는 조건에서 자연 발화점을 높여주는 역할을 한다. 이렇듯 옥탄이 많이 첨가되면 연료가 자연 발화를 잘 안하게 되는 것으로, 옥탄가가 높을수록 안티노킹(anti-knocking) 수치가 높아져 노킹이 억제되는 것이다. 즉, 가솔린은 불꽃 점화 방식이라 자연 발화 온도를 높여야 노킹 현상을 줄일 수 있고, 디젤은 압축 분사 방식이라 자연 발화 온도가 낮아야 압축공기에 의해 착화가 잘 된다.

10. 다음 중 스프링 위 질량 진동의 요소로 바르게 짝지은 것은?

① 완더, 롤링, 바운싱, 쉐이크

② 피칭, 요잉, 롤링, 바운싱

③ 휠 트램프, 와인드 업, 휠 홉

④ 완더, 롤링, 바운싱, 쉐이크

해설 자동차 스프링 진동

  (1) 스프링 위 질량 진동
      ㉠ 바운싱 : 상하 진동
      ㉡ 피칭 : 앞뒤 진동(Y축)
      ㉢ 롤링 : 좌우 진동(X축)
      ㉣ 요잉 : 회전 진동(Z축)
  (2) 스프링 아래 질량 진동
      ㉠ 휠 홉 : 상하 진동(Z축)
      ㉡ 휠 트램프 : 좌우 진동(X축)
      ㉢ 와인드 업 : 앞뒤 진동(Y축)

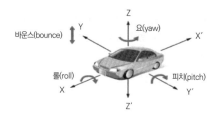

[스프링 위 질량의 진동]

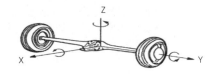

[스프링 아래 질량의 진동]

1. 다음 중 전자제어 기관에서 사용되는 센서의 설명으로 틀린 것은?

① 액셀러레이터 포지션 센서(APS)는 가속 페달 밟는 양을 감지한다.

② MAP 센서는 흡기다기관에서 공기량을 직접 계측한다.

③ 흡기온도 센서는 실린더 내에 흡입되는 흡입공기온도를 검출한다.

④ 산소 센서는 배기가스 중 산소농도를 측정한다.

해설 연료 분사 장치의 형식
(1) K – 기계식 체적유량 방식
(2) L – 직접 계측 방식
ㄱ 체적 : 베인식(메저링 플레이트식), 칼만 와류식
ㄴ 질량 : 핫와이어식, 핫필름식
(3) D – 간접 계측 방식
MAP 센서를 이용한 진공(부압) 연산 방식

2. 다음 중 기관 윤활유의 작용으로 옳지 않은 것은?

① 냉각작용　　　　　　　　② 세척작용

③ 응력집중작용　　　　　　④ 밀봉작용

해설 윤활유의 6대 기능
ㄱ 감마작용 : 마찰 및 마멸 감소
ㄴ 밀봉작용 : 틈새를 메꾸어 줌
ㄷ 냉각작용 : 기관의 열을 흡수하여 오일팬에서 방열
ㄹ 세척작용 : 카본, 금속 분말 등을 제거
ㅁ 방청작용 : 작동 부위의 부식 방지
ㅂ 응력분산작용 : 충격하중 작용 시 유막 파괴를 방지

3. 다음 중 주행 중 핸들이 무거워지는 원인으로 가장 거리가 먼 것은?

① 휠 밸런스 불량

② 앞 타이어의 공기 부족

③ 동력 조향 기어의 오일 부족

④ 볼 조인트의 과도한 마모

해설 조향 핸들이 무거워지는 원인
ㄱ 타이어 공기압이 낮다.
ㄴ 타이어 규격이 크다.
ㄷ 윤활유가 부족하거나 불충분하다.
ㄹ 조향 기어의 조정이 불량하다.
ㅁ 현가 암, 조향 너클, 프레임이 휘었다.
ㅂ 정의 캐스터가 과다하다.

4. 다음 중 스로틀 포지션 센서(TPS : Throttle Position Sensor)에 대한 설명으로 틀린 것은?

① 스로틀 밸브의 회전에 따라 출력 전압이 변화한다.
② 센서 내부의 축 연결 부위는 스로틀 밸브와 같이 회전한다.
③ TPS는 고정 저항형 센서이다.
④ 스로틀 밸브의 열림각을 검출한다.

해설 스로틀 포지션 센서(TPS : Throttle Position Sensor)
TPS 센서는 회로에 흐르는 전류를 주어진 범위 내에서 다양하게 변화시킬 수 있는 가변저항형 센서이다.

5. 수냉식 기관의 과열 원인으로 옳게 짝지은 것은?

ㄱ 팬벨트 장력이 너무 크고, 팽팽함　　ㄴ 수온 조절기가 고장으로 상시 열려 있음 ㄷ 물 펌프의 날개 파손　　　　　　　　ㄹ 정상 온도 이전 차가운 외기 온도와의 접촉 ㅁ 겨울철 외기 온도의 저하　　　　　　ㅂ 수온 센서와 수온 스위치의 고장 ㅅ 팬벨트 장력이 너무 작고, 헐거움

① ㄱ, ㄴ, ㅁ
② ㄷ, ㅂ, ㅅ
③ ㄴ, ㅂ, ㅅ
④ ㄱ, ㄷ, ㅂ

해설 기관의 과열 원인
• 냉각수 부족, 누출
• 팬벨트 끊어짐
• 냉각수 통로의 막힘
• 벨트 장력 과소(=장력이 너무 작을 때, 헐거울 때, 유격이 너무 클 때)
• 물 펌프 불량(물 펌프 관련 부품 고장 및 파손 포함)
• 수온 조절기 불량(=수온 조절기 닫힌 채 고장)
• 수온 센서 및 수온 스위치의 파손 및 고장으로 인한 수온 조절기 닫힘

6. 축전지 용량이 12V 60AH일 때, 12V용 30W 전구와 12V용 60W 전구를 병렬로 연결하여 사용했을 경우, 이때 축전지의 최대 사용 시간은?

① 3시간 ② 4시간
③ 6시간 ④ 8시간

해설 전력
⊙ $P = EI$ (P : 전력, E : 전압, I : 전류)
© $90W = 12V \times A$
∴ 전류(A) = 7.5
© $60AH = $ 전류(A) × 시간(H)
$60 = 7.5 \times H$
∴ 시간(H) = 8

7. 배출가스 재순환 장치인 EGR 밸브를 활용하여 줄일 수 있는 유해가스는?

① 탄화수소 ② 질소산화물
③ 이산화탄소 ④ 일산화탄소

해설 배기가스 재순환 장치(EGR : Exhaust Gas Recirculation)
불활성인 배기가스의 일부를 흡입 계통으로 재순환시키고, 엔진에 흡입되는 혼합가스에 혼합되어서 연소 시의 최고 온도를 내려 질소산화물(NOx)의 생성을 억제시키는 장치이다.

8. 교류 발전기의 구성부품 중 3상 교류 전기를 발생시키는 장치는?

① 정류기 ② 로터
③ 스테이터 ④ 전압 조정기

해설 교류(AC) 발전기의 구성

구분	교류(AC) 발전기
발생 전압	교류
정류기	실리콘 다이오드
자속 발생	로터
조정기	전압 조정기
역류 방지	다이오드
전류 발생(전기 생성)	스테이터

9. 독립현가방식 차량이 주행하면서 선회할 때, 차체 좌우 진동인 롤링을 제어하는 것은?

① 판 스프링 ② 쇽업소버
③ 코일 스프링 ④ 스테빌라이저

해설 스테빌라이저(stabilizer)

독립현가방식에 사용하는 일정의 토션바 스프링으로 고속으로 선회 시 발생되는 기울기를 방지하여 차체의 평형을 유지하고 좌우 바퀴의 진동을 억제하여 차체의 기울기(롤링)를 방지한다.

10. 다음 중 하드형 하이브리드 자동차의 특징을 바르게 설명한 것은?

① 출발 주행 시 엔진과 모터를 동시에 구동한다.

② 하드형은 직렬형 하이브리드로 분류된다.

③ 부하가 작은 평탄한 도로 주행 시 모터만 구동하여 주행한다.

④ 전기모터가 변속기에 설치되어 있다.

해설 하드 방식 하이브리드(Hard Type Hybrid)

①항 하드형 하이브리드는 출발 및 저속 주행 시 모터만 이용한다.

②항 하드형 하이브리드는 병렬형 TMED(Transmission Mounted Electric Device) 방식이다.

③항 하드형 하이브리드는 부하가 작은 평탄한 도로에서는 기관의 동력만을 이용하여 주행한다.

④항 하드형 하이브리드는 모터가 변속기에 설치된 TMED 방식으로, 기관과 모터 사이에 전자클러치를 설치하여 제어하는 방식이다.

※ 참고 : TMED(하드 방식) : 모터로만 주행 가능, FMED(소프트 방식) : 모터로만 주행 불가능

11. 엔진 회전수가 2,500rpm, 변속비가 3 : 1, 종감속 장치 구동 피니언 잇수가 12이고, 링 기어 잇수가 60일 때, 자동차의 주행속도는? (단, 타이어의 유효 반지름은 50cm이다.)

① 15.7km/h

② 31.4km/h

③ 78.5km/h

④ 94.2km/h

해설 주행속도 공식

$$주행속도(V) = \frac{\pi DN}{Tr \cdot Fr} \times \frac{60}{1000} \text{(km/h)}$$

여기서, D : 바퀴의 직경(m)

Fr : 종감속비

Tr : 변속비

N : 엔진의 회전수

㉠ 종감속비$(Fr) = \dfrac{링 기어 잇수}{구동 피니언 잇수}$

$\dfrac{60}{12} = 5$이므로 종감속비는 5

㉡ 주행속도(V) 공식에 의해

$\dfrac{3.14 \times 1 \times 2,500}{3 \times 5} \times 0.06 = 31.4 \text{(km/h)}$

12. 터보 과급 장치에서 흡입공기를 냉각시켜 충진효율을 향상시켜주는 장치는?

① 슈퍼차저

② 웨스트게이트 밸브

③ 인터쿨러

④ 터보차저

해설 인터쿨러(inter cooler)

과급에서 가압된 흡기는 온도가 상승하는데 흡기 라인 내를 흐를 때에는 더욱더 온도가 높아진다. 그렇게 되면 충진효율이 악화(온도 상승에 의한 공기의 밀도가 떨어지기 때문에 과급 효과가 떨어짐)될 뿐만 아니라 노킹이 발생하게 된다. 이를 억제하기 위해서 가압 후에 흡입온도를 낮추어 과급압을 더욱 높이고, 출력을 증대시키기 위해 인터쿨러를 사용한다.

1. 배기가스 재순환 장치(EGR : Exhaust Gas Recirculation)에 대한 설명으로 옳은 것은?

① 배기가스에 포함되어 있는 입자상 물질을 줄이기 위해, 배기가스의 높은 온도를 별도의 격실에 유입시켜 입자상 물질을 연소시키는 장치이다.

② 배기가스 중의 일부를 신선한 공기가 유입되는 흡기 쪽으로 순환하여, 일산화탄소를 줄이는 장치이다.

③ 높은 온도에서 많이 발생되는 질소산화물을 줄이기 위해, 배기가스 중의 일부를 다시 연소실로 순환시켜 엔진의 온도를 낮추는 장치이다.

④ 농후한 공연비에서 많이 발생되는 탄화수소를 줄이기 위해, 배기가스 일부를 다시 연소실로 유입시키는 장치이다.

해설 배기가스 재순환 장치(EGR : Exhaust Gas Recirculation)

질소산화물 배출을 감소시키는 효과적인 수단으로, EGR은 이미 연소된 배기가스를 신선한 공기/연료 혼합기에 첨가하여 최고 연소온도를 감소시킨다. 이로 인하여 배기가스 중 열과 관련이 가장 깊은 질소산화물(NOx)을 효과적으로 감소시키는 장치이다.

2. 다음 중 댐퍼 클러치 동력 전달 순서로 옳은 것은?

① 엔진 → 프론트 커버 → 댐퍼 클러치 → 변속기 입력축

② 엔진 → 댐퍼 클러치 → 터빈러너 → 변속기 입력축

③ 엔진 → 펌프 임펠러 → 터빈러너 → 댐퍼 클러치

④ 엔진 → 펌프 임펠러 → 댐퍼 클러치 → 변속기 입력축

해설 댐퍼 클러치의 기능 및 동력 전달 순서

(1) 기능 : 토크컨버터는 펌프 임펠러와 터빈러너 간의 회전차에 의해서 엔진의 동력이 변속기에 전달된다. 이 현상은 토크가 증대되면 컨버터 레인지에서 커플링 레인지로 변환되어 펌프 임펠러와 터빈러너가 동일한 회전을 하기 때문에 미끄럼에 의한 손실이 크고 기계식 마찰 클러치에 비해서 약 10% 정도 동력 전달 효율이 저하된다. 따라서 펌프 임펠러와 터빈러너의 사이에 기계식 마찰 클러치 또는 커플링 레인지의 경우와 같이 댐퍼 클러치에 의해서 회전차가 없도록 직결시켜 동력 전달 효율 및 연비 향상을 위해서 설치된 것이 댐퍼 클러치이다. 댐퍼 클러치가 작동되면 엔진의 동력을 기계적으로 직결시켜 변속기 입력축에 직접 전달된다.

(2) 동력 전달 순서 : 엔진의 동력 → 프론트 커버 → 댐퍼 클러치 → 댐퍼 클러치 허브 → 변속기 입력축에 전달

3. 자동차에 사용되는 축전지에 대한 설명으로 틀린 것은?

① 2차 전지를 사용하게 되며, 용량의 단위로 전류와 시간의 곱인 AH를 사용한다.

② 납산 축전지는 알칼리 축전지보다 기전력이 낮고, 내부저항은 크다.

③ 직렬로 연결된 축전지는 전압을 높이고, 병렬로 연결된 축전지는 용량을 증가시킨다.

④ 축전지는 오래 될수록 자기 방전량이 늘어나고, 용량이 줄어들게 된다.

해설 **알칼리 축전지(Alkaline Battery)**

알칼리 축전지의 기전력은 납산 축전지보다 상온에서 1.3~1.4V로서 낮고, 또한 내부저항은 크다. 장점으로는 과방전이나 과충전에 잘 견디고 보수가 용이하며 수명도 길다.

4. 다음 중 딜리버리 밸브의 기능이 아닌 것은?

① 잔압을 유지하여 다음 분사 노즐 작동 시, 신속하게 반응하도록 돕는 역할을 한다.

② 배럴 내의 연료압력이 낮아질 때, 노즐에서의 역류를 방지하는 역할을 한다.

③ 분사압력이 규정보다 높아지려고 할 때, 압력을 낮추어 연료장치의 내구성 향상에 도움이 된다.

④ 분사 노즐에서 연료가 분사된 뒤, 후적을 막을 수 있다.

해설 **딜리버리 밸브(delivery valve, 송출 밸브)**

딜리버리 밸브는 플런저로부터 연료를 분사관으로 송출하는 작용과, 송출이 끝날 때 분사관의 유압이 저하되면 스프링에 의해 밸브가 급격히 닫혀 연료의 역류 방지 및 후적을 방지하는 작용을 한다.

※ 기능 : 잔압 유지, 후적 방지, 역류 방지

5. 자동차에 사용되는 기동 전동기에 대한 설명으로 틀린 것은?

① 기동 전동기는 플레밍의 왼손법칙에 따라 구동 방향이 결정되고, 전압 및 전류계에도 같은 법칙이 적용된다.

② 기동 전동기의 감속비는 엔진의 회전저항이 커질수록 낮아져야 한다.

③ 저온에서 축전지의 화학 반응이 원활하지 못하고 엔진오일 점도도 높아지면, 링 기어의 회전저항이 커진다. 이는 피니언 기어의 회전수를 떨어지게 하는 원인이 된다.

④ 가솔린 엔진보다 디젤 엔진에 사용되는 기동 전동기의 용량이 더 커야 한다.

해설 **기동 전동기의 시동소요 회전력 및 감속비**

㉠ 시동소요 회전력 : 기관을 시동하려고 할 때 회전저항을 이겨내고 기동 전동기로 크랭크축을 회전시키는 데 필요한 회전력

㉡ 기동 전동기의 감속비 : 감속비가 커야 기동 전동기의 시동소요 회전력을 크게 얻을 수 있음 (기동 전동기의 감속비와 토크는 비례 관계)

6. 다음 중 타이어 공기압에 대한 설명으로 맞는 것은?

① 공기압이 낮으면 고속 주행 시 타이어의 접지부에 열이 축적되어 심할 경우, 타이어가 파손되기도 한다.

② 공기압이 높으면 더 많은 공기가 주행 중 발생하는 충격을 완화시켜주므로, 승차 감이 좋아진다.

③ 공기압이 높을 때보다 낮을 때가 수막 현상이 잘 발생되지 않는다.

④ 공기압이 낮으면 타이어 접지면의 가운데 부분의 마모가 심해진다.

해설 타이어 공기압 과다 시 영향

㉠ 노면 충격 흡수력이 약해져 타이어 트레드 중심부가 쉽게 파열

㉡ 돌 등으로 인해 생긴 상처가 커져 홈 안의 고무가 갈라짐

㉢ 림과의 과도한 접촉으로 비드부 파열

㉣ 충격에 약하고 거친 길에서 튀어 올라 미끄러짐 유발

㉤ 조향 핸들이 가벼워지나, 주행 시 진동저항 증가로 승차감 저하

㉥ 일반적으로 공기압을 규정치보다 다소 높게 할 경우 연비가 향상되나 향상 폭은 매우 미미함
(※ 그러나 규정 공기압에서 1kgf/cm² 정도 떨어지면 약 15% 정도 연비가 나빠짐)

▶ 타이어 공기압 과소 시 영향

•트레드 양쪽 가장자리가 무리하게 힘을 받게 되어 양쪽 가장자리 부 마모 촉진

•과다한 열에 의한 고무와 코드층 사이가 분리

•사이드 월 부위가 지면과 가까워지므로 돌출물 등의 충격으로 타이어 손상 심화

•심한 굴신운동으로 열 발생이 가중되고, 타이어의 옆면 코드가 절단

•고속 주행 시 스탠딩 웨이브 현상 발생

•주행 시 로드 홀딩이 나빠지며, 승차감 저하

•공기압이 낮을수록 연비가 나빠져 연료소비량 증가

7. 다음 중 디젤 엔진에 사용되는 요소수의 기능을 옳게 설명한 것은?

① 배출가스 중의 탄화수소를 포집시킨 장치에 유입시켜 탄화수소와 함께 연소시 켜서, 대기 중에 배출되는 것을 방지한다.

② 흡입되는 공기 중에 무화 상태로 공급하여 산소의 밀도를 높이고, 연소가 원활 하게 될 수 있도록 하여 엔진의 출력을 높여주는 기능을 한다.

③ 배기가스 중에 노출시켜 고온에 의해 암모니아로 전환 후, 질소산화물과 화학 반응을 일으켜 물과 이산화탄소로 바꾸는 역할을 한다.

④ 연료와 함께 연소실에 유입되어 연소될 때, 발생되는 다량의 질소산화물을 태 우는 역할을 한다.

해설 요소수(Diesel exhaust fluid)

선택적 촉매 환원 장치(SCR : Selective Catalytic Reduction)은 디젤 차량에서 나오는 질소산화 물을 효과적으로 정화하는 배기후처리 장치로, 환원제로 요소수란 용액을 사용한다. 요소수는 액상의 화학물질로 우리가 흔히 알고 있는 요소비료의 원료인 요소(Urea)와 순수한 물(Water)을 혼합해 만든 요소 함량 32.5%의 화학물질이다. 이 용액을 전용 분사장치를 통해 엔진에서 나오는 배출가스가 머플러로 빠져나가기 전 뿌려준다. 이때 배출가스 중 질소산화물(NOx)과 만나면 화학 반응을 일으켜 인체에 무해한 질소와 물, 이산화탄소로 바꿔준다.

8. 자동차에 사용되는 교류 발전기의 특징과 기능에 대한 설명으로 옳은 것은?

① 직류 발전기에 사용되는 슬립 링 대신 정류자를 사용하여, 브러시의 수명이 길어진다.

② 소형, 경량으로 제작할 수 있고 잡음이 적으나, 고속 회전용으로는 적합하지 않다.

③ 저속 시에도 발전성능이 좋고, 공회전에도 충전이 가능하다.

④ 충전 역방향의 과전류에도 실리콘 다이오드의 내구성이 좋아 잘 견딘다.

> **해설** ①항 직류 발전기에 사용하는 정류자 대신 슬립 링을 사용하여, 브러시의 수명이 길어진다.
> ②항 저속에서 충전성능이 우수하고, 컷 아웃 릴레이 등 부품수를 줄여 소형·경량으로 제작이 가능하다. 또한 잡음이 적고 고속 회전에서는 매우 안정된 성능을 발휘하기 때문에 자동차용 발전기로 교류 발전기를 사용한다.
> ④항 일정 전압에서 전류가 급격히 흐르면(과전류) 실리콘 다이오드는 파괴된다.

9. 제동장치에서 발생할 수 있는 베이퍼 록 현상에 대한 설명으로 틀린 것은?

① 내리막에서 과도한 풋 브레이크 사용으로 인해 발생할 확률이 높다.

② 브레이크 액에 기포가 발생하여 브레이크가 제대로 작동하지 않는 현상을 뜻한다.

③ 디스크 브레이크 사용 시, 벤틸레이티드 디스크 브레이크를 사용하면 베이퍼 록 현상을 줄일 수 있다.

④ 베이퍼 록 현상을 줄이기 위해, 제동력이 큰 드럼 브레이크를 사용하여 슬립에 의한 열 발생을 줄여야 한다.

> **해설** 베이퍼 록(vapor lock, 증기폐쇄) 현상
> 베이퍼 록 현상은 연료계통 또는 브레이크 장치 유압회로 내 액체가 증발(비등기화)하여 송유나 압력 전달 작용이 불능하게 되는 현상으로 긴 내리막길에서 브레이크를 과도하게 사용했을 때 휠 실린더나 브레이크 파이프 속의 오일이 기화되어 주로 발생한다. 또한 열이 빠져나가기 어려운 드럼식 브레이크에서 자주 발생되기 때문에, 이를 방지하기 위해 방열이 잘되는 디스크 브레이크를 사용해서 이를 방지할 수 있다.

10. 다음 중 기동 전동기의 오버러닝 클러치에 대한 설명으로 틀린 것은?

① 기동 전동기를 사용하여 엔진의 시동이 걸린 후, 엔진의 회전력이 기동 전동기 쪽으로 전달되는 것을 방지한다.

② 오버러닝 클러치의 종류로는 롤러식, 다판식, 스프래그식 등이 있다.

③ 피니언의 관성을 이용하는 벤딕스식에는 오버러닝 클러치가 없다.

④ 피니언 기어의 회전을 전기자축으로 전달하는 역할을 한다.

해설 오버러닝 클러치

(1) 기능

기관이 시동된 후 피니언 기어와 링 기어가 물린 상태로 있으면 전동기는 기관의 회전 속도보다 약 10배 이상의 빠른 속도로 회전하게 된다. 이렇게 되면 전동기의 정류자, 전기자 코일, 베어링 등이 파손될 수 있다. 따라서 시동된 다음에는 피니언이 링 기어에 물려 있어도 기관의 회전력이 전동기에 전달되지 않도록 하는 장치가 오버러닝 클러치이다.

(2) 종류

ⓐ 롤러식

ⓑ 다판 클러치식(또는 다판식)

ⓒ 스프래그식

※ 벤딕스식은 피니언의 관성을 이용한 형식으로, 오버러닝 클러치가 불필요하다.

1. 2행정 사이클 엔진과 4행정 사이클 엔진의 특징에 대한 설명으로 옳은 것은?

① 2행정 사이클 엔진은 1회의 폭발행정을 하면, 크랭크축이 2회전하는 형식이다.

② 2행정 사이클 엔진은 행정 구분이 확실하지 않아 출력이 낮은 편이고, 관성력이 큰 플라이휠이 요구된다.

③ 4행정 사이클 엔진은 연료소비율 및 열적 부하가 적고, 기동이 쉬운 편이다.

④ 4행정 사이클 엔진은 각 행정 구분이 확실하여 실린더의 수가 적더라도 원활하게 동력을 전달하는 장점이 있다.

해설 2행정 기관과 4행정 기관의 특징

구 분	2행정 기관	4행정 기관
특징	• 4행정 사이클 기관의 1.6~1.7배의 출력이 발생한다. • 회전력의 변동이 적다. • 실린더 수가 적어도 회전이 원활하다. • 밸브 장치가 간단하다. • 마력당 중량이 가볍고 값이 싸다. • 유효 행정이 짧아 흡·배기가 불완전하다. • 윤활유 및 연료소비량이 많다. • 저속이 어렵고, 역화(back fire)가 발생한다. • 피스톤과 링의 소손이 빠르다. • NOx의 배출은 적으나 HC의 배출이 많다.	• 각 행정이 완전히 구분되어 있다. • 열적 부하가 적다. • 회전속도 범위가 넓다. • 체적효율이 높다. • 연료소비율이 적다. • 기동이 쉽다. • 밸브 기구가 복잡하다. • 충격이나 기계적 소음이 크다. • 실린더 수가 적을 경우 사용이 곤란하다. • 마력당 중량이 무겁다. • HC의 배출은 적으나 NOx의 배출이 많다.

2. 고에너지식 점화방식(HEI : High Energy Ignition)에 사용되는 파워 트랜지스터에 대한 설명으로 틀린 것은?

① 컬렉터는 점화코일 (−)단자와 연결되며, 베이스의 신호에 의해 전원이 제어된다.

② 이미터는 접지와 연결되며, 베이스 전원이 인가되는 순간 불꽃이 발생한다.

③ 베이스는 ECU와 연결되며, 크랭크 각 센서, 1번 상사점 센서의 신호를 기준으로 제어된다.

④ 주로 NPN형 트랜지스터를 사용하며, 베이스, 컬렉터, 이미터로 구성된다.

해설 고에너지식 점화방식(HEI)의 NPN형 파워 트랜지스터(Power TR)

  (1) 기능

    컴퓨터(ECU)의 제어 신호에 의해 점화 1차 코일에 흐르는 전류를 단속하는 역할

  (2) 구조

    ㉠ 베이스 단자 : ECU에 연결

    ㉡ 컬렉터 단자 : 점화코일에 접속

    ㉢ 이미터 단자 : 접지

  (3) 작동

    베이스(B)에 전압이 일정 이상 가해지면 베이스(B)에서 이미터(E)로 전류가 흐르고, 컬렉터
(C)에서 이미터(E)로 전류가 흐른다.

3. 다음 중 납산 축전지의 화학 반응으로 틀린 것은?

  ① 충전 시 양극에서는 산소가, 음극에서는 수소가 발생된다.

  ② 방전 시 전해액은 묽은 황산에서 비중이 점점 낮아져 물에 가깝게 된다.

  ③ 방전 시 양극과 음극이 모두 황산납이 된다.

  ④ 충전 시 양극은 해면상납, 음극은 과산화납이 된다.

해설 축전지 충·방전 시 화학작용

양극	전해액	음극		양극	전해액	음극
			방전			
PbO_2 +	$2H_2SO_4$ +	Pb	$\rightleftarrows$	$PbSO_4$ +	$2H_2O$	+ $PbSO_4$
(과산화납)	(황산)	(해면상납)	충전	(황산납)	(물)	(황산납)

4. 다음 중 프레임 일체 구조형(모노코크 보디, Monocoque Body)의 특징으로 맞는
것은?

  ① 엔진과 변속기 등의 하중이 집중되는 부분에 따로 프레임을 설치하지 못하는
구조이며, 이로 인해 하중에 의한 응력을 분산하기 어려운 단점이 있다.

  ② 외력을 받았을 때 차체 전체에 분산시켜 힘을 받도록 제작하여 충격 흡수가 뛰
어나지만, 소음과 진동이 발생할 수 있는 요소가 증가하였다.

  ③ 바닥을 낮게 설계할 수 있어 충격 위험이 큰 곳에서 주행용으로 사용하기 적합
하다.

  ④ 철에 아연도금을 하여 내식성을 높였고, 알루미늄 합금, 카본파이버, 두랄루민
등의 경량화 재료를 사용하였으며, 스폿용접을 활용하여 접합하는 방식이다.

해설 모노코크 보디(Monocoque Body)

차체와 프레임을 일체로 제작하여 하중과 충격에 견딜 수 있도록 한 형식으로, 차량 중량을 감소시키고 차실 바닥을 낮게 하는 데 유리하다.

(1) 장점
　　㉠ 차체의 중량이 가볍고 강성이 큼
　　㉡ 생산성이 좋고, 보디 조립의 자동화가 가능함
　　㉢ 차고를 낮게 하고 차량의 무게 중심을 낮출 수 있음
　　㉣ 객실 공간이 넓고, 주행 안정성이 높음
　　㉤ 충돌 시 충격에너지 흡수효율이 좋아 안전성이 우수함
　　㉥ 충돌 시와 같이 큰 외력이 가해진 경우에는 국부적으로만 변형이 크고, 객실 부분에는 영향이 적음

(2) 단점
　　㉠ 소음이나 진동의 영향을 받기 쉬움
　　㉡ 엔진이나 섀시가 직접적으로 차체에 부착되므로, 이들을 고정하기 위한 마운팅 지지법 등에 고도의 기술을 필요로 함
　　㉢ 일체 구조이기 때문에 충돌에 의한 손상이 복잡하여 복원 수리가 비교적 어려움

5. 다음 중 밸브를 열고 닫는 시점을 지속적으로 바꿀 수 있는 장치를 뜻하는 것은?

① CVVL(Continuously Variable Valve Lift)
② CVVT(Continuously Variable Valve Timing)
③ CVT(Continuously Variable Transmission)
④ VVT(Variable Valve Timing)

해설 ①항 CVVL(Continuously Variable Valve Lift) : 밸브를 열고 닫는 타이밍과 밸브가 열리는 정도를 계속 바꾼다.
②항 CVVT(Continuously Variable Valve Timing) : 밸브를 열고 닫는 타이밍을 계속 바꾼다.
③항 CVT(Continuously Variable Transmission) : 기존 기어 대신에 금속 벨트를 사용하여 연속적인 변속비를 얻을 수 있는 변속기(무단 변속기)를 말한다.
④항 VVT(Variable Valve Timing) : 밸브를 열고 닫는 타이밍을 바꾼다.

6. 다음 중 이력 현상(히스테리시스, hysteresis)의 정의로 맞는 것은?

① 상향 변속과 하향 변속 시점의 속도 차이를 두어 주행 중 빈번히 변속되어 주행이 불안정한 것을 방지하는 것을 말한다.
② 주행 중 큰 회전력이 필요한 경우 하향 변속하여 순간 가속이 원활하도록 하는 것을 말한다.
③ 자동차가 출발 시 구동력이 강하여 바퀴가 미끄러지는 것을 방지하기 위해 상향 변속하는 것을 말한다.
④ 원활한 변속을 위해 변속시점에 엔진의 회전수를 140~300rpm 정도 낮춰 주는 것을 말한다.

해설 히스테리시스(hysteresis, 이력 현상)

자동 변속기의 변속시점을 구분하여 제어하는 것으로 변속시점이 업–시프트 될 때의 차량 속도, 스로틀 개도와 다운–시프트 될 때의 차량 속도, 스로틀 개도 시점을 다르게 설정해 놓은 것. 즉, 업–시프트와 다운–시프트가 빈번히 일어나지 않도록 함으로써 운전성을 향상시켜 승차감을 좋게 하기 위한 것으로 이를 히스테리시스(Hysteresis, 이력 현상)라 한다.

7. 직렬 4기통 기관의 제1기통이 흡기 밸브 열림, 배기 밸브 닫힘 상태이고, 제3기통은 흡·배기 양 밸브가 모두 닫혀 있었다. 이 기관의 점화순서로 맞는 것은?

① 1 – 3 – 4 – 2   ② 1 – 3 – 2 – 4

③ 1 – 2 – 3 – 4   ④ 1 – 2 – 4 – 3

해설 제1번 기통은 흡입행정(하강)을 하므로 제4번 기통은 폭발행정(하강)을 하며, 제3번 기통은 흡·배기 양 밸브가 닫힌 상태이므로 압축행정(상승)을 한다. 그러므로 이 상태에 맞는 점화순서는 1 – 2 – 4 – 3이다.

8. 다음 중 하이브리드 자동차에서 직렬형 구조에 대한 설명으로 옳은 것은?

① 엔진은 배터리를 충전하기 위해 사용되며, 모터가 변속기를 구동하여 동력을 전달한다.

② 구동용 모터의 용량을 작게 할 수 있는 장점이 있다.

③ 엔진과 구동축이 기계적으로 연결되어 변속기가 필요하다.

④ 구동용 모터의 위치가 플라이휠이나 변속기에 부착되기도 한다.

해설 하이브리드 직렬형(series type)

하이브리드 직렬형은 엔진, 발전기, 배터리, 모터, 변속기, 구동바퀴의 직렬적 구성을 가지게 된다. 엔진을 구동해 일으킨 전기를 배터리에 저장하고, 차체는 순수하게 모터의 힘만으로 구동하는 방식이기 때문에 고효율의 모터가 필요하다. 또한 엔진과 바퀴 사이에 동력 전달을 위한 기계적인 연결이 필요 없어 엔진의 레이아웃이 자유롭다.

9. 커먼레일 엔진(CRDI : Common Rail Direct Injection engine)에 대한 설명으로 틀린 것은?

① 인젝터의 분사압력은 1,350~1,600bar 정도로 기존에 사용한 분사 펌프의 압력보다 높아, 연소실로 분무되는 연료의 무화와 관통력을 좋게 하였다.

② 강화된 배기가스 규제에 만족시키기 위한 전자제어장치로, 출력 향상과 연비 향상까지 도모하였다.

③ 각 실린더의 인젝터와 공통으로 연결되어 있는 '커먼레일'이라는 부품에 분사에 필요한 압력을 항시 대기시켜 높은 상태에서 전기적인 신호를 이용하여, 인젝터를 작동시켜 연료를 공급하는 방식이다.

④ 인젝터의 정밀화로 저압 펌프 없이 고압 펌프만으로도 높은 분사압력을 유지할 수 있다.

> **해설** 커먼레일 엔진(CRDI : Common Rail Direct Injection engine)의 저압 펌프
> 커먼레일 디젤 연료장치의 저압 펌프는 연료 탱크에서부터 연료를 고압(연료 필터)까지 공급하는 장치로서 전기식 저압 펌프와 기계식 저압 펌프가 있다. 저압 펌프와 고압 펌프가 같은 역할을 하면서 저압과 고압으로 이원화하여 연료를 압송하는 것이 아니라, 역할 자체가 다른 펌프이다.
> ※ 저압 펌프는 연료 탱크로부터 고압(연료 필터)까지 연료를 압송하는 펌프를 말하는 것이고, 고압 펌프는 커먼레일 엔진에서 저압부와 고압부의 접점 역할을 하며, 인젝터 이전에 있는 커먼레일까지 연료를 고압으로 유지시켜주는 것이다.

10. 전자제어 디젤 엔진 인젝터의 사후 분사과정을 통해 배기가스 후처리 장치(DPF)에 매연을 재생시키는 기준에 해당되지 않는 것은?

① ECU의 시뮬레이션 계산에 의한 기준
② 차압 센서에 의한 기준
③ PM 입자 크기에 의한 기준
④ 일정거리 및 주행시간에 의한 기준

> **해설** DPF 재생(Regeneration)
> DPF의 필터에서 포집된 PM(Particulate Matter, 미세먼지)이 일정 조건을 만족시키면 ECU에서 후분사를 통해 이를 제거하는 과정을 거친다. 이 과정을 재생이라고 한다.
> ※ DPF 재생 방법
> ㉠ 차압신호 기준 : DPF 전·후단의 압력 차이를 이용하여 재생
> ㉡ 주행거리 기준 : PM양과 상관없이 일정 주기(약 1,000km)마다 재생
> ㉢ PM양 시뮬레이션 기준 : ECU가 각종 부하조건 및 운전자 의지를 계산하여 재생

1. 축전기(condenser)의 정전 용량에 대한 설명으로 가장 옳지 않은 것은?

① 가해지는 전압에 비례한다.

② 상대하는 금속판의 면적에 비례한다.

③ 금속판 사이 절연체의 절연도에 비례한다.

④ 금속판 사이의 거리에 비례한다.

해설 축전기의 정전 용량

㉠ 금속판 사이 절연체의 절연도에 정비례한다.

㉡ 가해지는 전압에 정비례한다.

㉢ 상대하는 금속판의 면적에 정비례한다.

㉣ 상대하는 금속판 사이의 거리에 반비례한다.

2. 자동차 엔진에서 피스톤 링의 구비조건에 해당하지 않는 것은?

① 열전도성이 낮을 것

② 장시간 사용해도 피스톤 링과 실린더의 마멸이 적을 것

③ 실린더 벽에 동일한 압력을 가할 것

④ 열팽창률이 낮을 것

해설 피스톤 링의 구비조건

㉠ 열전도성이 좋고, 열팽창률이 낮을 것

㉡ 내열성과 내모성이 좋을 것

㉢ 실린더 벽에 균일한 압력을 가할 것

㉣ 피스톤 링 자체나 실린더 마멸이 적을 것

㉤ 고온에서도 탄성을 유지할 것

3. 주행 중 과도한 제동장치 작동으로 인해 드럼과 라이닝 사이에 마찰열이 축적되어 라이닝의 마찰계수가 저하하는 현상을 나타내는 용어는?

① 스탠딩 웨이브(standing wave) ② 페이드(fade)

③ 하이드로플래닝(hydroplaning) ④ 베이퍼 록(vapor lock)

해설 페이드(fade) 현상

비탈길을 내려가거나 할 경우 브레이크를 반복하여 사용하면 마찰열이 축적되어 라이닝의 마찰계수가 급격히 저하되고 제동력이 감소되는 현상

4. 자동차용 엔진의 밸브 구동장치에 해당하지 않는 것은?

① 캠축(camshaft)

② 타이밍 체인(timing chain)

③ 로커 암(rocker arm)

④ 커넥팅로드(connecting rod)

해설 커넥팅로드

피스톤과 크랭크축을 연결하여 피스톤의 직선운동을 크랭크축의 회전운동으로 변환시키고, 피스톤에 작용하는 힘을 크랭크축에 전달하여 크랭크축에 회전토크가 발생되도록 한다.

[커넥팅로드]

[엔진의 밸브 구동장치]

5. 하이브리드(hybrid) 자동차의 동력 전달 방식 중 직렬형(series type)의 동력 전달 순서로 가장 옳은 것은?

① 기관 → 전동기 → 축전지 → 변속기 → 발전기 → 구동바퀴

② 기관 → 변속기 → 축전지 → 발전기 → 전동기 → 구동바퀴

③ 기관 → 축전지 → 발전기 → 전동기 → 변속기 → 구동바퀴

④ 기관 → 발전기 → 축전지 → 전동기 → 변속기 → 구동바퀴

해설 하이브리드 직렬형(series type)의 동력 전달

직렬형에서 사용하는 기관은 바퀴를 구동하기 위한 것이 아니라 축전지를 충전하기 위한 것이다. 따라서 기관에는 발전기가 연결되며, 이 발전기에서 발생되는 전기에너지가 축전지에 충전한다. 이렇게 충전된 축전지가 전동기로 구동력을 전달하고 변속기를 거쳐 바퀴까지 그 구동력이 구현된다.

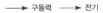

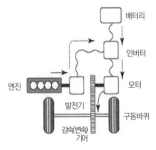

[직렬형(series type)의 동력 전달]

6. 내연기관 자동차의 에어컨 작동 시 냉매의 순환경로에 대한 설명으로 가장 옳은 것은?

① 압축기 → 응축기 → 리시버 드라이어 → 증발기 → 팽창 밸브

② 압축기 → 응축기 → 팽창 밸브 → 증발기 → 리시버 드라이어

③ 압축기 → 응축기 → 리시버 드라이어 → 팽창 밸브 → 증발기

④ 압축기 → 응축기 → 팽창 밸브 → 리시버 드라이어 → 증발기

해설 자동차 냉방장치의 순환경로

압축기(컴프레서) → 응축기(콘덴서) → 건조기(리시버 드라이어) → 팽창 밸브 → 증발기(에바포레이터)

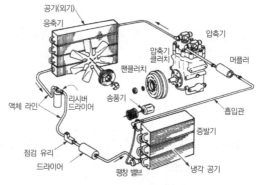

[냉방장치 구성도]

7. 자동차 앞바퀴 정렬의 요소에 대한 설명으로 가장 옳지 않은 것은?

① 캠버는 조향 휠의 조작을 가볍게 한다.

② 캐스터는 앞바퀴를 평행하게 회전시킨다.

③ 토인은 주행 시 캠버에 의해 토아웃이 되는 것을 방지한다.

④ 킹핀 경사각은 조향 휠의 복원력을 준다.

해설 캐스터

(1) 정의 : 앞바퀴를 옆에서 보았을 때 킹핀의 수선에 대해 이룬 각

(2) 필요성 : 직진성(방향성), 복원성 부여

정(+캐스터)　　　0의 캐스터　　　부(-캐스터)

※ 바퀴를 옆에서 보았을 때
[캐스터]

8. 자동 변속기 차량에서 스톨 테스트(stall test)로 점검할 수 없는 것은?

① 브레이크 밴드의 미끄러짐

② 클러치의 미끄러짐

③ 타이어의 구동력

④ 토크컨버터의 동력 전달 기능

해설 **스톨 테스트(stall test, 정지 회전력 시험)**

'D', 'R' 위치에서 엔진의 최대 회전속도를 측정하여 엔진과 변속기의 종합적인 상태를 측정하는 것을 말한다. 즉, 스톨 테스트를 하는 목적은 토크컨버터의 동력 전달 기능, 클러치(앞·뒤 및 오버러닝) 및 브레이크 밴드의 미끄러짐 유무, 라인 압력 저하, 기관의 구동력 시험 등이다.

(1) 스톨 테스트 판정

㉠ 'D', 'R' 레인지 모두 스톨 회전수가 기준치 이상일 때 : 라인압이 낮다, 로우·리버스 브레이크 미끄러짐

㉡ 'D', 'R' 레인지 모두 스톨 회전수가 기준치 이하일 때 : 엔진 출력 부족 및 토크컨버터의 불량

㉢ 'D' 레인지에서의 스톨 회전수가 기준치 이상일 때 : 리어 클러치나 오버러닝 클러치의 미끄러짐

㉣ 'R' 레인지에서의 스톨 회전수가 기준치 이상일 때 : 프론트 클러치나 로우·리버스 브레이크 미끄러짐

(2) 주의 사항

㉠ 스로틀 전개 상태는 5초 이상 계속하지 말 것

㉡ 2회 이상 스톨 테스트를 할 경우 선택 레버를 'N' 레인지에 놓고 엔진 회전수를 1,000rpm 정도로 운전하여 ATF를 냉각한 후 실시할 것

㉢ 기준치 스톨 회전수 : 2,100~2,900rpm

9. 기관 윤활회로 내의 유압이 낮아지는 원인에 대한 설명으로 가장 옳지 않은 것은?

① 크랭크축 베어링의 과다 마멸로 오일 간극이 커졌다.

② 유압 조절 밸브 스프링 장력이 과다하다.

③ 오일팬의 오일량이 부족하다.

④ 오일펌프의 마멸 또는 윤활회로에서 오일이 누출된다.

해설 **유압 상승 및 저하 원인**

유압이 높아지는 원인	유압이 낮아지는 원인
• 엔진의 온도가 낮아 오일의 점도가 높음 • 윤활회로 내의 막힘 • 유압 조절 밸브 스프링의 장력이 과다 • 유압 조절 밸브가 막힌 채로 고착 • 각 마찰부의 베어링 간극이 적을 때	• 엔진오일의 점도가 낮음 • 오일팬의 오일량이 부족 • 유압 조절 밸브 스프링의 장력이 과소 • 유압 조절 밸브가 열린 채로 고착 • 각 마찰부의 베어링 간극이 클 때 • 오일펌프의 마멸 또는 고장

10. 자동차용 발전기 중 직류 발전기에 비해 교류 발전기가 가지는 특징에 대한 설명으로 가장 옳지 않은 것은?

① 실리콘 다이오드로 정류하므로 대체로 전기적 용량이 크다.

② 전압 조정기가 필요 없다.

③ 회전 부분에 정류자를 두지 않으므로 허용 회전속도 한계가 높다.

④ 소형, 경량이며 저속에서도 충전이 가능한 출력 전압이 발생한다.

해설 교류(AC) 발전기의 특징

ㄱ 저속에서도 충전성능이 우수하다.

ㄴ 고속 회전에 잘 견딘다.

ㄷ 회전부에 정류자가 없어 허용 회전속도 한계가 높다.

ㄹ 소형 반도체(다이오드)에 의한 정류를 하기 때문에 전기적 용량이 크다.

ㅁ 소형 경량이다.

ㅂ 컷 아웃 릴레이 및 전류 조정기를 필요로 하지 않는다.

1. 다음 중 자동 변속기의 장점에 대한 설명으로 틀린 것은?

① 유체가 댐퍼 역할을 하기 때문에 기관에서 동력 전달 장치로 전달되는 진동이나 충격을 흡수할 수 있다.

② 기관의 회전력을 유체를 매개로 하기 때문에 출발, 가속 및 감속이 원활하다.

③ 클러치와 변속기 조작을 자동화하여, 연료소비율이 약 10% 정도 감소한다.

④ 클러치 페달이 없고 주행 중 변속 조작을 하지 않으므로 운전하기가 편리하고, 운전자의 피로가 줄어든다.

해설 자동 변속기의 특징

ⓐ 저속 쪽의 구동력이 크기 때문에 경사로 출발이 쉽고 최대 등판능력도 크다.

ⓑ 클러치 조작 필요 없이 자동 출발이 된다.

ⓒ 유체 클러치(현재는 토크컨버터를 주로 사용)가 충격 완화 작용을 하므로 파워트레인에 가해지는 충격이 적어서 엔진 보호에 의한 수명이 길어진다.

ⓓ 운전 시 잦은 변속 조작으로 인한 피로도를 크게 저감할 수 있다.

ⓔ 기관 회전력의 전달은 유체를 매개로 하기 때문에 발진, 가속 및 감속이 원활하게 되어 승차감이 향상된다.

ⓕ 구조가 복잡하고 차량 자체의 유지비도 더 들어갈 수 있으며, 가격이 비싸다.

ⓖ 연료소비 증가(수동 변속기에 비해 약 10% 정도 증가)한다.

2. 자동차 기관에서 흡기 밸브와 배기 밸브가 모두 실린더 헤드에 설치되는 형식의 기관은?

① I-헤드형   ② F-헤드형

③ L-헤드형   ④ T-헤드형

해설 밸브 배열에 의한 엔진 분류

ⓐ I-Head형 : 흡·배기 밸브가 모두 실린더 헤드에 설치

ⓑ L-Head형 : 흡·배기 밸브가 모두 실린더 블록에 설치

ⓒ F-Head형 : 흡기 밸브는 실린더 헤드에, 배기 밸브는 실린더 블록에 설치

ⓓ T-Head형 : 흡·배기 밸브가 실린더 양 옆에 설치

3. 자동차용 기동 모터(stating motor)에 일반적으로 사용되는 방식은?

① 직류분권식   ② 교류식

③ 교류복권식   ④ 직류직권식

해설 직류 전동기에는 전기자 코일과 계자 코일의 연결 방법에 따라 직권 전동기, 분권 전동기, 복권 전동기 등이 있으며, 직류직권식은 전기자 코일과 계자 코일이 직렬로 연결된 것이다. 이 형식의 특징은 각 코일에 흐르는 전류가 일정하며, 회전력이 크고 부하 변화에 따라 자동적으로 회전속도가 증감하므로 고 부하에서는 과대 전류가 흐르지 않는다. 이러한 특성으로 자동차용 기동 전동기로 주로 사용하고 있다.

4. 흡입공기량의 계측방식에서 공기량을 직접 계측하는 센서의 형식으로 틀린 것은?

① 맵 센서식   ② 칼만 와류식

③ 핫와이어식   ④ 핫필름식

해설 연료 분사 장치의 형식

(1) K – 기계식 체적유량 방식

(2) L – 직접 계측 방식

    ㉠ 체적 : 베인식(메저링 플레이트식), 칼만 와류식

    ㉡ 질량 : 핫와이어식, 핫필름식

(3) D – 간접 계측 방식

    MAP 센서를 이용한 진공(부압) 연산 방식

5. 그림과 같이 저항이 직병렬로 연결되어 있다. 이때 총합성저항은 얼마인가?

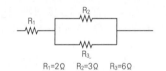

$R_1=2\Omega$ $R_2=3\Omega$ $R_3=6\Omega$

① 3Ω ② 4Ω

③ 8Ω ④ 10Ω

해설 ㉠ 직렬저항 $R_1 = 2\,\Omega$

    ㉡ 병렬저항 $\dfrac{1}{R} = \dfrac{1}{R_1} + \dfrac{1}{R_2}$

$$= \dfrac{1}{3} + \dfrac{1}{6} = \dfrac{2}{6} + \dfrac{1}{6} = \dfrac{3}{6}$$

∴ 따라서 $R = 2 + 2 = 4\,\Omega$

6. 2개의 트랜지스터를 하나로 결합하여 전류 증폭도가 높은 반도체 소자를 무엇이라 하는가?

① 사이리스터(Thyristor)

② 포텐셔미터(Portentiometer)

③ 달링턴 트랜지스터(Darlington transistor)

④ 서미스터(Thermistor)

해설 달링턴 트랜지스터(Darlington transistor)

2개의 트랜지스터를 직접 연결하여 등가적으로 하나의 트랜지스터처럼 동작하도록 하는 연결 회로이다. 간단한 구조로 매우 높은 공통 이미터 전류 증폭률과 개선된 입출력 직선성을 얻을 수 있어 큰 신호의 출력회로로 이용된다.

7. 크랭크축의 구성품으로 커넥팅로드 대단부와 연결되어 있어, 피스톤의 왕복운동이 회전운동으로 바뀌는 부분은?

① 크랭크암(crank arm) ② 메인 저널(main journal)

③ 밸런스 웨이트(balance weight) ④ 크랭크핀(crank pin)

해설 크랭크핀(crank pin)

크랭크핀에는 커넥팅로드의 대 단 부위가 장착되어 있어, 여기 에서 피스톤의 왕복운동이 회전 운동으로 바뀐다.

[크랭크축에서 크랭크핀의 위치]

8. 편의장치 중 중앙집중식 제어장치(ETACS)에 의해 제어되는 기능이 아닌 것은?

① 자동 도어 잠금 제어 ② 와셔 연동 와이퍼 제어

③ 이모빌라이저 제어 ④ 감광방식 실내등 제어

해설 에탁스(ETACS)

기능	자동차 전기장치 중 시간에 의하여 작동하는 장치 또는 경보를 발생시켜 운전자에게 알려주는 편의장치
에탁스 (ETACS) 제어 항목	• 와셔 연동 와이퍼 제어 • 간헐 와이퍼 및 차속감응 와이퍼 제어 • 점화스위치 키 구멍 조명 제어 • 파워윈도 타이머 제어 • 안전벨트 경고등 타이머 제어 • 점화스위치(키) 회수 제어 • 열선 타이머 제어(사이드미러 및 앞유리 성에 제거 포함) • 미등 자동소등 제어 • 감광방식 실내등 제어 • 도어 잠금해제 경고 제어 • 자동 도어 잠금 제어 • 중앙 집중 방식 도어 잠금장치 제어 • 도난 경계 경보 제어 • 점화스위치를 탈거할 때 도어 잠금(lock)·잠금해제(un lock) 제어 • 충돌을 검출하였을 때 도어 잠금·잠금해제 제어

9. 피스톤 행정이 75mm, 기관의 회전수가 2000rpm인 4행정 사이클 기관의 피스톤 평균속도는 얼마인가?

① 8m/s   ② 7m/s

③ 5m/s   ④ 4m/s

해설 피스톤 평균속도

$$V_s = \frac{2NL}{60 \times 1,000}$$

$$= \frac{NL}{30,000}\,\text{m/s}$$

여기서, V_s : 피스톤 평균속도(m/sec)

         N : 크랭크축(엔진) 회전수(rpm)

         L : 행정(mm)

위 공식에 의해 계산하면,

$$= \frac{2,000 \times 75}{30,000}$$

$$= 5\text{m/s}$$

10. 디젤 기관의 노킹 방지책으로 틀린 것은?

① 흡기온도를 높인다.

② 분사 초기에 연료분사량을 증가시킨다.

③ 흡기온도를 높인다.

④ 연료의 착화점이 낮은 것을 사용한다.

해설 디젤 노킹 방지법

㉠ 착화성이 좋은 연료(세탄가)를 사용한다.

㉡ 실린더 내의 온도 및 압력을 높인다.

㉢ 분사 개시에 분사량을 적게 하여 급격한 압력상승을 억제한다.

㉣ 흡입공기의 온도를 높인다.

㉤ 연소실 벽의 온도를 높인다.

㉥ 압축비를 높인다.

㉦ 착화 지연 기간을 짧게 한다.

㉧ 연소실에서 와류를 촉진시킨다.

㉨ 회전속도를 빠르게 한다.

11. 다음 중 납산 축전지의 특성이 아닌 것은?

① 축전지에 온도가 내려가면 전압이 내려간다.

② 축전지 용량을 표시하는 방법에는 20시간율, 25암페어율, 냉간율이 있다.

③ 자기 방전율은 전해액의 온도와 비중에 비례한다.

④ 1일 자기 방전량은 실용량의 3~4% 정도이다.

해설 자기 방전(Self Discharge)

충전된 축전지는 무부하(아무런 전기적인 장치가 연결되지 않았을 때) 상태에서도 자연적으로 방전이 이루어지는데, 이 현상을 자기 방전(또는 내부 방전)이라고 한다. 또한 자기 방전량은 실용량에 대한 백분율로 나타내며, 환경에 따라 달라지지만 일반적으로 24시간 동안 자기 방전량은 보통 실제 용량의 0.3~1.5% 정도이다.

1. 다음 중 자동 변속기의 장점에 대한 설명으로 틀린 것은?

① 유체가 댐퍼 역할을 하기 때문에 기관에서 동력 전달 장치로 전달되는 진동이나 충격을 흡수할 수 있다.

② 기관의 회전력을 유체를 매개로 하기 때문에 출발, 가속 및 감속이 원활하다.

③ 클러치와 변속기 조작을 자동화하여, 연료소비율이 약 10% 정도 감소한다.

④ 클러치 페달이 없고 주행 중 변속 조작을 하지 않으므로 운전하기가 편리하고, 운전자의 피로가 줄어든다.

해설 자동 변속기의 특징

ⓐ 저속 쪽의 구동력이 크기 때문에 경사로 출발이 쉽고 최대 등판능력도 크다.

ⓑ 클러치 조작 필요 없이 자동 출발이 된다.

ⓒ 유체 클러치(현재는 토크컨버터를 주로 사용)가 충격 완화 작용을 하므로 파워트레인에 가해지는 충격이 적어서 엔진 보호에 의한 수명이 길어진다.

ⓓ 운전 시 잦은 변속 조작으로 인한 피로도를 크게 저감할 수 있다.

ⓔ 기관 회전력의 전달은 유체를 매개로 하기 때문에 발진, 가속 및 감속이 원활하게 되어 승차감이 향상된다.

ⓕ 구조가 복잡하고 차량 자체의 유지비도 더 들어갈 수 있으며, 가격이 비싸다.

ⓖ 연료소비 증가(수동 변속기에 비해 약 10% 정도 증가)한다.

2. 기존 내연기관 자동차와 비교 시 전기식 모터를 동시에 사용하는 하이브리드 자동차가 가지는 장점에 대한 설명으로 틀린 것은?

① 자동차 감속주행 시 제동에너지를 회수하여 재사용이 가능하다.

② 고전압 배터리를 사용하여 전기적 안전에 유리하다.

③ 일반 내연기관 자동차에 비해 유해가스 배출량을 줄이고, 연비를 획기적으로 늘린 차세대 환경 자동차이다.

④ 자동차 속도나 주행 상태 등에 따라 내연기관(엔진)과 모터의 힘을 적절하게 제어하여 효율성을 극대화시켰다.

해설 하이브리드 시스템에서 하이브리드 배터리, 모터 및 기타 부품에 고전압을 사용한다. 따라서 고전압 배터리를 함부로 만지면 매우 위험하다. 또한 사고 시 차체에 고전압의 전류가 흐를 수 있어 차량을 만지거나 하면 위험에 빠질 수 있기 때문에 세심한 주의가 필요하다. 이렇듯 하이브리드 자동차는 전기적 위험성에 항시 노출되어 있다.

3. 윤활유의 기능에서 금속 표면에 유막을 형성하여 외부의 공기나 습기, 부식성 가스 등을 차단해 주는 역할을 하는 작용은?

① 방청작용
② 냉각작용
③ 감마작용
④ 응력분산작용

해설 윤활유의 6대 기능

　㉠ 감마작용 : 마찰 및 마멸 감소
　㉡ 밀봉작용 : 틈새를 메꾸어 줌
　㉢ 냉각작용 : 기관의 열을 흡수하여 오일팬에서 방열
　㉣ 세척작용 : 카본, 금속 분말 등을 제거
　㉤ 방청작용 : 작동 부위의 부식 방지
　㉥ 응력분산작용 : 충격하중 작용 시 유막 파괴를 방지

4. 구동력 조절장치(TCS)에 대한 설명으로 틀린 것은?

① 조절방식의 한 종류로 엔진과 브레이크 병용 조절방식이 있다.
② 조절방식에는 변속단을 제어하는 방식이 있다.
③ 엔진의 출력을 조절하여 제어하는 방식으로 엔진토크를 제어한다.
④ TCS는 접지력을 잃은 바퀴에 ABS와 연계하여 제동작용을 가하여, 바퀴가 헛도는 것을 방지해 준다.

해설 TCS(Traction Control System)

　(1) 기능 : TCS는 출발 및 가속 시 바퀴가 헛도는 것을 방지하고 차량의 가속, 등판능력을 최대화 시키는 장치이다. TCS는 다음과 같은 기능을 수행한다.
　　㉠ 출발 및 가속 시 안전성 확보
　　㉡ 저마찰에서의 안전성 및 구동력 향상
　　㉢ 가속, 등판능력 최대화
　(2) 제어방식 종류
　　㉠ 엔진토크 제어(ETCS) : 연료분사량 저감 또는 커트, 점화시기 지연, 스로틀 밸브의 개폐 제어를 통해 엔진토크를 조정
　　㉡ 브레이크 제어(BTCS) : 엔진토크는 제어하지 않고 브레이크 제어만 수행하는 방식으로, 구동 타이어를 직접 제어하므로 스플리트 노면(비균일 노면)에서 가속성이 좋고 한쪽 타이어가 빠졌을 경우 탈출이 용이하다.
　　㉢ 통합 제어(FTCS) : ABS ECU가 TCS 제어를 함께 수행, 즉 브레이크 제어와 엔진 제어(엔진토크 제어)를 통합적으로 적절히 제어

5. 스탠딩 웨이브 현상을 방지할 수 있는 사항이 아닌 것은?

① 저속 운행을 한다.
② 강성이 큰 타이어를 사용한다.
③ 전동저항을 증가시킨다.
④ 타이어의 공기압을 높인다.

해설 스탠딩 웨이브(standing wave)

타이어에 공기가 부족한 상태로 고속 주행 시 발생하는 물결 모양의 변형과 진동

※ 스탠딩 웨이브 현상 방지법

   ㉠ 타이어의 공기압을 표준공기압보다 10~15% 높여, 전동저항을 저감시킨다.

   ㉡ 강성이 큰 타이어를 사용한다.

   ㉢ 하중에 의한 트레드 변형을 줄이고, 접지면적을 최대한 넓힌다.

   ㉣ 주행 시 최대한 감속 주행한다.

6. 다음 중 4행정 기관의 특징으로 맞는 것은?

① 충격이나 기계적 소음이 적다.

② 평균 유효압력이 낮아 연료소비율이 많다.

③ 기동이 쉽고, 회전력의 변동이 적어 실린더 수가 적어도 회전이 원활하다.

④ 체적효율이 높고, 회전속도의 범위가 넓다.

해설 4행정 기관의 특징(장단점)

장점	단점
• 각 행정이 완전히 구분되어 있다. • 열적 부하가 적다. • 회전속도 범위가 넓다. • 체적효율이 높다. • 연료소비량이 적다. • 기동이 쉽다.	• 밸브 기구가 복잡하다. • 충격이나 기계적 소음이 크다. • 실린더 수가 적을 경우 사용이 곤란하다. • 마력당 중량이 무겁다. • HC의 배출은 적으나 NOx의 배출이 많다.

7. 디젤 기관의 노킹 방지책으로 틀린 것은?

① 흡기온도를 높인다.

② 분사 초기에 연료분사량을 증가시킨다.

③ 흡기온도를 높인다.

④ 연료의 착화점이 낮은 것을 사용한다.

해설 디젤 노킹 방지법

   ㉠ 착화성이 좋은 연료(세탄가)를 사용한다.

   ㉡ 실린더 내의 온도 및 압력을 높인다.

   ㉢ 분사 개시에 분사량을 적게 하여 급격한 압력상승을 억제한다.

   ㉣ 흡입공기의 온도를 높인다.

   ㉤ 연소실 벽의 온도를 높인다.

   ㉥ 압축비를 높인다.

   ㉦ 착화 지연 기간을 짧게 한다.

   ㉧ 연소실에서 와류를 촉진시킨다.

   ㉨ 회전속도를 빠르게 한다.

8. 다음 중 공주거리에 대한 설명으로 바른 것은?

① 주행 중 제동장치의 영향을 받아 감속이 시작되는 지점부터 실제로 정지할 때까지 거리

② 제동거리와 공주거리를 합한 거리

③ 운전자가 자동차를 정지하려고 생각하고 브레이크를 걸려는 순간부터 실제로 브레이크가 걸리기 직전까지 거리

④ 운전자가 자동차를 정지하려고 생각하고 브레이크가 걸리는 순간부터 실제로 정지할 때까지 거리

> **해설** 정지거리 및 공주 · 제동거리
> ㉠ 정지거리 : 운전자가 제동조작을 한 순간부터 자동차가 정지할 때까지의 주행한 거리(공주거리 + 제동거리)
> ㉡ 공주거리 : 주행 중 운전자가 전방의 위험 상황을 발견하고 브레이크를 밟아 실제 제동이 걸리기 시작할 때까지 자동차가 진행한 거리
> ㉢ 제동거리 : 주행 중인 자동차가 브레이크가 작동하기 시작할 때부터 완전히 정지할 때까지 진행한 거리

9. 자동차 기관에서 흡기 밸브와 배기 밸브가 모두 실린더 헤드에 설치되는 형식의 기관은?

① I-헤드형   ② F-헤드형

③ L-헤드형   ④ T-헤드형

> **해설** 밸브 배열에 의한 엔진 분류
> ㉠ I-Head형 : 흡 · 배기 밸브가 모두 실린더 헤드에 설치
> ㉡ L-Head형 : 흡 · 배기 밸브가 모두 실린더 블록에 설치
> ㉢ F-Head형 : 흡기 밸브는 실린더 헤드에, 배기 밸브는 실린더 블록에 설치
> ㉣ T-Head형 : 흡 · 배기 밸브가 실린더 양 옆에 설치

10. 전자제어식 점화장치의 파워 트랜지스터에서 ECU와 연결되어 점화 1차 코일에 흐르는 전류를 단속하는 단자는?

① 캐소드   ② 컬렉터

③ 이미터   ④ 베이스

> **해설** 파워 트랜지스터(NPN형)
> 컴퓨터(ECU)의 제어 신호에 의해 점화 1차 코일에 흐르는 전류를 단속하는 역할을 한다.
> ㉠ 베이스 단자 : 컴퓨터(ECU)에 접속되어 컬렉터 전류를 단속한다.
> ㉡ 컬렉터 단자 : 점화코일 (−)단자에 접속되어 있다.
> ㉢ 이미터 단자 : 차체에 접지되어 있다.

경기 하반기 기출문제 (2019. 11. 16. 시행)

1. 차륜 정렬에서 일정한 캠버가 주어졌을 때, 토인을 두는 필요성으로 거리가 먼 것은?

① 조향 링키지 마모에 의한 바퀴의 벌어짐(토아웃)을 방지

② 캠버에 의한 바퀴의 벌어짐 방지

③ 하중에 의한 앞차축 휨 방지

④ 바퀴의 미끄러짐에 의한 타이어 마멸 방지

해설 토인

(1) 정의 : 앞바퀴를 위에서 보았을 때 앞바퀴의 앞쪽이 뒤쪽보다 안으로 오므려진 상태

(2) 목적

　　㉠ 캠버에 의한 바퀴의 벌어짐 방지

　　㉡ 조향 링키지 마모에 의한 바퀴의 벌어짐(토아웃) 방지

　　㉢ 바퀴의 미끄러짐과 타이어의 마멸 방지

　※ ③항 하중에 의한 앞차축의 휨 방지는 캠버의 역할이다.

2. 다음 중 내연기관 4기통 엔진의 크랭크축 핀(A) 및 메인 저널(B)의 수로 맞게 짝지어진 것은?

① A : 5, B : 4　　　　　　② A : 4, B : 5

③ A : 4, B : 6　　　　　　④ A : 4, B : 4

해설 크랭크축 핀 및 메인 저널

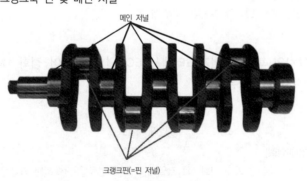

[핀 저널 및 메인 저널]

㉠ 핀 저널 : 커넥팅로드의 대단부와 결합되는 부분으로 피스톤의 왕복 에너지를 전달받는 부분

㉡ 메인 저널 : 크랭크축의 하중을 지지하며, 크랭크축 회전의 중심을 형성하는 축 부분으로 블록에 직접 장착되는 부분, 메인 저널의 수는 핀 저널보다 1개 더 많다.

3. 자동차를 정면에서 봤을 때, 좌우 타이어가 지면을 접촉하는 지점에서 좌우 두 개의 타이어 중심선 사이의 거리를 무엇이라 하는가?

① 축거   ② 오버행

③ 윤거   ④ 전폭

해설 윤거(tread)

좌우 타이어가 지면을 접촉하는 지점에서 좌우 두 개의 타이어 중심선 사이의 거리

4. 자동차 에어컨의 냉매 순환경로로 맞는 것은?

① 압축기 → 팽창 밸브 → 건조기 → 응축기 → 증발기

② 압축기 → 건조기 → 응축기 → 팽창 밸브 → 증발기

③ 압축기 → 건조기 → 팽창 밸브 → 응축기 → 증발기

④ 압축기 → 응축기 → 건조기 → 팽창 밸브 → 증발기

해설 자동차 냉방장치의 순환경로

압축기(컴프레서) → 응축기(콘덴서) → 건조기(리시버 드라이어) → 팽창 밸브 → 증발기(에바포레이터)

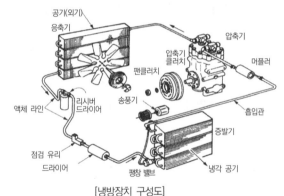

[냉방장치 구성도]

5. 실린더 지름 60mm, 피스톤 행정 60mm인 4실린더 기관의 총배기량은? (단, 원주율 π = 3.14이며, 소수점 아래 숫자는 절사한다.)

① 460cc   ② 583cc

③ 678cc   ④ 862cc

해설 ㉠ $V = 0.785 \times D^2 \times L \times N$

여기서, V : 총배기량

D : 실린더 안지름(내경)

L : 피스톤 행정

N : 실린더 수

㉡ $0.785 \times 6^2 \times 6 \times 4 = 678.24$cc

6. 다음 중 무단 변속기(CVT : Continuously Variable Transmission)의 특징이 아닌 것은?

① 자동 변속기 대비 연비가 우수하다.

② 급가속 시 가속이 부드러워 발진 가속성능이 우수하다.

③ 저속에서 고속까지 변속비가 우수하다.

④ 변속단이 없으므로 변속 충격이 거의 없다.

해설 무단 변속기(CVT)의 특징

ㄱ 엔진의 구동력을 최대한 이용하여 변속제어 하므로 가속성능이 향상된다.

ㄴ 최소연비 곡선을 따라 변속점이 이동제어가 가능하여 연비가 향상된다.

ㄷ 변속단이 없기 때문에 변속단간 변속 충격이 없어 변속충격이 없다.

ㄹ 설정된 변속단이 없이 연속적으로 변속이 일어나므로 변속비가 우수하다.

ㅁ 기존의 자동 변속기는 내접 기어 방식이나 무단 변속기는 외접 기어 방식을 작용하여 압력을 상승시킨다.

ㅂ 급가속(킥 다운) 시 엔진 회전수만 올라가고 변속이 즉각적으로 이뤄지지 않아, 기존 자동 변속기 대비 발진 가속성능이 다소 떨어지는 단점이 있다.

7. 피스톤의 내마모성, 내충격성 향상을 위한 표면 처리 방법이 아닌 것은?

① 화염 경화법(flame hardening)

② 어닐링법(annealing)

③ 질화 처리법(nitration method)

④ 고주파법(high frequency)

해설 금속 표면 처리 방법

ㄱ 화염 경화법(flame hardening) : 산소-아세틸렌 불꽃으로 강의 표면만 가열하여 열이 중심 부분에 전달되기 전에 급랭하여 경도를 높이는 방법

ㄴ 어닐링법(annealing) : 담금질 등의 열처리를 하여 경화시킨 합금을 고온에서 장시간 가열하여 실온까지 서서히 식혀 연하게 만드는 방법

ㄷ 질화 처리법(nitration method) : 재료의 표면에 질소를 침투시켜 재료를 경하게 만드는 방법

ㄹ 고주파법(high frequency) : 금속 표면에 코일을 감고 고주파 전류로 표면만 고온으로 가열 후 급랭하여 경도를 높이는 방법

8. 다음 중 배출가스 정화장치와 관련된 설명으로 옳은 것은?

① 선택적 촉매 환원 장치(SCR : Selective Catalytic Reduction)는 요소수를 암모니아로 변환시켜, 엔진에서 연소된 배기가스 중의 질소산화물과 반응하여 유해가스를 저감시켜주는 후처리 장치이다.

② PCV 밸브(Positive Crankcase Ventilation Valve)는 배기가스의 일부를 연소실로 재순환시켜 NOx(질소산화물) 발생을 억제시키는 장치이다.

③ 삼원 촉매 장치는 엔진 작동 간 발생하는 배기가스 중 유해한 3가지 성분을 감소시키는 장치로, 그 중 NOx는 환원되어 N_2와 CO_2로 분리된다.

④ EGR(Exhaust Gas Recirculation)은 크랭크케이스에 배출된 블로바이 가스를 흡기다기관의 진공을 이용하여 연소실로 재순환하므로 오일 슬러지를 방지하고, 유해가스의 대기 중 방출을 방지한다.

해설 ②항 블로바이 가스 정화장치(PCV 밸브)에 대한 설명이다.
　　③항 삼원 촉매 장치는 배기가스 속의 CO, HC, NOx를 동시에 하나의 촉매로 정화시키는 장치로, 그 중 NOx는 N_2(질소)와 O_2(산소)로 환원시킨다.
　　④항 EGR(배기가스 재순환 장치)에 대한 설명이다.

9. 자동차용 점화코일에서 1차 코일의 권수는 150회이고, 2차 코일의 권수는 7,500회일 때 2차 코일에 유기되는 전압은 몇 V인가? (단, 1차 코일 유기전압은 220V이고, 축전지는 12V이다.)

① 8,000　　　　　　　　　② 15,000
③ 11,000　　　　　　　　　④ 20,000

해설 점화코일에서 2차 고전압을 얻도록 유도하는 식

$$E_2 = E_1 \times \frac{N_2}{N_1}$$

　　여기서, E_1 : 1차 코일의 전압
　　　　　　E_2 : 2차 코일의 전압
　　　　　　N_1 : 1차 코일의 권수
　　　　　　N_2 : 2차 코일의 권수
　　　　　　N_2, N_1 : 권수비(1차와 2차 코일의 감은 수의 비)

$$\therefore E_2 = 220 \times \frac{7,500}{150} = 11,000$$

10. 디젤 엔진의 노킹 방지법으로 잘못된 것은?

① 착화성이 좋은 연료를 사용한다.

② 압축비가 높은 기관을 사용한다.

③ 분사 초기의 연료분사량을 많게 하고, 압축온도를 높여 착화 지연을 방지한다.

④ 연소실 내의 와류를 증가시키는 구조로 만든다.

해설 디젤 노킹 방지법

㉠ 착화성이 좋은 연료(세탄가)를 사용한다.

㉡ 실린더 내의 온도 및 압력을 높인다.

㉢ 분사 개시에 분사량을 적게 하여 급격한 압력상승을 억제한다.

㉣ 흡입공기의 온도를 높인다.

㉤ 연소실 벽의 온도를 높인다.

㉥ 압축비를 높인다.

㉦ 착화 지연 기간을 짧게 한다.

㉧ 연소실에서 와류를 촉진시킨다.

㉨ 회전속도를 빠르게 한다.

2020

과년도
기출문제

알짜배기 자동차 구조원리 기출문제 총정리

───── 알짜배기 자동차 구조원리 기출문제 총정리 ─────

www.cyber.co.kr

1. 다음 사진처럼 타이어의 안쪽보다 바깥쪽이 더 많이 마모되었을 때의 원인으로 옳은 것은?

① 토아웃이 심한 경우

② 타이어 공기압의 과다

③ 토인 또는 캠버 과다

④ 토인이 작고, 부캠버가 과대한 경우

해설 ①항 토아웃이 심한 경우 : 내측 마모

②항 타이어 공기압이 과다한 경우 : 가운데 마모

④항 토인이 작고, 부(−)캠버가 과대한 경우 : 내측 마모

2. 다음 중 연비 향상 및 배출가스 저감에 영향을 주는 요소의 장치가 아닌 것은?

① EGR(Ehaust Gas Recirculation)

② VVA(Variable Valve Actuation)

③ CVT(Continuosly Variable Transmission)

④ CRDI(Common Rail Direct Injection)

해설 ㉠ 배기가스 재순환 장치(EGR : Exhaust Gas Recirculation)

배기가스 내의 NOx(질소산화물)를 저감하는 한 방법으로, 불활성인 배기가스의 일부를 흡입 계통으로 재순환시키고, 엔진에 흡입되는 혼합가스에 혼합되어서 연소 시의 최고 온도를 내려 NOx의 생성을 억제시키는 장치이다.

ⓒ 가변 밸브 타이밍 시스템(VVA : Variable Valve Actuation)
엔진 부하와 회전수에 따라 흡기 밸브가 열리고 닫히는 시점을 조절하고 피스톤 하사점을 늦춰
압축비를 조절하는 효과를 가져오며, 배기가스의 들어오는 양을 조절하여 연비 향상과 배출가스
저감 효과를 가져온다.

ⓒ 무단 변속기(CVT : Continuosly Variable Transmission)
두 개의 가변 풀리와 한 개의 금속 벨트를 이용하여 모든 속도에서 무단 변속이 가능하도록
한 장치로, 주행 중 연속적인 변속비를 얻을 수 있고 가변할 수 있다. 또 변속 충격 방지 효과
및 연료 소비율과 배출가스 저감 효과를 동시에 가져오는 변속기를 말한다.

ⓒ 초고압 직접분사실식 디젤 엔진(CRDI : Common Rail Direct Injection Engine)
CRDI는 Common Rail Direct Injection Engine의 약자로 운전 상태에 알맞은 연료를 ECU에
의해 제어하여 직접 연료를 연소실에 직접 분사하는 방식이다. 이에 따라 엔진 효율이 높아지고,
공해 물질이 적게 배출되며, 엔진과 관계없이 제어하여 경량화가 가능하게 되었다.

3 모터와 엔진을 병용하여 사용하는 하이브리드 자동차에 대한 설명으로 옳지 않은
것은?

① 모터는 출발 시 이용하며, 주행 시 엔진의 충전을 보조하는 역할을 한다.
② 구동력이 큰 직류형 모터를 사용한다.
③ 모터는 인버터를 통하여 제어한다.
④ 모터는 전류가 흐르는 도체를 자기장 속에 놓으면 자기장 방향의 수직 방향으로
전자기적인 힘이 발생하는 원리를 이용한 것이다.

해설 전기차나 하이브리드 자동차에는 대부분 교류 전기모터(AC 모터)를 사용한다. 교류 모터는 회전
자에 전류를 보내는 것이 아니라 외부 고정자에 있는 코일에 전류를 보내기 때문에 발열에 따른
냉각이 쉽고, 고정자에 배치된 코일을 제어함으로써 정밀한 제어와 내구성이 향상된다.

4. 다음 중 윤활유에 대한 설명으로 옳지 않은 것은?

① 점도가 높으면 에너지 손실이 증대되고, 점도가 낮으면 축과 베어링 등이 소결
되기 쉽다.
② 윤활유는 열과 산에 대하여 안정성이 있어야 한다.
③ 윤활유는 산화 방지의 역할을 한다.
④ 인화점과 발화점이 낮아야 한다.

해설 윤활유의 구비조건
ⓐ 인화점 및 발화점이 높을 것
ⓑ 비중이 적당할 것
ⓒ 응고점이 낮을 것
ⓓ 기포의 발생에 대한 저항력이 있을 것
ⓔ 카본 생성이 적을 것
ⓕ 열과 산에 대하여 안정성이 있을 것
ⓖ 청정력이 클 것
ⓗ 점도가 적당할 것

5. VVT(Variable Valve Timing)는 엔진의 출력을 향상시키고, 배기가스 저감 및 연비 향상을 위해 자동차 운행 중에 회전대역에 따라 흡기나 배기 밸브의 개폐 타이밍이나 개폐량, 개폐 시간을 바꿀 수 있게 한 기구이다. 이 기구의 고속에서의 밸브 오버랩 제어로 맞는 것은?

① 오버랩 기간을 늘린다.
② 오버랩 기간을 줄인다.
③ 오버랩 기간을 없게 한다.
④ 아무 상관이 없다.

해설 통상 저속에서는 밸브 오버랩이 길면 체적효율이 저하되고 HC의 배출량이 증가하며 잔류가스에 의한 엔진의 부조 현상이 나타난다. 반대로 고속에서는 흡기 밸브의 개방 지속 기간이 길어야 출력이 증가한다. 즉, 고속에서는 밸브 오버랩이 길어야 한다.

6. ABS(Anti-lock Brake System) 장치에서 전자제어모듈 ECU(Electronic Control Unit)는 조건에 따라 ABS 시스템을 제어한다. 여기서 ABS 시스템의 물리량 요소로서, ABS ECU 제어의 기준이 되는 것은?

① 답력
② 유압조정기 작동 시간
③ 바퀴의 속도
④ 자동차 속도

해설 ABS(Anti-lock Brake System) ECU 제어의 기준
ABS는 각 바퀴의 회전 상태를 앞/뒤 바퀴에 설치되어 있는 휠 스피드 센서가 각 바퀴의 회전 속도를 감지해 전기적인 신호로 변환한 후 컴퓨터(EBCM)에 그 정보를 제공한다. 또한 컴퓨터는 입력 정보에 따라 각 바퀴의 회전 상태를 판단하고 각 바퀴로 공급되는 브레이크 압력을 제어하여 짧은 순간에 바퀴의 잠김을 방지해 최적의 제동이 이루어질 수 있도록 돕는 기능을 한다. 즉, ABS ECU에서의 제어는 차체 속도 또는 차체 속도와 관련된 물리량을 검출하기 위한 물리량 검출 수단을 더 포함하고, 여기서 기준 값이 상기 물리량 검출 수단에 의해 검출된 바퀴의 속도와 관련된 물리량 브레이크 차체 속도에 의존하여 변화된다.

7. 자동차가 800m 비탈길을 왕복하였다. 올라가는데 4분, 내려오는데 2분 걸렸다. 이 자동차의 평균속도는 몇 km/h인가?

① 10km/h
② 12km/h
③ 14km/h
④ 16km/h

해설 ㉠ 800m를 왕복하였으므로 1600m, 이를 km로 바꾸면 1.6km이다.
㉡ 총소요시간이 6분이므로, 이를 시간으로 환산하면 6/60시간이다.
㉢ $\frac{1.6 \times 60}{6} = 16$km/h

8. 차동제한장치(LSD)가 가장 올바르게 작동된 경우로 맞는 것은?

① 양쪽 바퀴가 모래에 빠져 있을 때

② 한쪽은 얼음 바닥, 한쪽은 아스팔트일 때

③ 고속 주행을 하다가, 다시 저속 주행으로 변경하였을 때

④ 선회를 한 뒤, 다시 직선로를 주행할 때

해설 차동제한장치(LSD : Limited Slip Differential)

한쪽 바퀴가 미끄러지거나 헛돌고 있을 때 해당 바퀴에만 구동력이 쏠리지 않도록 막아주고, 좌우 바퀴에 같은 동력을 보내주는 장치이다.

9. 일정 수준 이상의 역방향 전압을 가하면 급격히 큰 전류가 역방향으로 흐르기 시작하는 현상을 이용한 것은?

① 발광 다이오드

② 수광 다이오드

③ 제너 다이오드

④ 포토 다이오드

해설 제너 다이오드(Zener diode)

다이오드에 역방향 전압을 가했을 때도 전류가 거의 흐르지 않다가, 어느 한계 이상의 전압을 가하면 역방향으로도 도통되어 전류가 흐르게 되는 특성을 가진 것이 제너 다이오드이다.

10. 다음 중 커먼레일 엔진(CRDI : Common Rail Direct Injection engine)에 대한 설명으로 틀린 것은?

① 분사압력의 발생과 분사과정을 독립적으로 수행한다.

② 커먼레일 엔진의 고압은 저압 펌프에서 생성한다.

③ 커먼레일 엔진은 예비 분사와 주분사가 있다.

④ 엔진 회전수, 냉각수 온도, 흡입공기량은 주분사량의 기준이 된다.

해설 커먼레일 저압 펌프 및 고압 펌프의 역할

㉠ 저압 펌프의 역할 : 저압 연료 펌프(1차 연료 공급 펌프)는 기어 방식으로 고압 펌프와 일체로 구성된다. 펌프의 구성은 엔진의 구동과 연동되는 타이밍 체인과 연결된 구동 샤프트에 의해 구동되며 연료 탱크의 연료를 흡입하여 고압 펌프로 이송하는 역할을 한다.

㉡ 고압 펌프의 역할 : 엔진 구동 중 필요로 하는 고압을 발생하고, 커먼레일 내에 높은 압력의 연료를 지속적으로 보내주는 역할을 한다.

경북 기출문제 (2020. 06. 13. 시행)

1. 다음 중 전압과 전류, 저항에 대해 바르게 설명한 것은?

① 각각 다른 직렬저항에 걸리는 전압은 일정하다.

② 병렬의 합성저항은 2개의 직렬합성저항보다 항상 낮다.

③ 두 개의 병렬합성저항은 두 저항 값을 곱한 것 분에 더한 값이다.

④ 각각 다른 병렬저항에 흐르는 전류는 일정하다.

해설 ①항 각각 다른 직렬저항에 흐르는 전류는 일정하다.

③항 두 개의 병렬합성저항은 두 저항 값을 더한 것 분에 곱한 것으로 구할 수 있다.

④항 각각 다른 병렬저항에 걸리는 전압은 일정하다.

2. 피스톤 행정이 90mm, 기관의 회전수가 800rpm인 4행정 사이클 기관의 피스톤 평균속도는 얼마인가?

① 1.2m/s

② 2.4m/s

③ 74m/s

④ 124m/s

해설 피스톤 평균속도

$$V_s = \frac{2NL}{60 \times 1,000} = \frac{NL}{30,000} \text{ m/s}$$

여기서 V_s : 피스톤 평균속도(m/sec)

N : 크랭크축(엔진) 회전수(rpm)

L : 행정(mm)

위 공식에 의해 계산하면,

$$= \frac{800 \times 90}{30,000} = 2.4\text{m/s}$$

3. 다음 중 엔진오일로 사용되는 윤활유의 구비조건으로 맞는 것은?

① 착화점이 높아야 한다.

② 응고점이 높아야 하고, 인화점은 낮아야 한다.

③ 적당한 기포 발생으로 오일의 호흡 작용에 도움이 되어야 한다.

④ 점도가 적당하고, 점도지수는 낮아야 한다.

해설 윤활유의 구비조건

　ⓐ 인화점 및 발화점(착화점)이 높을 것

　ⓑ 비중이 적당할 것

　ⓒ 응고점이 낮을 것

　ⓓ 기포의 발생에 대한 저항력이 있을 것

　ⓔ 카본 생성이 적을 것

　ⓕ 열과 산에 대하여 안정성이 있을 것

　ⓖ 청정력이 클 것

　ⓗ 점도가 적당할 것

4. 다음 중 자동차의 제원 중 '제동거리'에 대한 설명으로 틀린 것은?

　① 공주거리가 일정할 경우 제동거리가 늘어나면 정지거리도 같이 늘어난다.

　② 운전자가 브레이크를 밟아서 실제 브레이크가 작동하기 시작하여 정지할 때까지 이동한 거리를 의미한다.

　③ 마찰계수가 낮은 도로에서 브레이크 작동 시 공주거리와 제동거리는 늘어난다.

　④ 제동장치에 전자제어 시스템의 적용으로 제동거리를 줄일 수 있다.

해설 마찰계수에 따른 영향

　노면에서 미끄러지는 물체에 작용하는 마찰력은 마찰계수에 비례하는데[즉, (마찰력) = (마찰계수)×(자동차 질량)×(중력가속도)], 이 마찰계수는 노면 상태에 따라 크게 달라진다. 예를 들면, 비나 눈이 올 때 마찰계수는 맑은 날씨일 때 마찰계수에 비해서 작으므로 제동거리는 더 길어지게 된다. 따라서 각각의 경우에 있어서 노면의 마찰계수는 자동차의 제동거리를 계산하는 데 중요한 역할을 하며, 공주거리는 주행 중 운전자가 전방의 위험 상황을 발견하고 브레이크를 밟아 실제 제동이 걸리기 시작할 때까지 자동차가 진행한 거리를 말한다. 이 공주거리는 마찰계수의 영향이 아닌 운전자의 인지반응 특성이나 피로도, 신체적·정신적 상황에 따라 차이가 발생한다.

5. 다음 중 등속 자재 이음(CV 자재 이음)에 대한 설명으로 가장 거리가 먼 것은?

　① 등속 자재 이음의 종류로는 트리포드, 더블 옵셋, 버필드, 이중십자형 조인트 등이 있다.

　② 구동축과 피동축의 속도 변화가 없다.

　③ 버필드 조인트는 주로 후륜구동 방식의 구동차축으로 사용된다.

　④ 동력 전달 각도가 커지면 동력 전달 효율이 우수해진다.

해설 등속 조인트(Constant Velocity joint)

　전륜 구동차의 앞차축으로 사용되는 조인트이다. 구동축과 일직선상이 아닌 피동축 사이에 회전각 속도의 변화 없이 동력 전달이 균등하게 되도록 한 자재 이음으로서, 꺾임각이 큰 자재 이음을 축의 양 끝에 부착하여 회전각 속도의 변화를 상쇄시키는 것이다. 종류에는 트리포드, 더블 옵셋, 버필드 타입, 이중십자형 조인트 등이 있다.

6. 내연기관에 사용하는 교류 발전기의 설명으로 맞는 것은?

① 슬립 링을 사용하여 브러시의 수명이 직류 발전기에 비해 짧다.

② 자기장 속에 있는 도선에 전류가 흐를 때 자기장의 방향과 도선에 흐르는 전류의 방향으로 도선이 받는 힘의 방향을 결정하여 작동된다.

③ 스테이터에서 여자가 형성되고 로터에서 교류 전기가 발생된다.

④ 충전 역방향으로 과전류를 주면 다이오드가 파손될 수 있다.

> **해설** ①항 슬립 링을 사용하여 브러시 수명이 직류 발전기에 비해 길다.
> ②항 기동 전동기에 대한 설명이다.
> ③항 로터에서 여자가 형성되고, 스테이터에서 교류 전기가 발생된다.

7. 실린더 헤드 가스켓의 불량으로 엔진오일에 냉각수가 유입되었을 때, 엔진오일의 색으로 맞는 것은?

① 우유색   ② 회색

③ 검은색   ④ 붉은색

> **해설** 기관 상태에 따른 오일의 색깔
> ㉠ 붉은색 : 유연가솔린 유입
> ㉡ 노란색 : 무연가솔린 유입
> ㉢ 검은색 : 심한 오염(오일 슬러지 생성)
> ㉣ 우유색 : 냉각수 혼입
> ㉤ 회색 : 4에틸납 연소생성물의 혼입

8. 다음 중 ABS(Anti Lock Brake System) 장치에 대한 설명으로 바르지 못한 것은?

① 차륜의 회전을 감지하여 마찰계수가 낮은 노면에서 슬립에 의한 차체 스핀을 방지한다.

② 긴급 브레이크 작동 시 조향 안정성을 확보하여 위험을 회피할 수 있도록 도움을 준다.

③ 타이어가 잠기지 않고 최소 마찰력을 얻을 수 있도록 슬립을 제어하는 장치이다.

④ 눈이 쌓여있는 도로를 제외하고 대부분은 제동거리를 줄여주는 효과가 있다.

> **해설** ABS(Anti Lock Brake System) 장치
> ABS는 타이어와 노면 사이의 마찰력을 유지시켜주는 역할을 한다. 제동 시 바퀴가 미끄러질 때 빠른 속도로 브레이크를 잡았다 놓았다를 반복해 바퀴를 지속적으로 굴려주어 바퀴와 노면 사이의 접지력을 유지시키는 작동을 한다. 즉, 타이어가 잠기지 않고, 최대 마찰력을 얻을 수 있도록 슬립을 제어하는 장치이다.

9. 다음 중 디젤 엔진에서 노킹을 방지하는 방법이 아닌 것은?

① 압축비를 높여 연소실의 온도를 상승시킨다.

② 옥탄가가 높은 연료를 사용하여 연소효율을 상승시킨다.

③ 분사 개시에 분사량을 적게 하여 급격한 압력상승을 억제한다.

④ 질산에틸, 초산아밀, 아질산아밀 등의 연소 촉진제를 사용하여 착화성을 향상시킨다.

해설 디젤 노킹 방지법

　㉠ 착화성이 좋은 연료(세탄가가 높은 연료)를 사용하여 착화 지연 기간을 짧게 한다.

　㉡ 압축비, 압축압력, 압축온도를 높인다.

　㉢ 흡입공기의 온도, 연소실 벽의 온도, 엔진의 온도를 높인다.

　㉣ 흡입공기에 와류가 일어나도록 한다.

　㉤ 회전수는 낮추고, 회전속도는 빠르게 한다.

　㉥ 분사시기를 알맞게 조정한다.

　㉦ 분사 개시에 분사량을 적게 하여 급격한 압력상승을 억제한다.

10. 다음 중 하이브리드 자동차에 대한 설명으로 가장 옳은 것은?

① 직렬형 하이브리드 자동차는 인버터를 사용하지 않아도 교류 전동 모터 구동이 가능하게 설계되어 있다.

② 병렬형 하이브리드 자동차는 엔진 구동 – 발전기 회전 – 배터리 충전 – 모터 구동 순으로 동력이 전달된다.

③ 복합 직·병렬형 하이브리드 자동차는 별도의 변속기가 필요하다.

④ 플러그인 하이브리드 자동차는 가정용 전기나 혹은 외부 전기 콘센트에 플러그를 꽂아서 배터리 충전이 가능한 형식이다.

해설 ①항 직렬형 하이브리드 자동차의 배터리(직류) 전원으로 교류 전동 모터를 구동하기 위해서는 인버터를 이용해야 한다.

　②항 직렬형 하이브리드 자동차에 대한 설명이다.

　③항 직·병렬형 하이브리드 자동차는 엔진과 2개의 모터를 유성 기어로 연결하여, 별도의 변속기가 필요 없이 모터 제어를 통해 엔진 회전수를 제어한다.

1. 다음 중 엔진과 실린더에 대한 설명으로 틀린 것은?

① 오버스퀘어 엔진은 행정을 짧게 해서 피스톤의 속도를 높일 수 있다.

② 흡입효율과 배기량당 출력이 커지는 것이 오버스퀘어 엔진이다.

③ 실린더 직경이 행정보다 작은 것을 오버스퀘어 엔진이라 한다.

④ 같은 회전수일 때 피스톤의 평균속도가 빨라 저속에서 큰 토크를 얻을 수 있는 것이 언더스퀘어 엔진이다.

해설 오버스퀘어 엔진(단행정 엔진 : D 〉 L)
 • 행정, 내경비가 1.0 이하인 엔진(L/D 〈 1.0)
   ㉠ 피스톤의 행정이 실린더 내경보다 작은 엔진이다.
   ㉡ 엔진의 회전속도가 빠르고 회전력이 작으면, 측압이 크다.

2. 다음 중 공연비와 관련된 설명으로 잘못된 것은?

① 최대출력을 나타낼 때의 공연비를 최고출력 공연비라 하는데, 부하와 관계없이 공연비가 일정하다.

② 희박한 공연비에서는 엔진 부하에 상관없이 최고출력이 일정하다.

③ 농후하면 불완전 연소가 발생하고 부하가 적어 희박하면 연료소비율이 줄어든다.

④ 부하가 적으면 희박한 공연비로 제어한다.

해설 희박한 혼합기가 기관에 미치는 영향
   ㉠ 저속 및 고속 회전이 어렵다.
   ㉡ 기동이 어렵다.
   ㉢ 배기가스의 온도가 상승한다.
   ㉣ 동력이 감소한다.
   ㉤ 노킹이 발생된다.

3. 접점식 배전기의 점화장치에서 고전압 분배기구로 맞는 것은?

① 로터   ② 옥탄셀렉터

③ 배전기 구동축   ④ 배전기 캡

해설 로터(rotor)
   접점식 배전기 방식에서 배전기 축의 맨 위쪽에 꽂혀 배전기 캡 중심단자로부터 받은 고전압을 각 플러그 단자로 분배하는 기능을 맡고 있다.

4. 다음 중 토크컨버터에 사용되는 스테이터에 대한 설명으로 옳은 것은?

① 변속기 입력축과 연결되어 유입된 유체를 한 방향으로 보낸다.

② 낮은 속도비에서 유선 곡선 방사 모양의 날개를 이용해 유체의 방향을 바꾸어서 입력토크를 증대시키다.

③ 토크를 증대시키기 위해 공회전하고 일정 이상의 속도비에서 고정되어 출력 회전 수를 높이는 역할을 한다.

④ 엔진의 회전력을 이용해 원심력으로 유체의 방향을 바꾸어서 압력을 증대시킨다.

해설 ①항 터빈러너에 대한 설명이다.

　　③항 록업 클러치에 대한 반대 설명이다. 일정 속도 이상이 되면 두 날개를 기계적으로 직결하는 장치로 일정 속도를 만족하고 악셀레이터를 밟은 정도가 최대를 100%로 봤을 때, 약 30% 미만인 상태에서 동작한다. 일정 토크값이 되면 엔진구동축과 추진축이 직결로 연결되는 기능인데 유압에 의한 동력 전달에 비해 효율이 높아서 연비가 향상된다.

　　④항 펌프 임펠러에 대한 설명이다.

5. 클러치 페이싱 종류 중 무명섬유, 탄소섬유, 유리섬유 등을 에폭시나 합성 접착제로 사용하여 쓰는 방식으로 습식 클러치에 주로 사용되는 것은?

① 소결 합급 페이싱 　　　　　　② 소결 패드

③ 페이퍼 페이싱 　　　　　　　④ 유기질 페이싱

해설 클러치 페이싱의 종류

　㉠ 유기질 페이싱(organic facing)

　　주성분은 유리섬유, 또는 아라미드(Aramid) 또는 탄소섬유 등이며, 첨가물질로는 금속섬유(예 구리선 또는 청동선)를 사용한다. 여기에 접착제[예 페놀수지(Phenol resins)]와 충전재(fillers)[예 검댕이(soot), 글라스 비드(Glass beads), 바륨 설페이트(Barium sulphate)]를 혼합·반죽하여 경화시킨 형식이다. 승용 및 상용자동차의 건식 클러치에 주로 사용된다.

　㉡ 페이퍼 페이싱(paper facings) : 습식(wet type)

　　페이퍼 페이싱은 목재, 무명 섬유, 탄소섬유 및 유리섬유 등과 에폭시(epoxy) 또는 페놀 수지와 같은 합성 접착제를 혼합·반죽하여 압축·경화시킨 형식이다. 주로 2륜차의 습식 다판-클러치에 사용된다.

　㉢ 소결 합금 페이싱(sintered-metal facings) : 주로 습식

　　주성분으로는 여러 종류의 금속(예 구리, 철) 또는 합금(예 청동, 황동)이 사용된다. 그리고 마찰계수가 높은 성분(예 금속 산화물) 및 흑연 등은 첨가제로 사용된다. 내열성, 내마멸성 및 비상운전특성이 우수하다. 주로 자동 변속기 및 2륜차의 습식 다판-클러치에 사용된다.

　㉣ 소결 패드(sintered pads)

　　세라믹(산화-알루미늄)의 함량이 높은 소결 금속 패드(pad)이다. 다른 재질의 페이싱에 비해 내열성과 내마멸성이 우수하고 마찰계수도 높다. 반면에 발진특성은 불량한 편이다. 스포츠카나 경주용 자동차처럼 열부하가 큰 자동차의 건식 클러치에 주로 사용된다.

6. 배터리 전해액이 10℃일 때 1.280의 비중을 나타냈다. 이 전해액이 20℃일 때 비중으로 맞는 것은?

① 1.018   ② 1.210

③ 1.280   ④ 1.273

해설 축전지 비중 환산

㉠ $S_{20} = St + 0.0007 \times (t - 20)$

여기서, S_{20} : 20℃에서의 전해액 비중

St : 실제 측정한 전해액 비중

t : 측정할 때의 전해액 온도

㉡ $1.280 + 0.0007 \times (10 - 20) = 1.273$

7. 기동 전동기의 구동방식에 해당되는 것으로 맞는 것은?

① 롤러식   ② 스프레그식

③ 다판식   ④ 벤딕스식

해설 기동 전동기의 구동방식

㉠ 벤딕스식

㉡ 전기자 섭동식

㉢ 피니언 섭동식

8. 다음 중 BLDC 모터의 특징을 바르게 설명한 것은?

① DC 모터에 비해 회전 관성이 적고 출력이 높다.

② 브러시 부에 오일 미스트 등 이물질 등이 묻지 않는다.

③ 세라믹 콘덴서를 사용해서 노이즈를 제어할 수 있다.

④ DC 모터에 비해 가격면에서 유리하다.

해설 BLDC 모터의 특징

(1) 장점

㉠ 브러시가 없으므로 전기적 · 기계적 잡음이 적다.

㉡ 브러시의 마모가 없으므로 반영구적이고 유지보수가 필요 없으며, 고속 회전에 무리가 없다.

㉢ 기계적 접점이 없으므로 고속화가 용이하다.

㉣ 기계적 접점에서 스파크(아크)나 잡음 등의 에너지 손실이 없어 배터리 효율이 개선된다.

㉤ 홀 센서로부터 모터의 속도를 정확히 알 수 있으므로 일정 속도 제어 및 가변속 제어가 용이하다.

㉥ 자석을 이용하기 때문에 전력 밀도와 효율성이 상대적으로 높다.

(2) 단점

㉠ DC 모터에 비해 제어가 복잡해진다.

㉡ 별도의 구동회로가 요구된다.

㉢ 위치 검출 소자와 구동회로가 요구되어 단가가 상승한다.

㉣ 회전자에 영구자석을 사용하므로 저관성화에 제한이 있다.

9. 어떤 4행정 4기통 기관의 행정과 직경이 각각 100mm일 때 이 기관의 총배기량은 얼마인가?

① 820cc

② 1,580cc

③ 3,140cc

④ 5,670cc

해설 ㉠ $V = 0.785 \times D^2 \times L \times N$

여기서, V : 총배기량

D : 실린더 안지름(내경)

L : 피스톤 행정

N : 실린더 수

㉡ $0.785 \times 10^2 \times 10 \times 4 = 3,140cc$

10. 다음 중 트러니언 자재 이음에 대한 설명으로 맞는 것은?

① 컵 모양의 하우징 내에 홈을 만들어 홈에 맞는 키나 대를 축과 연결시켜 동력 전달 시 축의 길이 방향 변화와 각의 변화를 줄 수 있다.

② 2개의 요크를 십자축을 이용하여 지지하고 그 사이에 니들롤러 베어링을 이용하여 마찰을 최소화한 구조이다.

③ 주로 구동축에 경질의 고무 재질을 넣어서 커플링을 끼우고 볼트로 고정되는 구조이다.

④ 3방향의 요크를 양쪽으로 넣고 여러 개의 부싱 및 철제 케이스를 안쪽에 위치시켜 고정 볼트로 결합한 구조이다.

해설 ②항 십자형 자재 이음에 대한 설명이다.

③항 플렉시블 자재 이음에 대한 설명이다.

④항 사일런트 블록 조인트에 대한 설명이다.

11. 다음 중 연료전지 자동차 전기 발생 과정에 대한 설명으로 틀린 것은?

① 연료전지 수소극에서 촉매와 반응하여 수소이온과 전자가 나온다.

② 수소극에서 전자를 발생시켜 공기극으로 보낸다.

③ 공기극에서 물이 나온다.

④ 수소는 공기극의 촉매와 반응하여 전해질을 통해 수소극으로 공급된다.

해설 수소는 공기극에서 산소의 환원 반응에 의해 생성된 산소 이온이 전해질을 통해 연료극으로 이동하여, 다시 연료극에 공급된 수소와 반응함으로써 물을 생성한다.

12. 다음 중 자기 진단 장비로 점검할 수 있는 항목으로 틀린 것은?

① 오실로스코프 출력 전압 및 파형을 확인할 수 있다.

② 엔진의 센서를 점검할 수 있다.

③ 센서의 고장기억 소거는 할 수 없다.

④ 자동 변속기의 센서 출력값을 확인할 수 있다.

해설 자기 진단 장비

자동차에는 각종 센서로부터의 감지신호를 입력받아 이를 기초로 전자제어 유니트(ECU)는 각각의 자가 진단의 기능을 가지고 있어서, 진단 대상 장치에 부착된 각종 센서로부터 감지신호를 입력받아 각 장치의 기능 상태를 검출한 다음 그에 대응하는 진단 코드를 내부의 메모리에 저장하게 된다. 또한 ECU에 저장되어 있는 진단 코드는 다양한 방법에 의해 외부로 출력되도록 되어 있으며, 기본적으로 자기 진단 장비는 자기 진단 및 고장기억 소거, 센서 출력, 주행 검사, 액추에이터 검사, 오실로스코프 & 시뮬레이션 등의 기능을 가지고 있다.

13. 유압 브레이크의 방식 중 앞차축 좌우와 뒤차축의 어느 차륜 하나를 연결해서 고장 시 50% 이상의 제동력을 유지할 수 있는 방식은?

① 앞뒤 차축 분배식   ② X형 배관 방식

③ 4-2 배관 방식   ④ 3각 배관 방식

해설 ㉠ 앞/뒤 차축 분배 방식(front/rear axle split) : 앞차축과 뒷차축의 브레이크 회로가 각각 독립되어 있다. 만약에 앞차축 회로가 고장이라면 뒷차축 회로는 그대로 제동력을 유지하며 반대일 경우도 동일하다. 이 방식은 모든 차륜에 드럼 또는 디스크 브레이크일 경우, 그리고 앞차축에 디스크 브레이크, 뒷차축에 드럼 브레이크일 때 사용할 수 있다. 제동력의 배분은 앞차축에 70%, 뒷차축에 30% 정도로 분배한다.

㉡ X형 배관 방식 : 전륜과 후륜을 각각 하나씩 X자형으로 연결한 방식이다 전륜구동방식 자동차에서 부(-)의 킹핀 오프셋(negative kingpin offset)일 경우에 주로 이 형식을 사용한다. 각 회로당 제동력 배분은 50% : 50% 정도가 된다.

㉢ 3각 배관 방식(front axle and rear wheel) : 앞차축 좌/우륜과 뒷차축의 어느 한 륜을 연결한 형식이다. 한 회로가 고장일 경우에 최소한 50%의 제동력을 유지할 수 있으며, 전륜에는 항상 좌/우 균일한 제동력이 작용한다.

㉣ 4-2 배관 방식(front axle and rear axle/front axle split) : 한 회로는 모든 차륜과 연결하고 나머지 한 회로는 앞차축 좌/우륜에만 배관한 형식이다. 한 회로 파손 시에는 제동력 분배차가 크다. 잘 사용되지 않는 방식이다.

1. 자동차 냉방장치의 구성요소 중 기체의 냉매를 액체의 냉매로 전환하는 장치로 맞는
것은?

① 압축기   ② 팽창 밸브

③ 응축기   ④ 증발기

해설 냉방장치

①항 압축기 : 저온·저압의 기체 냉매를 고온·고압의 기체로 만들어 응축기에 보낸다.

②항 팽창 밸브 : 고온·고압의 냉매를 증발하기 쉽게 저온·저압의 냉매로 증발기에 공급한다.

④항 증발기(이베퍼레이터) : 안개 상태의 냉매가 기체로 변화하는 동안 냉각팬의 작동으로 증발기
핀을 통과하는 공기 중 열을 흡수하는 기능을 한다.

2. 다음 중 가솔린 전자제어 연료분사 시스템 중 MPI 엔진과 비교하였을 때, GDI 엔진에만
존재하는 구성요소에 해당되는 것은?

① ECU   ② 고압 분사 펌프

③ 인젝터   ④ 흡입공기 유량 센서

해설 GDI 엔진이 MPI 엔진과 다른 점은 고압 연료 펌프의 유무와 인젝터의 분사압력(GDI 분사압력
약 150bar 이상) 차이이다.

3. 자동차용 발전기 중 직류 발전기에 비해 교류 발전기가 가지는 특징에 대한 설명으로
가장 옳지 않은 것은?

① 전압 조정기가 필요 없다.

② 회전 부분에 정류자를 두지 않으므로 허용 회전속도 한계가 높다.

③ 소형, 경량이며 저속에서도 충전이 가능한 출력 전압이 발생한다.

④ 실리콘 다이오드로 정류하므로 대체로 전기적 용량이 크다.

해설 교류(AC) 발전기의 특징

㉠ 저속에서도 충전성능이 우수하다.

㉡ 고속 회전에 잘 견딘다.

㉢ 회전부에 정류자가 없어 허용 회전속도 한계가 높다.

㉣ 소형 반도체(다이오드)에 의한 정류를 하기 때문에 전기적 용량이 크다.

㉤ 소형 경량이다.

㉥ 컷 아웃 릴레이 및 전류 조정기를 필요로 하지 않는다.

4. 다음 중 현가장치에 대한 설명으로 옳은 것은?

① 판 스프링은 스프링 아래 질량이 커서 승차감이 우수하다.

② 코일 스프링은 감은 수가 많고, 감은 지름이 클수록 딱딱한 승차감을 나타낸다.

③ 스테빌라이저는 커브 길을 선회할 때 차체가 상하로 진동하는 것을 잡아준다.

④ 토션바는 스프링 강의 막대로 비틀림 탄성에 의한 복원성을 이용하여 완충 작용을 한다.

해설 ①항 판 스프링은 스프링 아래 질량이 커서 승차감이 나쁘다.
②항 코일 스프링은 감은 수가 많고, 감은 지름이 클수록 부드러운 승차감을 나타낸다.
③항 스테빌라이저는 커브 길을 선회할 때 차체가 좌우로 진동하는 것을 잡아준다.

5. 다음 중 토크컨버터에서 언제 출력 토크가 최대일까?

① 스톨 포인트일 때

② 기계효율이 가장 낮을 때

③ 터빈의 회전수가 가장 높을 때

④ 스테이터가 멈춰진 상태일 때

해설 토크컨버터의 토크비의 변화
㉠ 스톨 포인트에서 회전력이 최대이다.
㉡ 펌프와 터빈의 속도비가 0일 때로 터빈이 정지한 경우이며, 이 점을 스톨 포인트라 한다 (차량이 정지 상태에서 출발하여 급가속을 하는 순간).
㉢ 터빈 속도의 증가는 회전력의 감소, 터빈 속도의 감소는 회전력의 증대를 나타낸다.

6. 디젤 엔진의 노킹 방지법을 잘못 설명한 것은?

① 압축비가 높은 기관을 사용한다

② 분사 초기의 연료분사량을 많게 하고, 압축온도를 높여 착화 지연을 방지한다.

③ 착화성이 좋은 연료를 사용한다.

④ 연소실 내의 와류를 증가시키는 구조로 만든다.

해설 디젤 노킹 방지법
㉠ 착화성이 좋은 연료(세탄가)를 사용한다.
㉡ 실린더 내의 온도 및 압력을 높인다.
㉢ 분사 개시에 분사량을 적게 하여 급격한 압력상승을 억제한다.
㉣ 흡입공기의 온도를 높인다.
㉤ 연소실 벽의 온도를 높인다.
㉥ 압축비를 높인다.
㉦ 착화 지연 기간을 짧게 한다.
㉧ 연소실에서 와류를 촉진시킨다.
㉨ 회전속도를 빠르게 한다.

7. 어느 4행정 사이클 기관의 밸브 개폐 시기가 다음과 같다. 밸브 오버랩은 얼마인가?

• 흡기 밸브 열림 : 상사점 전 2° ・흡기 밸브 닫힘 : 하사점 전 5° • 배기 밸브 열림 : 하사점 전 7° ・배기 밸브 닫힘 : 상사점 후 3°

① 5°   ② 7°

③ 10°   ④ 12°

해설 밸브 오버랩 = 흡기 밸브 열림 각+배기 밸브 닫힘각 = 2+3 = 5

∴ 밸브 오버랩 기간 = 5°

8. 다음 중 공기 브레이크의 구성품이 아닌 것은?

① 언로더 밸브

② 드레인 코크

③ 퀵 릴리스 밸브

④ 릴리프 밸브

해설 릴리프 밸브

가솔린 연료장치에서 연료 펌프의 송출압력이 규정 이상이 되는 것을 방지하고 압력을 일정하게 유지하는 밸브이다.

9. 다음 중 기동 전동기에 대한 설명으로 틀린 것은?

① 저온에서 축전지의 화학 반응이 원활하지 못하고 엔진오일 점도도 높아지면, 링 기어의 회전저항이 커진다. 이는 피니언 기어의 회전수를 떨어지게 하는 원인이 된다.

② 자동차용 기동 전동기는 직류 전원을 사용하고, 직권식 전동기를 많이 사용한다.

③ 기동 전동기는 플레밍의 왼손법칙에 따라 구동 방향이 결정되고, 전압 및 전류계에도 같은 법칙이 적용된다.

④ 기동 전동기의 전기자 코일에 항상 일정한 방향으로 전류가 흐르도록 해주는 부분을 계자라 한다.

해설 기동 전동기의 기본구성

㉠ 전기자 : 전류가 흐르는 도체로 회전력을 발생

㉡ 계자 : 전자석이 되어 자력선을 형성

㉢ 정류자 : 전기자에 전류를 일정 방향으로 흐르게 함

㉣ 브러시 : 정류자와 접촉하여 전류의 흐름을 조정

10. 다음 중 딜리버리 밸브의 기능이 아닌 것은?

① 잔압을 유지하여 다음 분사 노즐 작동 시, 신속하게 반응하도록 돕는 역할을 한다.

② 배럴 내의 연료압력이 낮아질 때, 노즐에서의 역류를 방지하는 역할을 한다.

③ 분사압력이 규정보다 높아지려고 할 때, 압력을 낮추어 연료장치의 내구성 향상에 도움이 된다.

④ 분사 노즐에서 연료가 분사된 뒤, 후적을 막을 수 있다.

해설 딜리버리 밸브(delivery valve, 송출 밸브)

딜리버리 밸브는 플런저로부터 연료를 분사관으로 송출하는 작용과, 송출이 끝날 때 분사관의 유압이 저하되면 스프링에 의해 밸브가 급격히 닫혀 연료의 역류 방지 및 후적을 방지하는 작용을 한다.

※ 기능 : 잔압 유지, 후적 방지, 역류 방지

1. 자동차용 납산 축전지의 수명을 단축시키는 원인으로 가장 옳지 않은 것은?

① 전해액 부족으로 인한 극판의 노출

② 과다 방전으로 인한 극판의 영구 황산납화

③ 전해액의 비중이 낮은 경우

④ 방전종지전압 이상의 충전

해설 방전종지전압이란 축전지를 일정 전류로 방전시켰을 때 더 이상 방전되지 않을 때의 전압으로 단전지(셀)당 1.75V(단자 전압 10.5V)이다. 완충을 통해 방전종지전압 이상을 항시 유지해야 한다.

2. 〈보기〉에서 설명하는 엔진과 행정 조합으로 가장 옳은 것은?

> 피스톤이 하강하면 실린더 내부의 압력이 낮아져 혼합기가 흡입된다. 흡기 밸브가 열리고 배기 밸브는 닫힌다.

① 가솔린 엔진–흡기행정

② 가솔린 엔진–연소·팽창 행정

③ 디젤 엔진–흡기행정

④ 디젤 엔진–연소·팽창 행정

해설 가솔린 엔진의 흡기행정

㉠ 기관 내의 피스톤이 실린더 내에서 아래로 하강운동을 하면(시동 모터에 의해서) 실린더 내의 체적은 커지게 되고, 압력은 낮아지게 되어 실린더 내의 압력이 대기압보다 낮은 진공(부압) 상태가 된다.

㉡ 이때 흡기 밸브를 열면 대기압과 진공과의 압력 차이로 공기가 실린더 내에 유입된다.

㉢ 이 공기가 흡입될 때 연료와 혼합된 상태로 흡입하는 것이 가솔린 엔진이고, 공기만을 흡입하는 것이 디젤 엔진이다.

3. 〈보기〉에 대한 내용으로 가장 옳은 것은?

> 조향 핸들의 회전각도를 일정하게 유지한 상태에서 일정한 속도로 주행하면 자동차는 선회 반지름이 일정한 원운동을 한다. 그러나 일정한 주행속도에서 서서히 가속을 하면 처음의 궤적에서 이탈하여 바깥쪽으로 벌어지려고 한다.

① 뉴트럴스티어링(neutral steering)

② 오버스티어링(over steering)

③ 아웃사이드스티어링(out-side steering)

④ 언더스티어링(under steering)

해설 조향 특성의 표시

㉠ 언더스티어(Under-steer) : 일정한 조향각으로 선회하여 속도를 높였을 때, 선회반경이 커지는 현상으로, 이와 같은 특성은 스티어링 휠이 원하는 만큼의 꺾임이 부족(Under)하기 때문으로 언더스티어(Under-steer)라고 한다.

㉡ 오버스티어(Over-steer) : 반대로 자동차가 멋대로 원의 안쪽으로 들어가려고 한다면 스티어링 휠을 과도하게 꺾은(Over) 것과 같은 특성에서 오버스티어(Over-steer)라고 한다.

㉢ 뉴트럴스티어(Neutral-steer) : 만일 조향각을 변화시킬 필요가 없을 경우에는 뉴트럴스티어(Neutral-steer)라고 한다.

㉣ 리버스스티어(Reverse-steer) : 처음엔 언더스티어였던 조향 특성이 도중에 오버스티어로 되고, 반대로 오버스티어로부터 언더스티어로 변했다면 이것을 리버스스티어(Reverse-steer)라고 한다.

4. 캠각(cam angle)이 크면 나타나는 현상으로 가장 옳지 않은 것은?

① 접점간극이 작아진다. ② 점화시기가 빨라진다.
③ 1차 전류가 커진다. ④ 점화코일이 발열한다.

해설 캠각이 클 때, 작을 때 영향

구분	캠각이 클 때	캠각이 작을 때
접점 간극	작다.	크다.
점화시기	늦다.	빠르다.
1차 전류	충분	불충분
2차 전압	높다.	낮다.
고속	실화 없음	실화 발생
점화코일	발열	발열 없음
접점	소손 발생	소손 없음

5. 타이어 규격이 〈보기〉와 같을 때 타이어 높이에 가장 가까운 값은?

235/55 R 17 103 W

① 12cm ② 13cm
③ 14cm ④ 15cm

해설

$$편평비 = \frac{H(단면높이)}{W(단면폭)} \times 100$$

$$55 = \frac{H}{235mm} \times 100$$

$$H = 129mm ≒ 13cm$$

6. 시동장치에 대한 설명으로 가장 옳지 않은 것은?

① 시동장치는 스타터 모터(starter motor)와 플라이휠(flywheel) 또는 드라이브 플레이트(drive plate)로 구성되어 있다.

② 스타터 모터에서 피니언 기어의 회전축 방향으로의 이동은 마그네틱 스위치(솔레노이드 스위치로도 표기)에 의해 이뤄진다.

③ 시동 걸린 엔진의 회전이 스타터 모터를 파손하지 않도록 언더러닝 클러치(underrunning clutch)를 사용한다.

④ 시동에는 저속의 강한 힘이 필요하므로 스타터 모터는 감속 기어를 거쳐 피니언 기어에 동력을 전달한다.

해설 오버러닝 클러치

엔진이 기동되면 피니언과 링 기어가 물려 있으므로 기동 전동기가 엔진에 의해 고속으로 회전되어 전기자, 베어링, 브러시 등이 파손되는데, 이것을 방지하기 위해 엔진이 시동된 이후에는 피니언이 공회전하여 기동 전동기가 회전되지 않게 하는 장치가 오버러닝 클러치이다.

7. LPG 연료를 사용하는 자동차의 연료 공급 순서로 가장 옳은 것은?

① LPG 봄베 → 솔레노이드 유닛 → 프리히터 → 베이퍼라이저 → 믹서 → 엔진

② LPG 봄베 → 솔레노이드 유닛 → 베이퍼라이저 → 프리히터 → 믹서 → 엔진

③ LPG 봄베 → 솔레노이드 유닛 → 프리히터 → 믹서 → 베이퍼라이저 → 엔진

④ LPG 봄베 → 프리히터 → 솔레노이드 유닛 → 베이퍼라이저 → 믹서 → 엔진

해설 LPG 연료 공급 순서

LPG 탱크(액체 상태) → 여과기(액체 상태) → 솔레노이드 밸브 → 프리히터 → 베이퍼라이저(기화, 감압 및 조압) → 믹서 → 실린더

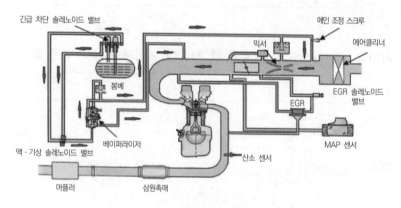

[LPG 연료장치 공급 순서]

8. 〈보기〉와 같은 구조를 갖는 하이브리드 자동차에 대한 설명으로 가장 옳지 않은 것은?

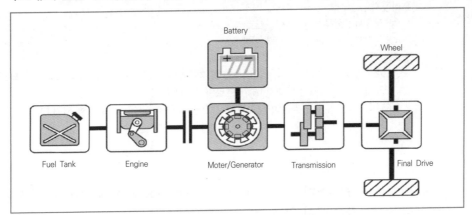

① 내연기관 엔진과 전동·발전기 요소가 필요하다.
② 동력의 제어 및 혼성이 이루어지므로 제어 기술 및 기계장치가 복잡하다.
③ 복수의 동력원을 설치하고, 주행 상태에 따라 한쪽의 동력을 이용하여 구동하는 방식이다.
④ 직렬형 하이브리드 시스템이다.

해설 하이브리드 자동차(HEV)의 분류
　(1) 직렬형(series type) 하이브리드 : 엔진은 발전 전용이고, 주행은 모터만을 사용하는 방식
　(2) 병렬형(parallel type) 하이브리드 : 엔진과 모터를 병용하여 주행하는 방식
　　㉠ 발진 때나 저속으로 달릴 때는 모터로 주행
　　㉡ 어느 일정 속도만 되면 금속 벨트 방식의 무단 변속기를 써서 효율이 가장 좋은 조건에서는 엔진 주행
　(3) 직병렬형(series-parallel type) 하이브리드 : 직병렬 하이브리드 시스템은 양 시스템의 특징을 결합한 형식
　　㉠ 발진 때나 저속으로 달릴 때 : 모터만으로 달리는 직렬형 적용
　　㉡ 어느 일정 속도 이상으로 달릴 때 : 엔진과 모터를 병용해서 주행하는 병렬형 기능을 발휘

9. 〈보기〉의 자동차용 기동 전동기 구성 부품 중 회전하는 것을 모두 고른 것은?

㉠ 계철과 계자 철심	㉡ 브러시와 브러시 홀더
㉢ 정류자	㉣ 마그네틱 스위치
㉤ 전기자	㉥ 계자코일

① ㉠, ㉣
② ㉡, ㉢
③ ㉢, ㉤
④ ㉢, ㉥

해설 기동 전동기의 기본 구조

    (1) 회전자

        ㉠ 정류자 : 전류가 일정 방향으로 흐르게 함

        ㉡ 전기자(Armature) : 회전력 발생

    (2) 고정자

        ㉠ 계철과 계자 철심 : 계철은 자력선의 통로와 기동 전동기의 틀리 되는 부분, 계자철심은 계자코일이 감겨져 있어 전류가 흐르면 전자석이 된다.

        ㉡ 브러시 : 정류자를 통하여 전기자 코일에 전류를 출입시키는 일(교환 시기 : 1/3 마모 시 교환)

        ㉢ 브러시 스프링

10. 자동차 전자제어 현가장치(ECS : Electronic Controlled Suspension)의 차량제어에 대한 설명으로 가장 옳지 않은 것은?

① 안티 스쿼트 제어(anti-squat control) : 급제동할 때 노즈 다운(nose-down)을 방지

② 안티 롤링 제어(anti-rolling control) : 급커브에서 원심력에 의한 차량 기울어짐을 방지

③ 안티 바운싱 제어(anti-bouncing control) : 비포장도로를 운행할 때 쇽업소버(shock absorber)의 감쇠력을 제어하여 주행 안전성 확보

④ 차속감응 제어(vehicle speed control) : 고속 주행 시 쇽업소버(shock absorber)의 감쇠력을 제어하여 주행 안정성 확보

해설 전자제어 현가장치(ECS : Electronic Controlled Suspension)의 차량 자세제어

    ㉠ 안티 롤링(anti-roll) 제어 : 선회할 때 자동차의 좌우 방향으로 작용하는 횡가속도를 G센서로 감지하여 제어

    ㉡ 안티 스쿼트(anti-squat) 제어 : 급출발 또는 급가속을 할 때 차체의 앞쪽은 들리고, 뒤쪽이 낮아지는 노즈 업(nose-up) 현상을 제어

    ㉢ 안티 다이브(anti-dive) 제어 : 주행 중에 급제동을 하면 차체의 앞쪽은 낮아지고, 뒤쪽이 높아지는 노즈 다운(nose-down) 현상을 제어

    ㉣ 안티 피칭(anti-pitching) 제어 : 요철 노면을 주행할 때 차고의 변화와 주행속도를 고려하여 쇽업소버의 감쇠력 증가

    ㉤ 안티 바운싱(anti-bouncing) 제어 : 차체의 바운싱은 G센서가 검출하여, 바운싱이 발생하면 쇽업소버의 감쇠력을 제어(미디엄 → 하드)

    ㉥ 안티 쉐이크 제어(anti-shake) 제어 : 사람이 자동차에 승·하차할 때 하중의 변화에 따라 차체가 흔들리는 현상(쉐이크) 제어

1. 다음 중 엔진에 대한 설명으로 틀린 것은?

① 실린더 상사점(T.D.C)과 하사점(B.D.C)의 거리를 행정이라 한다.

② 피스톤이 상사점에 있을 때 실린더 헤드까지의 공간체적을 간극체적이라 한다.

③ 압축비는 행정체적에 대한 간극체적의 비로 구할 수 있다.

④ 오버스퀘어 엔진은 피스톤의 속도를 높이지 않아도 크랭크축의 회전속도를 높일 수 있다.

해설 압축비

$$압축비(\varepsilon) = \frac{실린더\ 체적(V)}{연소실체적(V_c)}$$

$$= \frac{연소실체적(V_c) + 행정체적(V_s)}{연소실체적(V_c)}$$

$$= 1 + \frac{행정체적(V_s)}{연소실체적(V_c)}$$

즉, 압축비는 간극(연소실)체적에 대한 실린더 체적의 비로 구할 수 있다.

2. 열역학적 사이클에 대한 설명으로 틀린 것은?

① 정적 사이클은 가솔린 기관에 사용하며 오토 사이클이라 한다.

② 디젤 사이클은 저속 디젤 기관에 사용하며 압축비가 같을 때 정적 사이클보다 열효율이 작다.

③ 사바테 사이클은 고속 디젤 기관에 사용하며 압축비가 같을 때 정적 사이클보다 열효율이 작다.

④ 실제 기관에서의 열효율은 복합 사이클 〉 정적 사이클 〉 정압 사이클 순서이다.

해설 ㉠ 공급 열량과 압축비가 일정한 경우 열효율은 오토 사이클이 가장 높다.

　　오토(정적) 사이클 〉 사바테(복합) 사이클 〉 디젤(정압) 사이클

㉡ 압축비가 높을수록 이론 열효율은 증가한다. 그러나 실제 오토 사이클 기관에서는 압축비가 너무 높으면 노킹이 일어나므로 압축비는 제한받는다.

※ 실제 열효율 : 사바테(복합) 사이클 〉 디젤(정압) 사이클 〉 오토(정적) 사이클

3. 다음 중 엔진오일에 사용하는 윤활유의 작용으로 틀린 것은?

① 기밀작용, 압축작용

② 냉각작용, 방청작용

③ 응력분산작용, 부식 방지

④ 마찰 감소 및 마멸 방지, 엔진 세척작용

해설 윤활유의 6대 기능

ㄱ 감마작용 : 마찰 및 마멸 감소

ㄴ 밀봉작용 : 틈새를 메꾸어 줌

ㄷ 냉각작용 : 기관의 열을 흡수하여 오일팬에서 방열

ㄹ 세척작용 : 카본, 금속 분말 등을 제거

ㅁ 방청작용 : 작동 부위의 부식 방지(= 녹 방지)

ㅂ 응력분산작용 : 충격하중 작용 시 유막 파괴를 방지

4. 자동차 배기가스 중 NOx 저감을 목적으로 하는 장치로 거리가 먼 것은?

① DPF(Diesel Particulate Filter)

② EGR(Exhaust Gas Recirculation)

③ SCR(Selective Catalyst Reduction)

④ LNT(Lean Nox Trap)

해설 디젤 미립자 필터(DPF : Diesel Particulate Filter)

DPF는 디젤 엔진의 고질적인 공해물질인 입자상 물질(PM)을 제거하기 위한 장치이다.

5. 다음 중 냉각수 온도 센서에 대한 설명으로 틀린 것은?

① 냉각수의 온도 변화를 저항값으로 변화한다.

② 온도가 내려가면 저항값이 내려가고, 온도가 올라가면 저항값이 올라간다.

③ 시동 시 연료분사량 보정, 점화시기 보정 등의 기능을 한다.

④ 고장 시 냉간 시동할 때 공전 상태에서 기관이 불안정하다.

해설 냉각수 온도 센서(C.T.S / W.T.S)

ㄱ 온도 변화에 대하여 저항값이 크게 변화되는 반도체(부특성 서미스터)의 성질을 이용 냉각수 온도를 검출하여 컴퓨터(ECU)로 전송한다.

ㄴ 부특성 서미스터 : 온도가 상승하면 저항값이 감소

6. 다음 중 전자제어장치에서 입력 신호가 아닌 것은?

① 크랭크각 센서 신호   ② 냉각수온 센서 신호

③ 1번 상사점 위치 센서 신호   ④ 인젝터 신호

해설 전자제어장치 입력 신호

전자제어장치의 입력 신호에 해당되는 센서는 공기 유량 센서(AFS), 흡기온도 센서(ATS), 스로틀 위치 센서(TPS), 수온 센서(WTS, CTS), 1번 TDC 센서, 크랭크 각 센서(CAS), 산소 센서(O_2), 차속 센서 (VSS), 대기압 센서(BPS), MAP 센서 등이 있으며, 인젝터는 센서가 아닌 액추레이터에 해당된다.

7. 12V를 사용하는 자동차에서 5개의 저항을 직렬로 연결하여 24A의 전류가 흐른다. 동일 조건으로 3개의 저항을 직렬로 연결하면 흐르는 전류는 얼마인가?

① 20A   ② 30A

③ 40A   ④ 50A

해설

㉠ $R = \dfrac{E}{I} = \dfrac{12}{24} = \dfrac{1}{2} = 0.5$

㉡ 합성저항이 0.5Ω 이므로 1개의 저항은 0.1Ω 이다.

㉢ 여기서, 동일 조건 3개의 저항을 직렬로 연결하면

$R = \dfrac{E}{R} = \dfrac{12}{0.3} = \dfrac{120}{3} = 40A$ ∴ 40A

8. 전류의 자기작용에 해당하지 않는 것은?

① 시거라이터   ② 기동 전동기

③ 점화코일   ④ 릴레이

해설 시거라이터는 전류가 흐르면 열이 발생되는 현상인 발열작용을 이용한 장치이다

9. 다음 중 쇽업소버에 대한 설명으로 옳은 것은?

① 피스톤과 커넥팅로드를 연결시켜 준다.

② 스프링 상하 진동을 흡수하여 승차감을 향상시킨다.

③ 폭발행정 시 발생하는 동력을 일시적으로 저장한다.

④ 기관 작동 시 정상적으로 밸브를 개폐한다.

해설 쇽업소버의 기능

㉠ 노면의 충격으로 발생된 스프링의 자유 진동 흡수

㉡ 스프링의 피로 감소

㉢ 승차감 향상

㉣ 로드 홀딩 향상

㉤ 스프링 상하 운동에너지를 열에너지로 변환

10. 전차륜 정렬에서 캠버의 필요성으로 틀린 것은?

① 앞차축 휨을 방지한다.

② 조향 조작력을 작게 한다.

③ 앞차축 하중 과다 시 아래쪽이 벌어지는 것을 방지한다.

④ 조향하였을 때 직진 방향의 복원력을 준다.

해설 앞바퀴(전차륜) 정렬의 요소

(1) 캠버
　　⊙ 정의 : 앞바퀴를 앞에서 보았을 때 수선에 이룬 각
　　ⓛ 필요성 : 조작력 감소, 앞차축 휨의 방지, 바퀴의 탈락 방지

(2) 토인
　　⊙ 정의 : 앞바퀴를 위에서 보았을 때 앞바퀴의 앞쪽이 뒤쪽보다 안으로 오므라진 것
　　ⓛ 필요성 : 바퀴의 벌어짐 방지, 토아웃 방지, 타이어의 마멸 방지

(3) 캐스터
　　⊙ 정의 : 앞바퀴를 옆에서 보았을 때 킹핀의 수선에 대해 이룬 각
　　ⓛ 필요성 : 직진성, 복원성 부여

(4) 킹핀 경사각
　　⊙ 정의 : 앞바퀴를 앞에서 보았을 때 킹핀이 수선에 대해 이룬 각
　　ⓛ 필요성 : 조작력 감소, 복원성, 시미 방지

(5) 선회 시 토아웃
　　⊙ 정의 : 조향 이론인 애커먼 장토식의 원리 이용, 선회 시(핸들을 돌렸을 때) 동심원을 그리며 내륜의 조향각이 외륜의 조향각보다 큰 상태
　　ⓛ 두는 이유 : 자동차가 선회할 경우에는 토아웃(안쪽 바퀴의 조향각이 바깥쪽 바퀴의 조향각보다 큼)되어야 원활한 회전이 이루어짐

1. 자동차가 선회 시 반지름이 점점 커지는 현상을 무엇이라 하는가?

① 오버스티어링 현상

② 언더스티어링 현상

③ 뉴트럴스티어링 현상

④ 코너링 포스

해설 조향 특성의 표시

㉠ 언더스티어(Under-steer) : 일정한 조향각으로 선회하여 속도를 높였을 때, 선회반경이 커지는 현상으로, 이와 같은 특성은 스티어링 휠이 원하는 만큼의 꺾임이 부족(Under)하기 때문으로 언더스티어(Under-steer)라고 한다.

㉡ 오버스티어(Over-steer) : 반대로 자동차가 멋대로 원의 안쪽으로 들어가려고 한다면 스티어링 휠을 과도하게 꺾은(Over) 것과 같은 특성에서 오버스티어(Over-steer)라고 한다.

㉢ 뉴트럴스티어(Neutral-steer) : 만일 조향각을 변화시킬 필요가 없을 경우에는 뉴트럴 스티어(Neutral-steer)라고 한다.

㉣ 리버스스티어(Reverse-steer) : 처음엔 언더스티어였던 조향 특성이 도중에 오버스티어로 되고, 반대로 오버스티어로부터 언더스티어로 변했다면 이것을 리버스스티어(Reverse-steer)라고 한다.

2. 다음 중 〈보기〉 ㄱ, ㄴ의 설명에 해당되는 가솔린 엔진의 연료 분사 형식으로 맞는 것은?

ㄱ. 압축비가 높아 초희박 연소(공연비 25~40 : 1)가 가능하다.
ㄴ. 연료를 연소실에 직접 분사한다.

① LPI

② SPI

③ MDI

④ GDI

해설 GDI(Gasoline Direct Injection, 가솔린 직접 분사 방식)

직접 분사식 가솔린 엔진. 직접 분사 방식이란 원래 디젤 기관에서 쓰이는 기술로 연료를 흡기 포트가 아닌 실린더 내로 직접 분사해 연소시키는 엔진 형식이다. 즉, GDI 엔진은 디젤과 가솔린 엔진의 장점만을 모은 것으로 가솔린을 연료로 사용하면서 이를 직접 연소실에 분사해 초희박 연소(약 35~40 : 1)를 실현함으로써 연비 개선 효과와 출력을 동시에 향상시킨 것이다.

3. 다음 중 4행정 사이클 4기통, DOHC(Double Over Head Camshaft) 엔진에 대한 설명으로 옳은 것은?

① 흡기 캠축이 2개이다.
② 크랭크축의 메인 저널은 5개이다.
③ 엔진 전체 배기 밸브의 수는 4개이다.
④ 캠축과 크랭크축의 회전비는 2 : 1이다.

해설 ①항 흡기와 배기의 캠축이 각 1개씩이다.
③항 엔진 전체 배기 밸브의 수는 8개이다.
④항 캠축과 크랭크축의 회전비는 1 : 2이다.

4. 다음 중 하이브리드 자동차에서 직류 전원을 교류 전원으로 변환하는 장치로 맞는 것은?

① 스테이터   ② 교류 발전기
③ 컨버터   ④ 인버터

해설 인버터(inverter)

직류(DC : Direct Current) 전원을 자동차 주행을 위한 모터를 가동하기 위해 교류(AC : Alternative Current) 전원으로 변환시켜 주는 역할을 하는 전력 변환 장치

5. 가솔린 전자제어 엔진에서 연료의 분사량과 점화플러그의 점화시기를 조정하기 위해 사용하는 센서는?

① 스로틀 포지션 센서
② 냉각수온 센서
③ 흡입공기량 센서
④ 크랭크 각 센서

해설 크랭크 각 센서(CAS)

각 실린더의 크랭크 각(피스톤 위치)을 감지하여 이를 펄스 신호로 바꾸어 ECU에 보내면 ECU는 이 신호를 기초로 하여 기관의 회전속도를 계산하고 연료 분사 시기와 점화시기를 결정한다.

6. 다음 중 내연기관 자동차에 사용되는 교류 발전기의 구성요소로 맞는 것은?

① 계자, 전압 조정기, 스테이터 코일
② 로터, 슬립 링, 스테이터 코일
③ 정류자, 전류 조정기, 스테이터 코일
④ 전기자, 계자, 스테이터 코일

해설 교류(AC) 발전기의 구성요소

　㉠ 스테이터 : 직류 발전기의 전기자에 해당하는 것으로 3상 교류가 유기된다.

　㉡ 로터 : 직류 발전기의 계자 코일과 계자 철심에 해당하는 것으로 회전하여 자속을 형성한다.

　㉢ 슬립 링 : 브러시와 접촉되어 축전지의 여자 전류를 로터 코일에 공급한다.

　㉣ 브러시 : 로터 코일에 축전지 전류를 공급하는 역할을 한다.

　㉤ 실리콘 다이오드 : 스테이터 코일에 유기된 교류를 직류로 변환시키는 정류작용을 한다.

7. 다음 중 자동차의 FR 방식(Front engine Rear drive type)의 동력 전달 순서로 옳은 것은?

① 엔진 − 클러치 − 변속기 − 추진축 − 종감속 장치 − 차동기어 − 구동바퀴

② 엔진 − 변속기 − 클러치 − 종감속 장치 − 추진축 − 차동기어 − 구동바퀴

③ 엔진 − 추진축 − 클러치 − 변속기 − 차동기어 − 종감속 장치 − 구동바퀴

④ 엔진 − 클러치 − 추진축 − 변속기 − 종감속 장치 − 차동기어 − 구동바퀴

해설 FR 방식(Front engine Rear drive type)의 동력 전달 순서

　엔진 → 클러치 → 변속기 → 추진축 → 종감속 장치 → 차동기어 → 구동바퀴

8. 다음 〈보기〉의 자동차 배출가스의 종류와 제어장치를 바르게 연결한 것은?

㉠ 연료증발가스	㉡ 배기가스
㉢ 블로바이 가스	

	㉠		㉡		㉢
①	PCV	−	PCSV	−	EGR
②	PCV	−	EGR	−	PCSV
③	PCSV	−	EGR	−	PCV
④	PCV	−	PCSV	−	EGR

해설 배출가스 정화장치

　(1) 연료증발가스 제어장치

　　㉠ 연료 탱크의 증발가스를 흡기다기관으로 유입하여 연소

　　㉡ P.C.S.V(Purge Control Solenoid Valve) 제어 이용

　　㉢ 활성탄 캐니스터(연료증발가스 포집) 사용

　　㉣ HC 생산량을 감소시킨다.

　(2) 블로바이 가스 환원장치

　　㉠ 크랭크 케이스의 블로바이 가스를 흡기다기관으로 유입하여 연소

　　㉡ PCV(Positive Crankcase Ventilation) 밸브 사용

　　㉢ 공전 · 저속 시 : PCV 밸브 이용, 고속 · 가속 시 : 블리더 파이프 이용

　　㉣ HC 생산량을 감소시킨다.

(3) 배기가스 재순환장치(EGR)
 ㉠ 배기가스 중의 일부분을 흡기다기관으로 유입하여 연소
 ㉡ EGR(Exhaust Gas Recirculation) 밸브 사용
 ㉢ 공전 시, 워밍업 시 미작동
 ㉣ NOx 생산량을 감소시킨다.

9. 다음 중 독립현가방식의 특징이 아닌 것은?

① 위, 아래 컨트롤 암의 길이가 같은 것이 평행사변형이다.
② SLA 방식의 경우 윤거가 변한다.
③ 바퀴의 시미를 잘 일으키지 않고, 로드 홀딩이 우수하다.
④ 스프링 밑 질량이 작아 승차감이 좋다.

해설 위시본 형식

 ㉠ 평행사변 형식 : 위 컨트롤 암과 아래 컨트롤 암의 길이가 동일하다(캠불윤변, 타이어 마멸 빠름).
 ㉡ SLA 형식 : 위 컨트롤 암이 아래 컨트롤 암보다 짧다(윤불캠변, 경제적).

10. 다음 중 자동차용 축전지에 대한 설명으로 틀린 것은?

① 12V의 축전지의 방전종지전압은 10.5V이다.
② 용량은 AH로 표기한다.
③ 전해액의 비중이 낮아지면 빙결 온도가 낮아진다.
④ 축전지의 기전력은 전해액의 비중에 비례한다.

해설 축전지의 특성

 ㉠ 전해액 비중과 온도(반비례) : 전해액 온도가 높으면 비중이 낮아지고, 온도가 낮으면 비중은 높아진다.
 ㉡ 전해액의 비중은 방전량에 비례하여 저하된다.
 ㉢ 전해액 비중과 빙결(동결) : 비중이 낮으면 빙결(동결) 온도가 높아지고, 비중이 높으면 빙결(동결) 온도가 낮아진다.
 ㉣ 전해액 온도와 기전력(비례) : 전해액의 온도가 높으면 기전력도 높아진다.
 ㉤ 전해액 비중과 기전력(비례) : 전해액의 비중이 높으면 기전력도 높아진다.
 ㉥ 축전지가 방전되면 기전력도 낮아진다.

11. 다음 중 전차륜 정렬의 요소인 토인에 대한 설명으로 틀린 것은?

① 선회 후 조향 복원성의 확보가 가능하다.
② 주행 시 공기저항에 의한 바퀴 벌어짐을 방지한다.
③ 타이어의 이상마멸을 방지한다.
④ 토인 불량 시 타이로드의 길이로 조정이 가능하다.

해설 앞바퀴(전차륜) 정렬의 요소

(1) 캠버
　　㉠ 정의 : 앞바퀴를 앞에서 보았을 때 수선에 이룬 각
　　㉡ 필요성 : 조작력 감소, 앞차축 휨의 방지, 바퀴의 탈락 방지

(2) 토인
　　㉠ 정의 : 앞바퀴를 위에서 보았을 때 앞바퀴의 앞쪽이 뒤쪽보다 안으로 오므라진 것
　　㉡ 필요성 : 바퀴의 벌어짐 방지, 토아웃 방지, 타이어의 마멸 방지

(3) 캐스터
　　㉠ 정의 : 앞바퀴를 옆에서 보았을 때 킹핀의 수선에 대해 이룬 각
　　㉡ 필요성 : 직진성, 복원성 부여

(4) 킹핀 경사각
　　㉠ 정의 : 앞바퀴를 앞에서 보았을 때 킹핀이 수선에 대해 이룬 각
　　㉡ 필요성 : 조작력 감소, 복원성, 시미 방지

(5) 선회 시 토아웃
　　㉠ 정의 : 조향 이론인 애커먼 장토식의 원리 이용, 선회 시(핸들을 돌렸을 때) 동심원을 그리며 내륜의 조향각이 외륜의 조향각보다 큰 상태
　　㉡ 두는 이유 : 자동차가 선회할 경우에는 토아웃(안쪽 바퀴의 조향각이 바깥쪽 바퀴의 조향각보다 큼)되어야 원활한 회전이 이루어짐

12. 커먼레일 엔진(CRDI : Common Rail Direct Injection engine)에 사용되는 센서 위치가 바르지 못한 것은?

① 크랭크 포지션 센서(CPS) – 실린더 블록
② 액셀러레이터 포지션 센서(APS) – 가속 페달
③ 대기압 센서(BPS) – ECU
④ 레일(연료) 압력 센서(RPS) – 고압 파이프

해설 대기압 센서(Barometric Pressure Sensor)

대기압 센서(BPS)는 공기 유량 센서(AFS)에 부착되어 자동차가 위치한 지역의 대기 압력을 측정해 ECU로 신호를 보낸다. ECU는 이 신호를 이용해 차의 고도를 계산하여 대기압에 따른 분사 시기 설정 및 연료분사량을 보정하며 EGR 작동 금지 등을 결정한다.

1. 다음 중 전기적 불꽃점화방식의 기관이 아닌 것은?

① 가솔린   ② LPG

③ 디젤   ④ CNG

해설 점화방식에 의한 내연기관의 분류

   ㉠ 전기점화방식 : 전기적 불꽃으로 연료를 연소시킴(가솔린 기관, LPG 기관, CNG 기관, 석유 기관)

   ㉡ 압축착화방식 : 공기를 높은 압축비로 가압할 때 발생하는 압축열로 연료를 연소시킴(디젤 기관)

2. 디젤 기관의 착화성을 정량적으로 나타내는 데 이용되는 수치는?

① 옥탄가   ② 세탄가

③ 열효율   ④ 불완전 연소

해설 세탄가(cetane number)

   디젤 연료의 착화성을 나타내는 정도로, 디젤 엔진은 세탄가가 높으면 착화가 양호해진다.

3. 디젤 기관을 가솔린 기관과 비교했을 때, 가솔린 기관에 비해 디젤 기관이 갖는 장점으로 옳은 것은?

① 소음, 진동이 작다.   ② 기관의 단위 출력당 중량이 무겁다.

③ 시동성능이 우수하다.   ④ 열효율이 높다.

해설 가솔린 기관과 디젤 기관의 특징 비교

장단점	가솔린 기관	디젤 기관
장점	• 배기량당 출력의 차이가 없고, 제작이 용이하다. • 가속성이 좋고, 운전성이 정숙하다. • 제작비가 적게 든다. • 기관 중량이 가벼워 마력당 중량이 작다.	• 연비가 좋고, 연료비가 저렴하다. • 열효율이 높다. • 토크 변동이 적고, 운전이 용이하다. • 대기오염 성분이 적다. • 인화점이 높아 화재의 위험이 적다.
단점	• 전기 점화 장치의 고장이 많다. • 연료소비량이 많아 연료비가 많이 든다. • 기화기식은 회로가 복잡하고 조정이 곤란하다. • 연료의 인화점이 낮아 화재의 위험이 있다.	• 마력당 중량이 크다. • 소음 및 진동이 크다. • 연료 분사 장치 등이 고급재료이고 정밀가공해야 하므로 제작비가 많이 든다. • 배기 중에 SO_2 유리탄소가 포함되어 있고, 매연으로 인한 스모그 현상이 발생한다. • 시동 전동기 출력이 커야 한다. • 기관의 강도가 커야하므로 중량이 크다.

4. 안전을 유지할 수 있도록 장치의 일부 결함 또는 고장 발생 시 기관의 구동을 멈추지 않게 하면서, 엔진 경고등을 점등시키는 기능을 무엇이라 하는가?

① 부특성 제어　　　　　　　② 페일세이프

③ 피드백 제어　　　　　　　④ 맵센서 기능

해설 안전장치(Fail Safe)

고장났을 때(fail) 안전한(safe) 방향으로 흘러가도록 하는 설계방식, 또는 그러한 기능을 담당하는 장치로 기계나 시스템이 오작동이나 고장을 일으킬 경우, 이로 인해 더 위험한 상황이 되는 것이 아니라 더 안전한 상황이 되도록 기계나 시스템을 설계하는 방식이다.

5. 다음 중 윤활유의 기능으로 틀린 것은?

① 밀봉작용　　　　　　　　② 응력집중작용

③ 감마작용　　　　　　　　④ 세척작용

해설 윤활유의 6대 기능

　㉠ 감마작용 : 마찰 및 마멸 감소

　㉡ 밀봉작용 : 틈새를 메꾸어 줌

　㉢ 냉각작용 : 기관의 열을 흡수하여 오일팬에서 방열

　㉣ 세척작용 : 카본, 금속 분말 등을 제거

　㉤ 방청작용 : 작동 부위의 부식 방지(＝녹 방지)

　㉥ 응력분산작용 : 충격하중 작용 시 유막 파괴를 방지

6. 디젤 기관에서 연료 분사의 3대 요인과 관계가 없는 것은?

① 무화　　　　　　　　　　② 분포

③ 관통력　　　　　　　　　④ 폭발력

해설 분사 노즐 3대 조건

관통력, 분산(분포), 무화

7. 조향 핸들을 2회전하였을 때 피트먼 암이 80° 움직였다면, 조향 기어비는?

① 4 : 1　　　　　　　　　　② 8 : 1

③ 9 : 1　　　　　　　　　　④ 12 : 1

해설 ㉠ 조향 기어비 $= \dfrac{\text{조향 핸들이 회전한 각도}}{\text{피트먼 암이 움직인 각도}}$

　㉡ $x = \dfrac{720°}{80°}$　$x = 9$

　∴ 조향 기어비 $= 9 : 1$

8. 다음 중 자동차 계기판에 표시되는 경고등 중 미등 표시로 맞는 것은?

① ꔚꔛ ② (차량 이미지)

③ (안개등 이미지) ④ (전조등 이미지)

해설 ②항 VDC(차량자세제어장치) 작동 표시 및 경고등
③항 안개 표시등
④항 전조등 상향 표시등

9. 다음 중 자동차에서 배출되는 배출가스의 종류가 아닌 것은?

① 배기가스 ② 프레온 가스
③ 증발가스 ④ 블로바이 가스

해설 자동차에서 배출되는 배출가스의 비율

배출원	배출비율
배기가스	60%
블로바이 가스	25%
연료증발가스	15%

10. 다음 중 엔진이 과냉되었을 때 미치는 영향으로 바르지 못한 것은?

① 유막형성 불량으로 블로바이 현상이 발생한다.
② 조기 점화가 발생되어 노킹이 발생되고, 엔진 출력이 저하된다.
③ 엔진의 출력 저하로 연료소비량이 증대된다.
④ 오일의 희석에 의하여 점도가 낮아지므로, 베어링부가 마멸된다.

해설 엔진 과냉 및 과열 시 영향
(1) 엔진이 과냉 시 영향
   ㉠ 블로바이 현상이 발생
   ㉡ 압축압력이 저하
   ㉢ 엔진의 출력 저하
   ㉣ 연료소비량 증대
   ㉤ 오일의 희석
   ㉥ 베어링부 마멸
(2) 엔진 과열 시 영향
   ㉠ 각 부품의 변형
   ㉡ 조기 점화, 노킹
   ㉢ 출력 저하
   ㉣ 윤활유의 유막 파괴
   ㉤ 윤활유 소비량 증대

11. 다음 중 제동장치 제동력의 기준에 대해 잘못 설명한 것은?

① 앞축의 제동력은 해당 축중의 50% 이상이어야 한다.
② 뒤축의 제동력은 해당 축중의 50% 이상이어야 한다.
③ 주차 제동력의 합은 차량 중량의 20% 이상이어야 한다.
④ 모든 축의 제동력의 합이 공차중량의 50% 이상이어야 한다.

해설 제동장치 제동력의 기준
  ㉠ 모든 축의 제동력의 합이 공차중량의 50% 이상이어야 한다.
  ㉡ 앞축의 제동력은 해당 축중의 50% 이상이어야 한다.
  ㉢ 뒤축의 제동력은 해당 축중의 20% 이상이어야 한다.
  ㉣ 동일 차축의 좌우 제동력의 차이는 해당 축중의 8% 이내이어야 한다.
  ㉤ 주차 제동력의 합은 차량 중량의 20% 이상이어야 한다.

12. 반도체의 저항이 온도에 따라 변하는 특성을 이용한 것으로, 자동차에서 온도 보정용 센서로 주요 이용되는 것은?

① 정특성 서미스터
② 부특성 서미스터
③ 트랜지스터
④ 사이리스터

해설 서미스터
  ㉠ 온도 변화에 대하여 저항값이 크게 변화되는 반도체의 성질을 이용
  ㉡ 부특성 서미스터 : 온도가 상승하면 저항값이 감소
  ㉢ 정특성 서미스터 : 온도가 상승하면 저항값이 증가
  ▶ 부특성 서미스터를 이용한 센서
    • 냉각수 온도 센서(C.T.S, W.T.S) : 부특성 서미스터로 냉각수 온도를 검출하여 컴퓨터 (ECU)로 전송
    • 흡기온도 센서(ATS) : 부특성 서미스터로 흡입공기온도를 검출하여 컴퓨터(ECU)로 전송
  ※ 위의 2개 센서가 대표적이며, 이외에 연료 잔량 경고등 센서, 온도 메터용 수온 센서, EGR 가스 온도 센서, 배기온도 센서, 증발기 출구 온도 센서, 유온 센서 등에 다양하게 사용된다.

13. 추진축에서 받은 동력을 직각 혹은 직각에 가까운 각도로 바꾸어 뒷차축에 전달하는 장치를 무엇이라고 하는가?

① 클러치
② 변속기
③ 종감속 기어 장치
④ 차동 기어 장치

> **해설** 종감속 기어 장치(최종 감속 기어 장치)
> 변속기에서 추진축을 통해 전달된 동력을 최종 감속한 후 직각 또는 직각에 가까운 각도로
> 바꾸어 액슬축(차축)에 전달하는 장치

14. 다음 중 실린더 헤드에 설치되는 것으로 바르게 짝지어진 것은?

① 오일펌프, 흡·배기 다기관, 물 펌프, 라디에이터

② 오일펌프, 흡·배기 다기관, 오일 여과기, 물 펌프

③ 점화 플러그, 오일팬, 흡·배기 다기관, 오일펌프

④ 점화 플러그, 흡·배기 밸브, 캠축, 흡·배기 다기관

> **해설** 실린더 헤드는 엔진의 머리 부분으로 실린더 윗면에 설치되어 기밀과 수밀을 유지하여 열에
> 너지를 얻을 수 있는 곳이다. 안쪽의 연소실에는 점화 플러그, 흡입 밸브 및 배기 밸브가 설
> 치되어 있으며 실린더, 피스톤, 실린더 헤드와 함께 연소실을 형성하며, 바깥쪽에는 흡·배기
> 다기관이 설치되어 있다.

15. 다음 중 전동식 동력 조향 장치의 구성요소로 틀린 것은?

① 스로트 포지션 센서　　　　② 조향각 센서

③ 토크센서　　　　　　　　　④ 모터

> **해설** 전동식 동력 조향 장치(MDPS : Motor Driven Power Steering)의 기본 구성요소
> 전동식 동력 조향 장치는 조향휠에 입력되는 운전자의 조향 토크를 측정하여 조향 토크 신호를
> 출력하는 토크 센서, 조향휠의 조향각을 측정하는 조향각 센서, 차속을 측정하는 차속 센서, 구
> 동을 위한 전동 모터가 기본으로 구성되어 있다.

16. ISG 시스템(Idle Stop & Go System) 기능이 장착된 자동차에 가장 적합한 배터
리로, 내구성과 시동성이 우수한 배터리는?

① 납산배터리

② MF 배터리

③ AGM 배터리

④ 리튬이온 배터리

> **해설** AGM(Absorbent Glass Mat) 배터리
> ISG 시스템 장착 차량은 반복적인 시동으로 시동성능이 월등히 우수하고, 잦은 시동 시 방전된
> 배터리를 신속하게 충전할 수 있는 급속 충전성능이 뛰어난 제품으로 일반 배터리보다 최대
> 2배 긴 배터리 수명으로 AGM 배터리는 내진동성이 우수하며, 완전히 밀봉되어 있어 전해액이
> 누출되지 않는다. 또 AGM 배터리는 기존 일반 배터리에 비교할 때 탁월한 시동능력과 충전성
> 능을 가지고 있어 ISG 시스템 장착 차량에 적용하기에 적합하게 설계되어 있다.

17. 다음 중 ㉠, ㉡에 들어갈 내용으로 맞는 것은?

> (㉠)(은)는 토션 바 스프링의 일종으로 선회 시 차체의 (㉡)을 방지한다.

	㉠	㉡
①	판 스프링	피칭
②	토션바 스프링	트램핑
③	스테빌라이저	롤링
④	쇽업소버	바운싱

해설 **스테빌라이저(stabilizer)**
스테빌라이저는 차량이 선회할 때 발생하는 롤링을 감소시키고, 차량의 평형 유지 및 차체의 기울기를 방지한다.

18. 다음 중 하이브리드 자동차에서 회생 제동 모드를 시행하는 시점은?

① 출발 시 　　　　　　　② 시동 시
③ 감속 시 　　　　　　　④ 가속 시

해설 **회생 재생 모드(감속모드)**
회생 제동은 운동에너지를 전기에너지로 변환하는 기술이다. 주행 중 가속 페달에서 발을 떼면 (감속 시) 바퀴를 돌리던 전기모터가 거꾸로 바퀴에 의해 강제로 돌아가면서 발전이 일어나 배터리를 충전하는 방식이다.

1. 블로다운에 대한 설명으로 맞는 것은?

① 2행정 사이클 엔진에서 흡입구로 들어온 혼합가스가 피스톤 아래를 지나 소기구로 흘러가는 과정이다.

② 압축이나 폭발행정 시 피스톤과 실린더 사이에 틈새로 새어나가는 혼합가스를 말한다.

③ 과열된 엔진을 식히기 위해 엔진아래 오일팬을 지나가는 차가운 공기를 말한다.

④ 폭발행정 말, 배기행정 초에 배기 밸브나 소기구멍이 열리면 연소실 자체의 압력으로 연소가스가 배출되는 현상을 말한다.

해설 ①항 소기에 대한 설명이다.
②항 블로바이에 대한 설명이다.
③항 오일쿨러를 변형한 설명이다.

2. 다음 중 납산 축전지 충전 중 발생되는 가스에 대한 설명으로 맞는 것은?

① 음극에서는 수소가스가 발생되며, 폭발의 위험성이 있다.

② 양극에서는 황산가스가 발생되며, 중독의 위험성이 있다.

③ 음극에서는 산소가스가 발생되며, 인화성 물질을 가까이 하는 것은 위험하다.

④ 양극에서는 탄화수소 증발가스가 발생되며, 호흡기 장애를 일으킬 수 있다.

해설 충전 시 양(+)극판 쪽에서 산소가스를, 음(−)극판 쪽에서 수소가스를 발생한다. 또 이 수소가스는 폭발성이 있으므로 화기를 주의해야 한다.

3. 선회 시 두 바퀴의 회전수 차이를 주기 위한 차동 기어 장치의 원리로 맞는 것은?

① 파스칼의 원리

② 애커먼 장토식의 원리

③ 드가르봉식의 원리

④ 랙과 피니언의 원리

해설 차동 기어 장치
㉠ 기능 : 선회 시 좌우 구동륜의 회전수에 차이를 두어 원활한 회전이 되도록 한 장치
㉡ 원리 : 랙과 피니언의 원리

4. 커먼레일 엔진(CRDI : Common Rail Direct Injection engine)에서 ECU의 입력 요소가 아닌 것은?

① 에어컨 스위치

② 블로워 모터

③ 레일 압력 센서

④ 연료 온도 센서

해설 커먼레일 엔진의 입력 요소에는 레일 압력 센서(RPS), 가속 페달 위치 센서, 공기 유량 센서(AFS), 흡기온도 센서(ATS), 연료 온도 센서(FTS), 수온 센서(WTS), 크랭크축 위치 센서(CKP), 상사점 센서(CMP) 등이 있으며, 블로워 모터는 입력값이 필요 없이 동작 유무만 필요하기에 입력요소에 해당되지 않는다.

5. 다음 중 엔진의 구성품인 피스톤에 대한 설명으로 바르지 못한 것은?

① 단행정 엔진은 피스톤의 직경을 크게 제작한다.

② 열팽창을 고려해 보스부의 직경을 스커트부보다 크게 한다.

③ 관성력을 작게하기 위해 측압을 받지 않는 부분을 잘라낸다.

④ 피스톤 핀의 중심과 크랭크축의 중심을 옵셋시킨다.

해설 캠 연마 피스톤(타원형 피스톤 : Cam Ground Piston)
  ㉠ 보스부의 지름을 스커트부(측압쪽)보다 작게 한 형식(보스부 : 단경, 스커트부 : 장경)
  ㉡ 온도 상승에 따라 보스 부분의 지름이 증대되어 엔진의 정상 온도에서 진원에 가깝게 되어 전면이 접촉하게 되는 피스톤
  ㉢ 현재 경합금 피스톤 대부분 이 형식이다.

6. 자동차에 사용되는 시동 전동기에 대한 설명으로 바르지 못한 것은?

① 소형 경량화를 위해 감속 기어 등을 활용하여 구동토크를 크게 한다.

② 회전속도를 일정하게 하기 위해 계자 코일과 전기자 코일이 병렬로 연결되어 있다.

③ 전기자 자력의 손실을 방지하기 위해 규소강판의 성층철심을 이용한다.

④ 오버러닝 클러치를 활용하여, 시동 후 전기자가 고속으로 회전하는 것을 방지한다.

해설 자동차용 시동 전동기는 구동력을 크게 하기 위하여 계자 코일과 전기자 코일이 직렬로 연결된 직권식 직류(DC) 전동기를 사용한다.

7. 가솔린 엔진의 자동 변속기 차량에서 크랭킹은 가능하나 시동이 걸리지 않을 때의 설명으로 거리가 먼 것은?

① 연료 펌프 고장

② 공전속도 조절장치 고장

③ 점화 플러그 불량

④ 인히비터 스위치 불량

해설 크랭킹은 가능하나 시동이 걸리지 않을 때

배터리 부족, 점화 플러그 또는 예열 플러그, 점화 코일, 연료 펌프, 연료 필터, 공전속도 조절장치 고장이 있으며, 인히비터 스위치의 결함(A/T 차량)의 경우 크랭킹조차 되지 않는다.

8. 다음 중 전자제어 동력 조향 장치에 대한 설명으로 옳지 않은 것은?

① 차량의 속도에 맞추어 핸들의 조작력을 제어할 수 있다.

② 유압식, 모터 · 유압식, 모터구동방식으로 구분할 수 있다.

③ 전동방식 동력 조향 장치인 MDPS는 유압식 EPS보다 유지비가 증가된다.

④ MDPS의 모터는 설계에 따라 컬럼, 피니언 기어, 랙기어 주변에 설치가 가능하다.

해설 유압식 EPS는 핸들의 움직임을 유압의 힘으로 보조하여 도움을 주었지만 부품이 많이 들어가기 때문에 무겁고 비싸다. 그리고 엔진의 힘으로 유압 펌프를 가동해야하고 항상 작동되기 때문에 동력손실과 연비 저하를 초래한다. 이러한 단점을 보완하여 출시된 것이 바로 전동식 파워 스티어링 시스템(MDPS)이다.

9. 다음 중 일체차축 현가방식에 대한 설명으로 틀린 것은?

① 스프링에 힘을 가하는 경우 높이 변화량의 크기가 큰 스프링이 적합하다.

② 스프링 아래 질량이 커서 승차감이 좋지 않다.

③ 선회 시 차량의 차체 기울기가 적다.

④ 주행 중 충력 발생 시 차륜 얼라인먼트 변화량이 적다.

해설 스프링 상수에 따른 감쇠력(댐핑력)의 변화가 작은 스프링이 적합하다.

10. 차체자세 제어장치(VDC : Vehicle Dynamic Control)에 대한 설명으로 거리가 먼 것은?

① 타이어의 스핀 및 언더스티어, 오버스티어를 제어할 수 있다.

② 선회 제동 시 각 바퀴를 독립제어할 수 있다.

③ 운전자가 희망하는 속도로 자동가속제어가 가능하다.

④ 요모멘트, ABS, TCS, EBD 제어를 포함한다.

해설 ③항은 크루즈 컨트롤 시스템(Cruise Control System)에 관한 설명이다.

11. 엔진오일을 점검하였더니 색이 우유색에 가까웠다. 이때 증상으로 맞는 것은?

① 교환주기가 지난 오래된 오일을 계속 사용하였다.

② 실린더 헤드 가스켓을 통해 냉각수가 유입되었다.

③ 유연가솔린을 주유하고, 블로바이에 의해 오일에 섞이게 되었다.

④ 연소생성물이 탈락하여, 오일에 섞이게 되었다.

해설 기관 상태에 따른 오일의 색깔

    ㉠ 붉은색 : 유연가솔린 유입
    ㉡ 노란색 : 무연가솔린 유입
    ㉢ 검은색 : 심한 오염(오일 슬러지 생성)
    ㉣ 우유색 : 냉각수 혼입
    ㉤ 회색 : 4에틸납 연소생성물의 혼입

12. 다음 중 전기자동차의 냉·난방 장치 공조시스템에 대한 설명으로 맞는 것은?

    ① 에어컨 냉매를 사용하지 않으므로 친환경적이다.
    ② 히트펌프를 사용하여 겨울철 자동차 주행거리를 늘릴 수 있게 되었다.
    ③ 차량 전방 방열기의 냉각수를 활용하여 에어컨 응축기의 효율을 높였다.
    ④ 비스커스 커플링을 통해 에어컨 압축기를 효과적으로 작동시킬 수 있게 되었다.

해설 히트펌프

히트펌프는 전기차에 불리한 난방 효율을 극복하기 위해 개발된 기술이다. 기존의 내연기관 자동차는 엔진에서 발생하는 많은 열에너지를 실내 난방에 활용하지만, 전기차는 히터를 켜기 위해 별도의 전기에너지 즉, 배터리를 사용해야 한다. 하지만 히트펌프 기술을 활용하면 전기차에서도 난방 시스템을 효율적으로 가동할 수 있다. 히트펌프 기술은 에어컨의 원리와 비슷하다. 즉, 히트펌프는 냉매가 압축, 응축, 팽창, 증발하며 순환하는 과정에서 발생하는 고온과 저온을 각각 활용해 히터와 에어컨을 동시에 구동하는 기술이다.

13. 내연기관 자동차용 교류 발전기에서 컷 아웃 릴레이가 필요하지 않은 이유는?

    ① 스테이터를 사용하기 때문이다.
    ② 트랜지스터를 사용하기 때문이다.
    ③ 슬립 링과 브러시를 사용하기 때문이다.
    ④ 실리콘 다이오드를 사용하기 때문이다.

해설 실리콘 다이오드

교류 전기를 직류 전기로 변환시키는 정류작용을 하는 반도체 소자이며, 자동차 교류(AC) 발전기에서는 스테이터에 유도된 교류를 직류로 전환하고, 축전지에서 발전기로 전류가 역류하는 것을 방지하는 역할을 한다. 즉, 직류 발전기의 컷 아웃 릴레이는 역류를 방지하기 위한 장치인데, 교류 발전기의 실리콘 다이오드가 그 작업을 수행하기 때문에 컷 아웃 릴레이는 필요하지 않게 되었다.

14. 전자제어 가솔린 엔진의 동기 분사에 대한 설명으로 맞는 것은?

    ① 1사이클 당 1회 분사로 각 기통마다 배기말 행정에 분사하는 방식이다.
    ② 크랭크축 1회전에 1회 분사하는 방식으로 흡입, 폭발행정 전 각 1회 분사한다.
    ③ 연료를 예비, 주, 후 분사하여 3단계에 걸쳐 분사하는 방식이다.
    ④ 2개의 인젝터가 동시에 분사하는 방식으로 1, 3번과 2, 4번이 동시 작동된다.

해설 ②항 동시(비동기) 분사 방식에 대한 설명이다.
　　　③항 커먼레일(CRDI) 엔진에서의 다단분사에 대한 설명이다.
　　　④항 그룹 분사 방식에 대한 설명이다.

1. 기관에 냉각수가 혼입되었을 때 윤활유의 색으로 가장 적합한 것은?

① 검정색   ② 붉은색

③ 우유색   ④ 회색

해설 기관 상태에 따른 오일의 색깔

     ㉠ 붉은색 : 유연가솔린 유입

     ㉡ 노란색 : 무연가솔린 유입

     ㉢ 검은색 : 심한 오염(오일 슬러지 생성)

     ㉣ 우유색 : 냉각수 혼입

     ㉤ 회색 : 4에틸납 연소생성물의 혼입

2. 다음 중 계기판에 표시되는 경고등의 종류로 바르지 않은 것은?

① 비상 점멸 표시등   ② 연료 부족 경고등

③ 브레이크 오일 유압 경고등   ④ 엔진오일 경고등

해설 자동차 계기판 경고등의 종류

위험신호!
차량을 멈추고
즉시 점검해야해요!

주차 브레이크 작동 OR 브레이크 액 부족 / 엔진오일 부족, 보충 필요! / 배터리 부족? 충전장치 고장? / 냉각수가 너무 뜨거워요~ / 문을 닫아주세요 / 에어백에 문제가 있나 봐요 / 안전벨트를 착용하세요!

주의!
당장 위험하지는
않지만, 확인이
필요해요!

엔진에 문제 발생! / 타이어 공기압이 낮아요 / 스마트 키가 차안에 없어요! / 연료를 보충 해주세요 / 차체자세 제어장치에 문제가 있어요 / ABS 문제 발생! / 워셔액이 부족해요

현재 상태!
자동차가 수행 중인
작동 상태를 확인해요.

방향지시등 비상경고등 / 미등 전조등 / 안개등 / 에코모드 작동! 연비 향상~ / 전조등이 상향에 있네요!

디젤 엔진에만 있는
경고등!

예열중! / 연료 필터에 물이 너무 많아요!

3. 기동 전동기에 흐르는 전류가 120A, 전압이 12V일 때, 이 기동 전동기의 출력은 몇 PS인가?

① 0.98   ② 19.2

③ 1.96   ④ 147.0

해설 $P = E \cdot I$

$\qquad = 12 \times 120A$

$\qquad = 1440W$

여기서, P : 전력(W), E : 전압(V), I : 전류(A)

$1PS = 75kgf \cdot m/s$

$\qquad = 735W = 0.735KW$

$1PS : 735W = x : 1440$

$735x = 1440$ $\therefore$ $x = 1.97$

4. 어느 기관의 점화순서가 1−3−4−2일 때, 사이클 4기통 엔진에서 1번 실린더가 압축 행정을 할 때 4번 실린더는 무슨 행정을 하는가?

① 흡입행정   ② 압축행정

③ 폭발행정   ④ 배기행정

해설 점화순서에 의하여 실린더 행정 구하기

$\qquad$ 1 − 3 − 4 − 2

$\qquad$ 압 − 흡 − 배 − 폭

5. 다음 중 자동차 냉방장치에 대한 설명으로 틀린 것은?

① 압축기 : 증발기에서 저온 저압 기체 상태로 된 냉매를 고온 고압 기체 상태로 된 냉매로 만들어 응축기로 보낸다.

② 팽창 밸브 : 증발기 입구에 설치되어 응축기와 건조기를 거친 고온 고압 냉매를 증발하기 쉽게 저온 저압의 냉매로 증발기에 공급하며, 동시에 냉매의 양을 조절 한다.

③ 증발기 : 송풍기에 의해서 불어지는 공기에 의해 증발하여 기체로 되고, 공기로 부터 열을 흡수하는 일을 한다.

④ 리시버 드라이어 : 응축기에서 들어온 냉매를 저장하고, 냉매 속의 수분을 흡수 분리, 이물질 제거 등의 역할을 하며 고온 고압의 기체 냉매를 팽창 밸브로 보내는 역할을 한다.

해설 리시버 드라이어(건조기)의 기능

$\qquad$ ㉠ 액체 냉매의 저장 기능

$\qquad$ ㉡ 수분 제거 기능

$\qquad$ ㉢ 기포 분리 기능

6. 가솔린 자동차의 공연비가 농후할 때의 영향을 잘못 설명한 것은?

① 엔진의 출력이 저하된다.

② 일산화탄소(CO)가 증가한다.

③ 탄화수소(HC)가 증가한다.

④ 질소화합물(NOx)이 증가한다.

해설 (1) 공연비(혼합비)에 따른 배출 특성

구분		CO	HC	NOx
1	이론 공연비보다 농후할 때	↑	↑	↓
2	이론 공연비보다 약간 희박할 때	↓	↓	↑
3	이론 공연비보다 아주 희박할 때	↓	↑	↓

(2) 농후한 혼합기가 기관에 미치는 영향
    ㉠ 조기 점화가 발생
    ㉡ 불완전한 연소가 발생
    ㉢ 유해 배기가스 증가
    ㉣ 엔진의 출력 감소
    ㉤ 엔진이 과열

7. 수소연료전지 자동차에서 현재 가장 많이 쓰이는 연료전지의 종류로 맞는 것은?

① 알칼리형 전지

② 용융탄산염 전지

③ 고분자전해질형 전지

④ 고체산화물 전지

해설 고분자전해질 연료전지(PEMFC : Polymer Electrolyte Membrane Fuel Cell)
수소 이온이 이동할 수 있는 고분자 막을 전해질로 사용하는 연료전지로서 수소를 연료로 사용한다. 작동온도는 80~110℃ 범위로 비교적 저온에서 작동되고 구조가 간단하며 빠른 시동이 가능한 특징을 가지고 있어 활용 범위가 넓다. 또 여타 연료전지에 비해 출력이 크고 내구성이 좋으며, 수소 이외에도 메탄올이나 천연가스를 연료로 사용할 수 있어 자동차의 동력원으로서 적합하여 가장 실용성이 높은 것으로 평가되고 있다.

8. 다음 중 트랜지스터의 특징에 대한 설명으로 잘못된 것은?

① 기계적으로 강하고, 수명이 길며 무겁다.

② 내부에서 전압강하가 매우 적다.

③ 내부에서 전력 손실이 적다.

④ 정격값 이상으로 사용하면 파손되기 쉽다.

해설 트랜지스터의 장단점
- (1) 장점
  - ㉠ 내부에서 전력 손실이 적다.
  - ㉡ 내부에서 전압강하가 매우 적다.
  - ㉢ 기계적으로 강하고 수명이 길다.
  - ㉣ 극히 소형이고 가볍다.
  - ㉤ 진동에 잘 견디는 내진성이 크다.
  - ㉥ 예열하지 않고 곧 작동한다.
- (2) 단점
  - ㉠ 역내압이 낮기 때문에 과대 전류 및 전압에 파손되기 쉽다.
  - ㉡ 온도 특성이 나쁘다(온도가 상승하면 파손되며, 고온에 매우 취약함).
  - ㉢ 정격값 이상으로 사용하면 파손되기 쉽다.

9. 자동차의 자세제어 기능 중 주행 중에 급제동을 하면 차체의 앞쪽은 낮아지고, 뒤쪽이 높아지는 노즈 다운(nose－down) 현상을 제어하는 기능은?

① 안티 스쿼트(anti－squat) 제어

② 안티 다이브(anti－dive) 제어

③ 안티 롤링(anti－roll) 제어

④ 안티 바운싱(anti－bouncing) 제어

해설 컴퓨터(ECU)의 제어 기능(자세제어)
- ①항 안티 스쿼트(anti-squat) 제어 : 급출발 또는 급가속을 할 때 차체의 앞쪽은 들리고, 뒤쪽이 낮아지는 노즈 업(nose-up) 현상을 제어
- ②항 안티 다이브(anti-dive) 제어 : 주행 중에 급제동을 하면 차체의 앞쪽은 낮아지고, 뒤쪽이 높아지는 노즈 다운(nose-down) 현상을 제어
- ③항 안티 롤링(anti-roll) 제어 : 선회할 때 자동차의 좌우 방향으로 작용하는 횡가속도를 G 센서로 감지하여 제어
- ④항 안티 바운싱(anti-bouncing) 제어 : 차체의 바운싱은 G센서가 검출하여, 바운싱이 발생하면 속업소버의 감쇠력을 제어(미디엄→하드)

10. 일정한 조향각으로 선회하여 속도를 높였을 때, 선회반경이 커지는 현상을 무엇이라고 하는가?

① 언더스티어(Under-Steer)

② 오버스티어(Over-Steer)

③ 뉴트럴스티어(Neutal-Steer)

④ 리버스스티어(Reverse-Steer)

해설 **언더스티어 및 오버스티어**

ⓐ 언더스티어(Under-Steer) : 일정한 조향각으로
   선회하여 속도를 높였을 때, 선회반경이 커지는
   현상

ⓑ 오버스티어(Over-Steer) : 일정한 조향각으로
   선회하여 속도를 높였을 때, 선회반경이 작아지는
   현상

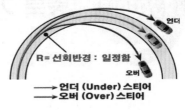

[언더스티어 및 오버스티어]

▶ 뉴트럴스티어 및 리버스스티어

• 뉴트럴스티어(Neutral-Steer) : 실제로 이런 특성을 가진 차는 없지만, 일정한 속도로
  코너를 돌고 있는 차가 스피드 올려도 언더도 아니고 오버도 아닌 상태로 스티어링 휠을
  꺾는 대로 커브를 돌아가는 특성

• 리버스스티어(Reverse-Steer) : 코너링 때 어느 지점까지는 언더스티어 경향을 나타내고
  도중에서 오버스티어로 변하는 특성

1. 자동차 연료 요구조건이 아닌 것은?

① 가솔린 엔진에서 안티노크가 클 것

② 디젤 엔진에서 적정한 점도가 있고, 착화성이 좋아야 할 것

③ 가솔린 엔진에서 옥탄가가 높고 자연 발화점이 높을 것

④ 디젤 엔진에서 세탄가는 낮고 부식이 적을 것

해설 디젤 연료(경유)의 구비조건

　ⓐ 적당한 점도일 것

　ⓑ 인화점이 높고 발화점이 낮을 것(착화 지연 기간 단축)

　ⓒ 내폭성 및 내한성이 클 것

　ⓓ 불순물이 없을 것

　ⓔ 카본 생성이 적을 것

　ⓕ 온도에 따른 점도의 변화가 적을 것

　ⓖ 유해 성분이 적을 것

　ⓗ 발열량이 클 것

　ⓘ 적당한 윤활성이 있을 것

　ⓙ 세탄가 높을 것

2. 가솔린 엔진에서 노킹이 일어나는 현상의 원인이 아닌 것은?

① 부하가 높을 때

② 점화시기가 느릴 때

③ 압축비가 높을 때

④ 혼합비가 맞지 않을 때

해설 노킹 발생 원인(가솔린 기관)

　ⓐ 기관에 과부하가 걸렸을 때

　ⓑ 기관이 과열되거나 압축비가 급격히 증가할 때

　ⓒ 점화시기가 너무 빠를 때

　ⓓ 혼합비가 희박할 때

　ⓔ 낮은 옥탄가의 가솔린을 사용하였을 때

　ⓕ 연료에 이물질 또는 불순물이 포함되었을 때

3. 자동차 윤활유에 대한 설명이 아닌 것은?

① 밀봉, 냉각작용을 할 수 있다
② 인화점과 발화점이 낮아야 한다.
③ 소모, 누설 시 연소가 원인이 될 수 있다
④ 유압 조절 밸브 스프링 장력이 크면 유압이 높아질 수 있다.

해설 윤활유의 구비조건
    ⊙ 인화점 및 발화점이 높을 것
    ⓛ 비중이 적당할 것
    ⓒ 응고점이 낮을 것
    ⓔ 기포의 발생에 대한 저항력이 있을 것
    ⓜ 카본 생성이 적을 것
    ⓗ 열과 산에 대하여 안정성이 있을 것
    ⓢ 청정력이 클 것
    ◎ 점도가 적당할 것

4. 자동차의 전자제어 연료 분사 장치(ECU : Engine Control Unit)가 인지할 수 없는 것은?

① 냉각수 온도 신호를 모니터링　　② 크랭크 각을 모니터링
③ 흡입공기 온도를 모니터링　　　④ 인젝터를 모니터링

해설 전자제어 연료 분사 장치 ECU(Engine Control Unit)는 엔진의 각종 센서를 모니터링하며, 액츄레이터의 일종인 인젝터는 모니터링하지 않는다.

5. 〈보기〉에서 나타내는 타이어의 ISO 기준에 의한 치수 표기와 내용이 틀린 것은?

205	60	R	15	91	H
ⓐ	ⓑ	ⓒ	ⓓ	ⓔ	ⓕ

① ⓑ 편평비 : 타이어 단면의 폭에 대한 높이의 비율
② ⓔ 하중지수 : 타이어의 최대하중을 나타내는 지수
③ ⓓ 타이어 단면높이 : 타이어의 바깥지름 높이의 비
④ ⓕ 속도계수 : 허용 최고속도

해설 타이어의 치수 표기
레이디얼 타이어 호칭 치수
▶ 205/60 R 15 91 H
  205 : 타이어 단면폭(mm)
  60 : 편평률(%), 편평비 = 0.6
  R : 레이디얼 타이어(타이어의 구조)
  15 : 타이어 내경 또는 림 직경(inch)
  91 : 하중지수(허용최대하중)
  H : 속도계수(허용최고속도)

6. 자동차 베이퍼 록에 대한 설명으로 옳지 않은 것은?

① 풋 브레이크를 과도하게 사용할 때 발생할 수 있다.

② 여름철 내리막길에서 풋 브레이크를 지나치게 사용할 때 발생할 수 있다.

③ 엔진 브레이크를 사용할 때 자주 발생한다.

④ 풋 브레이크를 사용하지 않고, 품질 우수한 브레이크 액으로도 방지할 수 있다.

해설 베이퍼 록의 원인

ㄱ 긴 내리막에서 과도한 풋 브레이크 사용

ㄴ 비점이 낮은 브레이크 오일 사용

ㄷ 드럼과 라이닝의 끌림에 의한 과열

ㄹ 브레이크 슈 리턴 스프링의 쇠손에 의한 잔압 저하

ㅁ 브레이크 라인에 잔압이 낮을 때

ㅂ 불량한 브레이크 오일 사용

7. 자동차 배출가스 저감장치에 대한 설명으로 틀린 것은?

① 가솔린 엔진에서 CO, HC는 삼원 촉매 장치를 통해 CO_2, H_2O로 산화된다.

② 디젤 엔진에서 DPF는 입자상 물질을 저감한다.

③ 가솔린 엔진에서 배출가스 NOx는 삼원 촉매 장치를 통해 N_2와 O_2로 환원된다.

④ 디젤 엔진에서 SCR은 입자상 물질을 저감하기 위함이다.

해설 SCR(Selective Catalytic Reduction, 선택적 환원촉매)

자동차에서 배출되는 유해한 질소산화물을 저감하는 장치로 요소수(Urea)를 촉매 전단의 고온의 배기가스에 분사하면 열분해 반응과 가수분해 반응이 일어나 암모니아가 발생하고, 발생한 암모니아가 촉매 내에서 산화질소와 반응을 일으켜 인체에 무해한 질소와 물로 환원시키는 장치이다. SCR은 초기 대형트럭이나 버스 등 대형 위주로 배기가스(NOx)를 저감하기 위한 것이 주목적이었으나, 최근에는 디젤 엔진 SUV와 승용차에까지 활용 범위가 점차 넓어지고 있다.

8. 하이브리드 및 전기 자동차 사용되는 BMS의 역할이 아닌 것은?

① 배터리 온도를 모니터링해서 적정 온도로 유지한다.

② 배터리 충전을 모니터링한다.

③ 배터리 직류 전류를 교류로 변화하여 모터로 공급한다.

④ 배터리의 각 셀 간 충·방전 상태를 모니터링한다.

해설 배터리 컨트롤 시스템(BMS)

③항은 인버터에 대한 설명이다.

9. 자동차 스프링 완충기(Shock Absorbor) 역할로 맞는 것은?

① 스프링 잔진동을 흡수하고 승차감을 높인다.

② 차량 선회 시 롤링을 낮추고 차체 평형을 유지한다.

③ 엔진 폭발행정 시 에너지를 흡수하고, 일시 저장하는 역할을 한다.

④ 엔진 작동 시 흡·배기 밸브를 열고 닫아준다.

해설 쇽업소버의 기능

　　ⓐ 노면의 충격으로 발생된 스프링의 자유 진동을 흡수

　　ⓑ 스프링의 피로를 감소

　　ⓒ 승차감 향상

　　ⓓ 로드 홀딩 향상

　　ⓔ 스프링 상하 운동에너지를 열에너지로 변환

10. 자동차의 치수 제원 설명으로 틀린 것은?

① 윤거 : 타이어 접촉면 바깥쪽 밑 부분부터 다른 쪽 타이어 바깥쪽까지의 거리이다.

② 전폭 : 차체의 최대너비로 단, 백미러는 포함되지 않는다.

③ 전장 : 자동차의 최전단에서 최후단까지의 최대길이이다.

④ 전고 : 접지면으로부터 차체의 최고부까지의 높이이다.

해설 윤거(tread)

좌우 타이어가 지면을 접촉하는 지점에서 좌우 두 개의 타이어 중심선 사이의 거리를 말하며, 윤간거리(輪間距離)라고도 한다.

2021

과년도
기출문제

2021년 | 대구시(2021. 04. 10. 시행)
2021년 | 경기도(2021. 04. 17. 시행)
2021년 | 전북(2021. 05. 01. 시행)

알짜배기 자동차 구조원리 기출문제 총정리

알짜배기 자동차 구조원리 기출문제 총정리

www.cyber.co.kr

1. 다음 중 등화장치에 대한 설명으로 옳은 것은?

① 조명용 : 전조등, 번호등

② 신호용 : 방향지시등, 후미등

③ 표시용 : 차폭등, 브레이크등

④ 경고용 : 충전등, 연료등

해설 등화장치의 종류

구분	종류	용도
조명용	전조등	야간 안전 주행을 위한 조명
	안개등	안개 속에서 안전 주행을 위한 조명
	후진등	변속기를 후진 위치에 놓으면 점등되며, 후진 방향을 조명
	실내등	실내 조명
	계기등	계기판 조명
표시용	차폭등	차폭을 표시
	주차등	주차를 표시
	번호등	차량 번호판 조명용
	미등	차의 뒷부분 표시
신호용	방향 지시등	차의 좌우 회전을 알림
	제동등	사용 브레이크를 밟을 때 작동
	비상 경고등	비상 상태를 나타낼 때 작동
경고등	유압등	유압이 규정값 이하로 되면 점등 경고
	충전등	축전지가 충전이 안 되었을 경우 점등 경고
	연료등	연료가 규정량 이하로 되면 점등 경고
장식용	장식등	버스와 트럭의 상부를 장식

2. 4사이클 엔진이 3600rpm 회전하고 있을 때, 1번 실린더에 배기 밸브가 1초 동안 열리는 횟수는?

① 30회

② 60회

③ 1800회

④ 3600회

해설 $x = \dfrac{1800}{60}$

∴1번 실린더 배기 밸브가 1초 동안 열리는 횟수는 30회

3. 연소실 체적 30cc, 행정체적 180cc일 때, 이 기관의 압축비는 얼마인가?

① 5 : 1   ② 6 : 1

③ 7 : 1   ④ 8 : 1

해설 ㉠ $\varepsilon = \dfrac{V_c + V_s}{V_c}$

여기서, ε : 압축비, V_s : 실린더 배기량(행정체적), V_c : 연소실 체적

㉡ $\dfrac{30 + 180}{30} = 7$

4. 밸브 배열에 따른 L−Head형의 밸브 위치에 대한 설명으로 맞는 것은?

① 흡기 밸브와 배기 밸브 모두 실린더 헤드에 위치한다.

② 흡기 밸브와 배기 밸브 모두 실린더 블록에 위치한다.

③ 흡기 밸브는 실린더에 배기 밸브는 블록에 위치한다.

④ 연소실을 기준으로 흡기 밸브와 배기 밸브가 블록에 위치한다.

해설 흡·배기 밸브가 모두 실린더 블록에 설치

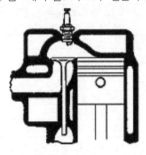

〈L−Head형〉

5. 다음 중 가솔린 엔진의 노킹을 방지하기 위한 방법이 아닌 것은?

① 점화시기를 지연시킨다.

② 혼합비를 농후하게 해서 화염 전파 거리를 짧게 한다.

③ 세탄가를 높인다.

④ 연소실 내에 퇴적된 카본을 제거하여 열점 형성을 억제시킨다.

해설 노킹 방지책(가솔린 기관)

㉠ 고옥탄가의 연료(내폭성이 큰 가솔린)를 사용한다.

㉡ 압축비, 혼합가스 및 냉각수 온도를 낮춘다.

㉢ 화염 전파 속도를 빠르게 하고, 화염 전파 거리를 짧게 한다.

㉣ 혼합가스에 와류를 증대시킨다.

㉤ 연소실 내에 퇴적된 카본을 제거한다.

㉥ 점화시기를 늦추어 준다(점화시기 지연).

㉦ 혼합비를 농후하게 한다.

6. 다음 중 맥퍼슨 현가장치의 설명으로 옳은 것은?

① 현가장치와 조향장치가 일체형으로 되어 있다.

② 대형차에 주로 사용한다.

③ 구조가 복잡하고 수리가 어렵다.

④ 엔진룸 공간 활용에 불리하다.

해설 맥퍼슨 현가장치의 특징

    ㉠ 현가장치와 조향장치가 일체로 된 형식이다.

    ㉡ 코일 스프링과 쇽업소버가 현가 링크의 일체로 되어 하중을 지지한다.

    ㉢ 소형차에 주로 사용한다.

    ㉣ 구조가 간단하고, 보수가 용이하다.

    ㉤ 엔진실 유효 면적을 크게 할 수 있다.

    ㉥ 스프링 밑 질량이 작아 로드 홀딩이 우수하다.

    ㉦ 윤거는 약간 변하나 캠버는 변화가 없다.

7. 브러시리스(Brushless) 교류 발전기의 장단점에 대한 설명으로 옳은 것은?

① 계자 코일이 필요 없고 대형화가 가능하다.

② 보조 간극으로 인한 저항의 증가로 코일을 많이 감아야 한다.

③ 개방형 발전기로 제작하여 먼지나 습기의 침입을 방지할 수 있다.

④ 브러시를 사용하지 않으므로 수명이 단축된다.

해설 브러시리스(Brushless) 교류 발전기의 장단점

    ㉠ 밀폐형 발전기로 제작하여 먼지나 습기 등의 침입을 방지할 수 있다.

    ㉡ 브러시를 사용하지 않으므로 내구성을 높일 수 있고, 소형화가 가능하다.

    ㉢ 보조 간극으로 인한 저항의 증가로 코일을 많이 감아야 한다.

8. 다음 중 엔진에 흡입되는 공기량을 검출하기 위한 센서는 무엇인가?

① O_2 센서

② TPS

③ ISC

④ AFS

해설 공기 흐름 센서(AFS)

    ㉠ 실린더에 흡입되는 공기량을 검출하여 컴퓨터로 전송한다.

    ㉡ 흡입 공기량에 알맞은 기본 연료분사량을 결정한다.

    ㉢ 실린더에 공급되는 공기량을 전압비로 검출한다.

9. 다음 중 엔진 성능과 관련된 설명으로 틀린 것은?

① 엔진 성능 곡선상에는 최대출력, 토크, 연료 소비율이 표시된다.

② 출력은 힘×거리이다.

③ 회전력은 축 혹은 바퀴가 회전하는 힘이다.

④ 회전력(토크)에 엔진의 회전수를 곱한 출력이 엔진의 성능을 좌우한다.

해설 1PS=75kg · m/sec=735.5w이다.

즉, 1PS은 1초 동안에 75kg의 중량을 1m 움직일 수 있는 일의 크기를 말하며, 힘×속도(속력)로 나타낼 수 있다.

10. 다음 중 제동장치에 대한 설명으로 틀린 것은?

① 유압식 브레이크는 파스칼의 원리를 이용한 장치이다.

② 디스크 브레이크는 물에 젖어도 회복이 빠르다.

③ 차체의 열에너지를 운동에너지로 바꾸어 대기 중에 방출한다.

④ 베이퍼 록은 긴 내리막에서 과도한 풋 브레이크 사용으로 과열에 의해 주로 발생한다.

해설 제동장치의 원리

차체의 운동에너지를 마찰에 의한 열에너지로 바꾸어 대기 중에 방출한다.

1. 다음 중 자동차 구동 시 스핀 및 언더스티어링을 방지하기 위한 장치는?

① ABS(Anti-lock Brake System)

② TCS(Traction Control System)

③ VDC(Vehicle Dynamic Control)

④ EBD(Electronic Brake-force Distribution)

해설 VDC(Vehicle Dynamic Control, 차체자세 제어장치)

(1) 정의

운전자의 의도를 벗어나 차가 위험한 상황에 이르렀을 때, 자동차가 스스로 차의 움직임을 추스르는 역할

(2) 기능

차가 언더스티어나 오버스티어의 상황에 처했을 때, 언더스티어 시에는 출력 억제 후 커브 안쪽 뒷바퀴에 제동을 가해 밀려난 앞머리를 코너 안쪽으로 돌려놓으며, 반대로 오버스티어 시에는 출력 억제 후 커브 바깥쪽 앞바퀴에 제동을 가해 밀려난 엉덩이를 코너 안쪽으로 돌려놓는 시스템

2. 다음 중 커먼레일 엔진(CRDI : Common Rail Direct Injection engine)에 대한 설명으로 옳은 것은?

① 분사된 연료를 완전연소에 가깝게 연소시켜 각종 유해 배출가스를 억제시키기 때문에, 연료 소비율의 증가를 가져온다.

② 속도 증가에 따라 분사 속도의 증가와 분사압의 증가를 가져온다.

③ 분사압력의 발생과 분사 과정을 독립적으로 수행한다.

④ 커먼레일 엔진은 주분사를 별도로 시행하지 않는다.

해설 커먼레일 연료 분사(CRDI : Common Rail Direct Injection) 장치

㉠ 연료의 압력을 제어하여 직접 분사하기 때문에 고압을 유지할 수 있어, 연소효율을 높일 수 있다.

㉡ 엔진의 회전수나 속도와는 관계없이 분사압, 분사량, 분사율, 분사시기를 독립적으로 제어할 수 있다.

㉢ 엔진이 회전수에 의해 연료분사 제어를 하는 것과 달리 엔진과 연료분사를 독립적으로 하기 때문에 설계가 용이하고, 부품수가 줄어 경량화가 가능하게 되었다.

㉣ 파일럿 분사(예비 분사)를 통해 주분사가 이루어지기 전 연료를 분사하여 주분사의 착화 지연 시간을 짧게 하여 연소효율을 높여 출력을 향상시키고, 유해물질의 배출량을 줄일 수 있다.

3. 어느 6실린더 기관의 연소실 체적이 50cm³이고, 압축비가 11일 때 이 기관의 총 배기량은?

① 2,200cc   ② 2,500cc

③ 3,000cc   ④ 3,300cc

해설 압축비$(\varepsilon) = \dfrac{\text{실린더 체적}}{\text{연소실 체적}} = \dfrac{\text{행정체적} + \text{연소실 체적}}{\text{연소실 체적}}$

압축비$(\varepsilon) = 11\ \dfrac{x+50}{50}$ 이므로,

$550 - 50 = x$ 그러므로 x는 500, 6실린더이므로 $500 \times 6 = 3{,}000$cc이다.

4. 일정한 조향각으로 선회하여 속도를 높였을 때, 선회반경이 점점 커지는 현상을 무엇이라고 하는가?

① 언더스티어(Under-Steer)

② 오버스티어(Over-Steer)

③ 뉴트럴스티어(Neutal-Steer)

④ 리버스스티어(Reverse-Steer)

해설 언더스티어 및 오버스티어

    ㉠ 언더스티어(Under-Steer) : 일정한 조향각으로 선회하여 속도를 높였을 때, 선회반경이 커지는 현상

    ㉡ 오버스티어(Over-Steer) : 일정한 조향각으로 선회하여 속도를 높였을 때, 선회반경이 작아지는 현상

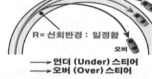

[언더스티어 및 오버스티어]

    ▶ 뉴트럴스티어 및 리버스스티어

       • 뉴트럴스티어(Neutral-Steer) : 실제로 이런 특성을 가진 차는 없지만, 일정한 속도로 코너를 돌고 있는 차가 스피드 올려도 언더도 아니고 오버도 아닌 상태로 스티어링 휠을 꺾는 대로 커브를 돌아가는 특성

       • 리버스스티어(Reverse-Steer) : 코너링 때 어느 지점까지는 언더스티어 경향을 나타내고 도중에서 오버스티어로 변하는 특성

5. 배기가스의 압력을 이용하여 터빈을 구동시켜 흡기를 가압하여 연소실 효율을 높이는 흡기 과급장치를 무엇이라고 하는가?

① 슈퍼차저(Super Charger)   ② 압축기(Compressor)

③ 터보차저(Turbo Charger)   ④ 임펠러(Impeller)

해설 터보차저(Turbo Charger)

    배기가스로 구동되는 엔진의 과급기를 말하며, 터보차저는 슈퍼차저(super Charger)와 그것을 구동하는 터빈을 조합한 장치이므로 양자를 합쳐서 터보라고도 한다. 배기 에너지를 배기 통로에 마련된 터빈의 회전력으로 변화시켜서 회수하고, 압축기의 흡기계에 마련된 압축기에 의해서 혼합가스의 충전 효율을 높이고 출력 및 연료비를 향상시키는 장치이다.

6. 다음 중 구동바퀴의 구동력을 크게 하기 위한 방법으로 맞는 것은?

① 토크를 크게 하고, 타이어의 반지름을 크게 한다.

② 토크를 작게 하고, 타이어의 반지름을 작게 한다.

③ 토크를 크게 하고, 타이어의 반지름을 작게 한다.

④ 토크를 작게 하고, 타이어의 반지름을 크게 한다.

> **해설** **구동력**
> F(구동력)＝T(구동축의 회전력)/R(구동바퀴의 반지름)
> 즉, 구동력이란 바퀴를 구르게 하는 힘으로 바퀴에 걸리는 입력토크가 커져야 하며, 바퀴의 반지름은 작아져야 커진다. 이를 식으로 표현하면, 회전력(T)＝구동력(kg)×타이어 반지름(m)이 된다.

7. 다음 중 클러치 디스크를 플라이휠에 밀착시켜 클러치 디스크에 압력을 발생하게 하는 것은?

① 클러치 커버

② 클러치 레버

③ 클러치 스프링

④ 클러치 포크

> **해설** ①항 클러치 커버는 압력판, 다이어프램 스프링 등이 조립되어 플라이휠에 함께 설치되는 부분으로 코일 스프링 형식에서는 릴리스 레버의 높이를 조정하는 나사가 설치되어 있다.
> ②항 클러치 레버는 엔진의 동력을 차단할 때 릴리스 베어링으로부터 힘을 전달 받아 압력판을 후퇴시키는 역할을 한다.
> ④항 클러치 포크는 릴리스 베어링 칼라에 끼워져 릴리스 실린더의 운동을 전달받아 릴리스 베어링에 페달의 조작력을 전달하는 작용을 한다.

8. 다음 중 디젤 엔진의 특징에 대한 설명으로 옳지 않은 것은?

① 디젤은 압축압력 및 압축비가 가솔린보다 높다.

② 디젤은 가솔린보다 열효율이 높다.

③ 디젤은 전기점화방식이다.

④ 공기를 높은 압축비로 가압할 때 발생하는 압축열로 연료를 연소시키는 압축착화 방식이다.

> **해설** **디젤 엔진의 특징**
> 디젤 엔진은 연료의 특성상 공기만을 흡입한 후 높은 압축비로 가압하여 발생하는 압축열로 연료를 연소시킨다(압축착화). 또한 점화장치가 없으며, 연료를 분사할 수 있는 분사장치가 있다.

9. 다음 중 슬립 이음 및 자재 이음에 대한 설명으로 옳은 것은?

① 자재 이음은 주행 중 추진축의 각도 변화에 대응하기 위해 두며, 슬립 이음은 길이 변화를 흡수하기 위해 둔다.

② 자재 이음은 주행 중 온도 변화에 대응하기 위해 두며, 슬립 이음은 토크 변화에 대응하기 위해 둔다.

③ 자재 이음은 주행 중 추진축의 길이 변화를 흡수하기 위해 두며, 슬립 이음은 각도 변화에 대응하기 위해 둔다.

④ 자재 이음은 주행 중 토크 변화에 대응하기 위해 두며, 슬립 이음은 온도 변화에 대응하기 위해 둔다.

해설 자재 이음 및 슬립 이음을 두는 이유

    ㉠ 자재 이음(유니버설 조인트) : 각도 변화에 대응하여 피동축에 원활한 회전력을 전달하는 역할

    ㉡ 슬립 이음 : 축에 길이 변화에 대응(변속기 주축 뒤끝에 위치)

10. 다음 중 G센서를 이용하는 장치는 무엇인가?

① 에어백 장치(Air Bag Sytem)

② 차선 유지 보조 시스템(LKAS : Lane Keeping Assist System)

③ 에탁스(ETACS : Electronic Time Alarm Control System)

④ 정속 주행 장치(ACC : Advanced Cruise Control)

해설 G센서(가속도 센서)

    차체에 가해지는 가속도를 검출하는 센서로 ECS, ABS, 에어백 등에 사용된다.

1. 다음 중 자동차의 치수 제원에 대한 설명으로 틀린 것은?

① 전폭 : 사이드 미러의 개방한 상태를 포함한 자동차 중심선에서 좌우로 가장 바깥쪽의 최대너비를 말한다.

② 전고 : 접지면으로부터 자동차의 최고부까지의 높이를 말한다.

③ 전장 : 자동차를 옆에서 보았을 때 범퍼를 포함한 자동차의 제일 앞쪽 끝에서 뒤쪽 끝까지의 최대길이를 말한다.

④ 축거 : 자동차를 옆에서 보았을 때 전·후 차축의 중심 간의 수평거리를 말한다.

> **해설** 전폭(overall width)
>
> 자동차의 너비를 자동차의 중심면과 직각으로 측정하였을 때의 부속품을 포함한 최대너비로서 하대 및 환기장치는 닫혀진 상태이며, 사이드 미러(side mirror)는 포함되지 않는다.

2. 피스톤이 상사점에 위치할 때, 피스톤 상면과 실린더 헤드 사이 공간에 대한 구비조건으로 옳지 않은 것은?

① 가열되기 쉬운 돌출부를 두지 말지 말아야 한다.

② 연소실 내의 표면적을 최소로 한다.

③ 밸브 면적을 크게 하여 흡·배기 작용을 원활하게 한다.

④ 압축행정 시 혼합기 또는 공기에 와류가 일으켜 화염 전파에 요하는 시간을 길게 한다.

> **해설** 연소실
>
> (1) 피스톤이 상사점에 있을 때 피스톤과 실린더 헤드 사이의 공간을 연소실이라 하며, 이 체적을 연소실 체적(틈용적 또는 간극용적)이라 한다.
>
> (2) 연소실 구비조건
>   ㉠ 화염 전파에 요하는 시간을 짧게 할 것
>   ㉡ 연소실 내의 표면적은 최소로 할 것
>   ㉢ 가열되기 쉬운 돌출부를 두지 말 것
>   ㉣ 밸브 면적을 크게 하여 흡·배기 작용을 원활하게 할 것
>   ㉤ 압축행정 끝에서 와류를 활발히 발생시킬 것

3. 다음 중 방열기의 구비조건에 대한 설명으로 틀린 것은?

① 단위 면적당 발열량이 커야 한다.

② 공기저항이 작아야 한다.

③ 냉각수 흐름저항이 커야 한다.

④ 가볍고 작으며, 강도가 커야 한다.

해설 방열기(Radiator)의 구비조건
   ㉠ 단위 면적당 방열이 클 것
   ㉡ 공기저항이 작을 것
   ㉢ 냉각수의 흐름에 저항이 적을 것
   ㉣ 가볍고 작으며 강도가 클 것

4. 다음 중 노킹 현상이 일어날 때 엔진에 미치는 영향으로 틀린 것은?

① 압축압력과 평균 유효압력이 동시에 증가한다.

② 엔진 부품 각 부의 응력 증가에 따라 부품 손상이 촉진된다.

③ 배기가스 색이 황색에서 흑색으로 변한다.

④ 엔진의 타격음과 함께 출력이 저하된다.

해설 노킹이 시작되면 급격한 폭발 때문에 최고압력은 증대되나, 평균 유효압력은 감소되어 출력이 감소하게 된다.

5. 다음 중 자동차 배터리에 대한 설명으로 틀린 것은?

① 전해액의 비중이 낮아지면, 자기방전은 커진다.

② 전해액의 온도가 낮으면, 비중은 커진다.

③ MF 배터리는 사용하는 기간 동안 전해액을 보충할 필요가 없다.

④ 배터리는 사용하지 않고 방치하면 화학작용에 의해 자기방전을 일으킨다.

해설 전해액 온도와 비중, 용량의 관계 및 자기방전의 크기
   ㉠ 온도↑, 비중↓, 용량↑, 온도↓, 비중↑, 용량↓
    (※ 전해액 온도가 올라가면 화학작용이 활발해져 용량이 커지고, 온도가 내려가면 화학
     작용이 완만하게 진행되어 용량이 작아진다.)
   ㉡ 자기방전의 크기
    • 전해액의 온도에 비례
    • 불순물의 양에 비례
    • 전해액의 비중에 비례

6. 다음 중 유체 클러치 오일의 구비조건이 아닌 것은?

① 점도는 낮고, 응고점은 높을 것

② 비중이 크고, 인화점, 착화점이 높을 것

③ 비중, 내산성이 클 것

④ 유성, 윤활성이 클 것

해설 유체 클러치 오일의 구비조건

　　ⓐ 점도가 낮을 것

　　ⓑ 비중이 클 것

　　ⓒ 착화점이 높을 것

　　ⓓ 내산성이 클 것

　　ⓔ 유성이 좋을 것

　　ⓕ 비등점이 높을 것

　　ⓖ 응고점이 낮을 것

　　ⓗ 윤활성이 클 것

7. 자동차가 빗길을 고속으로 주행할 때 노면과의 그립이 떨어지고, 구동력 및 제동력이 저하되는 현상을 무엇이라고 하는가?

① 스노잉 현상　　　　　　② 하이드로플래닝 현상

③ 피드백 현상　　　　　　④ 스탠딩웨이브 현상

해설 하이드로플래닝(Hydroplanin, 수막 현상)

비가 와서 젖어 있는 노면에서 자동차가 고속으로 질주하게 되면, 타이어 패턴에 있는 홈인 그루브가 물을 분산시킬 수 없어, 노면과의 그립이 떨어지고 운전자가 자동차의 핸들링을 컨트롤 할 수 없는 상황이 발생한다. 이를 하이드로플래닝(수막 현상)이라고 한다.

8. 일정한 조향각으로 선회하여 속도를 높였을 때 선회반경이 작아지는 현상으로, 뒷바퀴 바깥쪽의 슬립각이 앞바퀴 바깥쪽의 슬립각보다 크게 나타나는 현상을 무엇이라고 하는가?

① 오버스티어링　　　　　　② 언더스티어링

③ 리버스스티어링　　　　　④ 토크스티어링

해설 언더스티어 및 오버스티어

　　ⓐ 언더스티어(Under-Steer) : 일정한 조향각으로 선회하여 속도를 높였을 때, 선회반경이 커지는 현상

　　ⓑ 오버스티어(Over-Steer) : 일정한 조향각으로 선회하여 속도를 높였을 때, 선회반경이 작아지는 현상

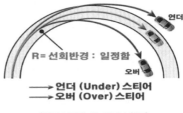

[언더스티어 및 오버스티어]

9. EGR 장치에서 배기가스의 일부를 연소실로 재순환시키는 이유로 맞는 것은?

① 출력을 증대시키기 위해

② 승차감을 개선시키기 위해

③ 연비를 향상시키기 위해

④ 연소온도를 낮추어 NOx의 발생을 억제시키기 위해

해설 배기가스 재순환 장치(EGR : Exhaust Gas Recirculation)

불활성인 배기가스의 일부를 흡입 계통으로 재순환시키고, 엔진에 흡입되는 혼합가스에 혼합되어서 연소 시의 최고 온도를 내려 질소산화물(NOx)의 생성을 억제시키는 장치이다.

10. 디젤 엔진에서 예열 과정 중 매연이 발생되는 원인으로 틀린 것은?

① 온도가 낮아 입자상물질이 응집되어 덩어리지기 때문에

② 출력을 높이기 위해 연료를 다량 분사하기 때문에

③ 연료입자가 대기 중의 산소와 결합되지 않아 불완전 연소하기 때문에

④ 연료입자가 연소 시 공기 중의 산소와 혼합되지 않기 때문에

해설 디젤 엔진의 예열 과정 중 매연 발생원인

①항 디젤 엔진에서 배출되는 입자상물질은 온도가 낮으면 입자의 급격한 냉각작용으로 응축되어 덩어리화된다.

②항 디젤 차량은 시동을 켠 후 바로 운행하기보다는 잠시 기다렸다가 이동하는 것이 좋다. 이는 연료 효율을 높이고자 하는 디젤 엔진의 예열 목적이다. 그런데 이때 매연이 다량 배출된다면 그 원인은 출력 향상을 위한 연료 다량 분사 때문이 아니라, 디젤 엔진의 특성상 압축된 공기 중에 연료를 분사시켜 자연발화에 의해 연소가 이루질 때 연료의 분사상태가 좋지 않아 미세한 분무가 이루어지지 않거나 공기와의 혼합이 불충분하거나 혹은 워밍업 부족으로 인해 촉매 장치가 작동 불량일 경우 등을 원인으로 들 수 있다.

③, ④항 디젤 엔진의 매연은 연소 시 공기가 부족한 곳에서 산소와의 혼합이 원활하지 못해 불완전 연소되어 발생하며, 연소온도, 혼합기의 분포 형태, 연소속도, 연료입자의 미립도 등에 따라 크게 변한다.

11. 다음 중 피스톤의 구비조건으로 틀린 것은?

① 열전도성이 클 것

② 열팽창계수가 작을 것

③ 기계적 강도가 크고, 고온에서 견딜 것

④ 밀도가 클 것

해설 피스톤의 구비조건

㉠ 폭발압력을 유효하게 이용할 것

㉡ 가스 및 오일의 누출이 없을 것

㉢ 마찰로 인한 기계적 손실이 없을 것

㉣ 기계적 강도가 클 것

㉤ 무게가 가벼울 것

㉥ 열전도성이 좋을 것

㉦ 열에 의한 팽창이 없을 것(= 열팽창율이 적을 것)